福建省中等职业学校学业水平考试用书

U0641739

机械基础练习册（上册）

主　编　　齐　峰　　刘焕新
副主编　　刘　静　　陈晓霖
　　　　　叶顺美

华中科技大学出版社
http://press.hust.edu.cn
中国·武汉

内 容 简 介

福建省中等职业学校学业水平考试是根据国家中等职业教育专业教学标准,结合福建省中等职业教育教学实际,由福建省级教育行政部门组织实施的考试,考试成绩是中职学生毕业和升学的重要依据。福建省中等职业学校学业水平考试《机械基础》考试科目的内容包括机械制图、机械设计基础(包括机械基础概论、工程力学、常用机构、常用传动装置、连接和支承零部件及机械节能环保与安全防护)、工程材料、金属工艺学和机械制造基础等。

本练习册是依据福建省中等职业学校学业水平考试《机械基础》科目考试说明中的参考题型,就我们编写的《机械基础》(上册)机械制图的内容专门配套编写的习题。

图书在版编目(CIP)数据

机械基础练习册. 上册 / 齐峰,刘焕新主编;刘静,陈晓霖,叶顺美副主编. -- 武汉 : 华中科技大学出版社,2025. 8. -- ISBN 978-7-5772-2103-8

Ⅰ. TH11-44

中国国家版本馆 CIP 数据核字第 2025A8J403 号

机械基础练习册(上册)　　　　　　　　　　齐　峰　刘焕新　主　编
Jixie Jichu Lianxice(Shangce)　　　　　　刘　静　陈晓霖　叶顺美　副主编

策划编辑:徐晓琦　张少奇
责任编辑:余　涛
封面设计:原色设计
责任监印:曾　婷
出版发行:华中科技大学出版社(中国·武汉)　　电话:(027)81321913
　　　　　武汉市东湖新技术开发区华工科技园　　邮编:430223
录　　排:武汉市洪山区佳年华文印部
印　　刷:武汉市籍缘印刷厂
开　　本:787mm×1092mm　1/16
印　　张:13.75
字　　数:314千字
版　　次:2025 年 8 月第 1 版第 1 次印刷
定　　价:48.80 元

前　言

一、福建省中等职业学校学业水平考试《机械基础》科目考试说明

考试形式:采用闭卷、笔试形式。考试时间为 150 分钟,全卷满分 150 分。考试期间不能使用计算器。

考试题型:采用的题型有单项选择题、判断题、连线题、计算题、作图题,也可以采用其他符合学科性质和考试要求的题型。

考试内容:包括以下几个部分,各部分的分值占比如下,各部分分值占比可根据实际情况有所调整。

(1) 机械制图 55 分,包括:制图的基本规定及技能 5 分,投影基础 15 分,图样的基本表示法 10 分,常用件和标准件的画法 10 分,零件图 10 分,装配图 5 分。

(2) 机械设计基础 75 分。

(3) 工程材料及机械制造基础 20 分,包括:工程材料 10 分,机械制造基础 10 分。

我们将福建省中等职业学校学业水平考试《机械基础》科目考试的内容分为两部分,即上册和下册。上册的内容为机械制图,下册的内容包括机械设计基础、工程材料及机械制造基础等。配套的练习册也分为上、下两册,配套练习下册主要为机械设计基础、工程材料及机械制造基础的习题。

依据《机械基础》科目考试说明中的参考题型,我们为编写的《机械基础》(上册)教材编制了 1200 多道习题,包括单项选择题 250 多题、判断题 760 多题、计算题和作图题 240 多题。题量之所以大,是因为我们按照选择题、判断题、计算题和作图题,分别对全书内容进行了练习设计。做完选择题、判断题、计算题和作图题,相当于复习了 3 遍考试内容,是对全书复习效果的检验,也是为升学提高成绩的有力保障。

二、关于考试参考题型答题技巧

针对常见的题型提供以下解题技巧。

1. 选择题、判断题

(1) 吃透基本概念:熟练掌握投影规律,各种视图、断面图、标准件的画法规定,尺寸标注规则等基本知识。

(2) 识别关键特征:题目常考查易错点,例如,相贯线、截交线的画法;剖视图中哪些线要画/不画;螺纹的牙顶线/牙底线、终止线、倒角圆的画法;断面图在剖切面延长线上时的省略

标注规则;尺寸标注的完整性和规范性。

（3）排除法:对于不确定的选项,找出明显违反规则或与图形不符的选项进行排除。

（4）图形分析法:仔细审视图形的细节,特别是线条的虚实、粗细、连接关系,与选项进行对比。

2. 补线题(补画视图中的缺线)

（1）空间想象:想象物体的三维形状是最基础也最重要的能力。

（2）三视图对照分析:严格遵循"长对正、高平齐、宽相等"的投影规律,在三个视图之间反复对照。

长对正:主视图与俯视图在长度方向上对齐。

高平齐:主视图与左视图在高度方向上对齐。

宽相等:俯视图与左视图在宽度方向上相等。

（3）分析形体:将复杂形体分解为基本几何体或简单组合,分别分析它们的投影及交线。

（4）找关键点:找出形体上特殊点在三个视图中的投影位置。

（5）分析线面关系。

面形分析:视图中的一个封闭线框通常代表物体上一个表面的投影。分析这个面在另外两个视图中的投影。

线型分析:分析视图中每条线代表的意义。特别注意虚线的位置。

（6）由已知推未知:利用已知视图中的完整部分,推断缺失部分应有的投影。

（7）检查:补线后,再次用"三等"关系检查补画的线是否正确,并检查是否有线型错误。

3. 补视图题

（1）原理同补线题:上述补线题的所有技巧都适用,只是目标变成补画整个视图。

（2）先定大轮廓:根据已知的两个视图,确定物体总的长、宽、高,画出外轮廓线。

（3）形体分解与组合:将物体分解成若干基本形体,根据它们在已知视图中的投影,确定它们在第三视图中的位置和形状。

（4）逐步深入:从外向内,由大到小,先画出主要结构,再画细节。

（5）重点处理交线:特别注意形体之间相交产生的相贯线或截交线在第三视图中的画法。

（6）虚线处理:在第三视图中,凡是被前面结构挡住的部分,要正确画出虚线。

（7）严格遵循"三等":每画一部分,都要用"三等"关系与已知视图反复核对。

（8）检查完整性:检查补画的视图是否完整表达了物体的形状,是否有遗漏的结构或线条。

4. 剖视图/断面图题

（1）理解剖视目的:剖视是为了表达内部结构。明确剖切面的位置。

（2）区分剖视与断面。

剖视图:假想用剖切面剖开物体,将处在观察者和剖切面之间的部分移去,而将其余部分向投影面投射所得的图形。要画剖切面后的所有可见轮廓线。

断面图:假想用剖切面将物体的某处切断,仅画出该剖切面与物体接触部分的图形。只画切断面的形状。

（3）剖面线。

同一物体的所有剖视图和断面图中,剖面线的方向、间隔必须一致。

金属材料剖面线为 45°细实线。

相邻零件的剖面线方向应相反或间隔不同。

（4）特殊结构处理。

肋板、轮辐、薄壁:纵向剖切时,这些结构按不剖绘制。

均匀分布的肋、孔:剖切面沿不通过它们的中心线剖切时,可以按对称形式画出。

（5）标注:注意剖视图和断面图的标注规则。当剖视图按投影关系配置,中间无其他图形隔开且剖切面为对称平面时,可省略标注。

（6）检查:检查是否多画了剖切面前的线,是否漏画了剖切面后的可见轮廓线,剖面线是否正确,标注是否完整清晰。

5．尺寸标注题或改错

（1）尺寸基准:确定长、宽、高三个方向的主要尺寸基准。

（2）尺寸分类标注。

定形尺寸:确定各基本形体形状大小的尺寸。

定位尺寸:确定各基本形体之间相对位置的尺寸。

总体尺寸:物体的总长、总宽、总高。注意:当物体的端部是回转面时,该方向的总体尺寸通常不直接注出。

（3）清晰布置。

避免封闭尺寸链:尺寸链中选一个不重要的尺寸不标注,避免加工误差累积。

相关尺寸集中标注:同一结构的尺寸尽量集中标注在反映该结构最清晰的视图上。

尺寸排列整齐:小尺寸在内,大尺寸在外,避免尺寸线与尺寸界线、轮廓线相交。同方向的尺寸线尽量对齐。

（4）常见结构标注。

孔:标注数量×直径(如 $4 \times \phi 10$)及其定位尺寸。

沉孔/锪平孔:标注沉孔直径×深度(如 $\phi 12 \times 4$)或锪平直径(如 $\phi 12$)。

螺纹:标注螺纹代号(如 M10-6g)和长度(如 $M10 \times 30$)。

倒角/圆角:标注 $C \times$(如 C2 表示 $2 \times 45°$倒角)或 $R \times$(如 R5)。

键槽:标注宽度、深度(或定位尺寸)及长度。

6．读装配图题(回答结构、工作原理、拆画零件图等)

（1）概括了解。

看标题栏、明细栏、技术说明。

浏览所有视图,了解视图数量、种类,弄清各视图之间的投影关系。

大致了解装配体的功能、工作原理、有多少种零件。

（2）深入分析工作原理和装配关系。

分析传动路线:找出动力输入、输出部分,分析运动如何传递。

分析装配干线:沿主要装配轴线分析各零件的装配顺序、连接方式和配合关系。

分析连接与固定:分析零件之间如何定位、固定。

分析密封、润滑、调整结构。

(3)分析零件结构形状。

分离零件:利用零件序号、剖面线方向/间隔、视图间的投影关系、规定画法等,在各个视图中找出同一零件的投影轮廓。

构形分析:想象该零件的空间形状。对于复杂零件,可能需要结合多个视图和相邻零件的关系来推断其形状。

(4)拆画零件图。

从装配图中分离出该零件的所有投影。

根据零件的复杂程度和表达需要,选择适当的视图、剖视、断面等表达方案。

完整、清晰、合理地标注尺寸。

标注技术要求,这些信息常来源于装配图的技术要求、明细栏的材料以及该零件在装配体中的功能。

(5)回答问题:根据题目要求,结合上述分析,准确回答关于工作原理、装配关系、零件结构、拆装顺序等问题。

本书在习题详细编制过程中的不足之处敬请广大师生指正。

编　　者

2025 年 6 月 25 日

目　　录

练习 1

机械制图

练习 1-1　制图的基本规定及技能

一、单项选择题

1. 图纸宽度与长度组成的图面,称为图纸幅面,共有五种,分别是(　　)。

A. A1、A2、A3、A4、A5

B. 1 号、2 号、3 号、4 号、5 号

C. A0、A1、A2、A3、A4

D. 0 号、1 号、2 号、3 号、4 号

2. A4 图纸幅面中的"4",表示将整张纸的(　　)。

A. 短边依次放大四次所得的幅面

B. 长边依次放大四次所得的幅面

C. 短边依次对裁四次所得的幅面

D. 长边依次对裁四次所得的幅面

3. 国家标准规定,机械图样中的尺寸以(　　)。

A. m(米)为单位时,不需标注单位符号(或名称)

B. m(米)为单位时,需标注单位符号(或名称)

C. mm(毫米)为单位时,不需标注单位符号(或名称)

D. mm(毫米)为单位时,需标注单位符号(或名称)

4. 加长幅面的尺寸是由基本幅面的(　　)。

A. 长边成整数倍增加后得出的

B. 短边成整数倍增加后得出的

C. 长边成整数倍减少后得出的

D. 短边成整数倍减少后得出的

5. 关于加长幅面线条所示的选择,正确的说法是(　　)。

A. 加长幅面图中粗实线所示为基本幅面,细实线所示为加长幅面的第一选择,细虚线所示为加长幅面的第二选择

B. 加长幅面图中粗实线所示为基本幅面,细实线所示为加长幅面的第二选择,细虚线所示为加长幅面的第三选择

C. 加长幅面图中粗实线所示为基本幅面,细实线所示为加长幅面的第一选择,细虚线所示为加长幅面的第三选择

D. 加长幅面图中粗实线所示为基本幅面,细实线所示为加长幅面的第三选择,细虚线所示为加长幅面的第二选择

6. 图框是图纸上限定绘图区域的线框,必须用粗实线画出图框,其格式分为不留装订边和留装订边两种,( )。

A. 但同一产品的图样只能采用一种格式,优先采用不留装订边的格式

B. 但同一产品的图样只能采用一种格式,优先采用留装订边的格式

C. 但同一产品的图样可以采用多种格式,优先采用不留装订边的格式

D. 但同一产品的图样可以采用多种格式,优先采用留装订边的格式

7. 在图纸的标题栏中,不能有( )。

A. 名称 B. 代号区 C. 比例 D. 绘图工具

8. X 型图纸标题栏( )。

A. 一般应置于图样的左下角 B. 一般应置于图样的右下角

C. 一般应置于图样的左上角 D. 一般应置于图样的右上角

9. 对中符号是从图纸四边的中点画入图框内约( )。

A. 3 mm 的粗实线段 B. 3 mm 的细实线段

C. 5 mm 的粗实线段 D. 5 mm 的细实线段

10. 若采用 X 型图纸竖放或 Y 型图纸横放,则应在图纸下边的对中符号处画出一个方向符号,以表明绘图与看图时的方向。方向符号是( )。

A. 用粗实线绘制的等边三角形 B. 用细实线绘制的等边三角形

C. 用粗实线绘制的等腰三角形 D. 用细实线绘制的等腰三角形

11. 图中图形与其实物相应要素的线性尺寸之比,称为比例。简单地说,就是"图∶物"。绘制缩小图样时,不是"优先选择系列"的是( )。

A. 1∶2 B. 1∶5 C. 1∶8 D. 1∶10

12. 图样中所标注的尺寸数字必须是( )。

A. 实物的实际大小

B. 与绘制图形所采用的比例有关

C. 图样中所标注的尺寸数字必须是按照比例放大的尺寸

D. 图样中所标注的尺寸数字必须是按照比例缩小的尺寸

13. 绘图工具中不经常用的铅笔是( )。

A. 2H B. H C. HB D. B

14. 铅笔代号 B 前的数字越大,表示铅芯( )。

A. 越软 B. 越硬

C. 绘出的图线颜色越细 D. 绘出的图线颜色越粗

15. 画粗实线常用（　　）。

A. H 铅笔　　　　　B. HB 铅笔　　　　　C. 2H 铅笔　　　　　D. B 铅笔

16. 两样绘图工具配合可画出一直线的平行线或垂直线的是（　　）。

A. 一块三角板和图板　　　　　　　　B. 两块三角板

C. 图板和丁字尺　　　　　　　　　　D. 一块三角板和丁字尺

17. 国家标准《机械制图 图样画法 图线》（GB/T 4457.4—2002）规定了在机械图样中使用的九种图线，下面不是规定的机械图样中使用的图线是（　　）。

A. 粗实线、细实线　　　　　　　　　B. 细点画线、粗点画线

C. 细虚线、粗虚线　　　　　　　　　D. 粗双点画线、细双点画线

18. 粗实线一般应用于（　　）。

A. 过渡线、尺寸线、尺寸界线、指引线和基准线、剖面线等

B. 表示线、系统结构线（金属结构工程）、模样分型线、剖切符号用线等

C. 轴线、对称中心线、分度圆（线）、孔系分布的中心线、剖切线等

D. 不可见棱边线、不可见轮廓线等

19. 不能用细实线的是（　　）。

A. 相贯线　　　　　　　　　　　　　B. 剖面线

C. 短中心线　　　　　　　　　　　　D. 尺寸线的起止线

20. 不能用粗实线的是（　　）。

A. 棱边线　　　　　B. 可见轮廓线　　　　　C. 尺寸线　　　　　D. 相贯线

21. 不能用细点画线的是（　　）。

A. 对称中心线　　　　B. 轴线　　　　　C. 不可见轮廓线　　　　D. 剖切线

22. 机械图样中采用粗、细两种线宽，线宽的比例关系为（　　）。

A. 1∶1　　　　　　B. 2∶1　　　　　C. 4∶1　　　　　D. 8∶1

23. 粗实线（包括粗虚线、粗点画线）的宽度通常采用（　　）。

A. 0.3 mm　　　　　B. 0.5 mm　　　　　C. 0.7 mm　　　　　D. 0.9 mm

24. 如果粗实线（包括粗虚线、粗点画线）的宽度采用 0.7 mm，与粗实线对应的细实线（包括波浪线、双折线、细虚线、细点画线、细双点画线）的宽度为（　　）。

A. 0.05 mm　　　　　B. 0.15 mm　　　　　C. 0.25 mm　　　　　D. 0.35 mm

25. 在同一图样中，同类图线的宽度（　　）。

A. 只有一种　　　　B. 相同　　　　　C. 有很多种　　　　D. 应基本一致

26. 细（粗）虚线、细（粗）点画线及细双点画线的线段长度和间隔（　　）。

A. 只有一种　　　　　　　　　　　　B. 相同

C. 应各自大致相等　　　　　　　　　D. 有很多种

27. 可以表达机械图样中零件大小的是（　　）。

A. 标注尺寸　　　　B. 结构形状　　　　　C. 图形　　　　　D. 系统结构

28. 以下关于标注尺寸基本规则的说法,正确的是(   )。

A. 零件的真实大小应以图样上所注的尺寸数值为依据

B. 零件的每一尺寸,一般可以标注多次

C. 标注尺寸时,应尽可能使用文字

D. 零件的每一尺寸,应标注一次

29. 常用标注直径的符号是(   )。

A. $S\phi$ B. ϕ C. SR D. R

30. 尺寸三要素包括(   )。

A. 尺寸符号、尺寸线和尺寸界线   B. 尺寸数字、尺寸线和零件边界线

C. 尺寸数字、尺寸线和尺寸界线   D. 尺寸数字、尺寸线终端箭头和尺寸界线

31. 箭头的正确画法是(   )。

A.   B.   C.   D.

32. 线性尺寸的尺寸数字,一般标注在尺寸线的(   )。

A. 上方或左方   B. 下方或左方   C. 上方或右方   D. 下方或右方

33. 尺寸数字表示尺寸度量的(   )。

A. 方向   B. 结构   C. 形状   D. 大小

34. 尺寸数字不可被任何图线所通过,当不可避免时,图线必须(   )。

A. 改变粗细   B. 连续   C. 连接   D. 断开

35. 线性尺寸数字的方向是(   )。

A. 水平方向字头朝上,竖直方向字头朝左,倾斜方向字头保持朝上的趋势,并尽量避免在图中沿竖直方向的 30°范围内标注尺寸

B. 水平方向字头朝下,竖直方向字头朝左,倾斜方向字头保持朝上的趋势,并尽量避免在图中沿竖直方向的 30°范围内标注尺寸

C. 水平方向字头朝上,竖直方向字头朝右,倾斜方向字头保持朝上的趋势,并尽量避免在图中沿竖直方向的 30°范围内标注尺寸

D. 水平方向字头朝上,竖直方向字头朝左,倾斜方向字头保持朝上的趋势,并尽量避免在图中沿竖直方向的 45°范围内标注尺寸

36. 标注角度的尺寸界线应(   )。

A. 沿径向引出,尺寸线画成直线   B. 沿径向引出,尺寸线画成圆弧

C. 沿周向引出,尺寸线画成圆弧   D. 沿周向引出,尺寸线画成直线

37. 标注角度的数字(   )。

A. 一律水平竖直书写,写在尺寸线的中断处

B. 一律水平方向书写,写在尺寸线的端头处

C. 一律水平方向书写,写在尺寸线的中断处

D. 一律水平竖直书写,写在尺寸线的端头处

38. 尺寸线表示( )。

　　A. 尺寸度量的大小　　　　　　　　　B. 实际尺寸

　　C. 尺寸度量的方向　　　　　　　　　D. 实际结构

39. 尺寸线必须用( )。

　　A. 细实线单独画出　　　　　　　　　B. 粗实线单独画出

　　C. 细虚线单独画出　　　　　　　　　D. 粗虚线单独画出

40. 尺寸线不得( )。

　　A. 与其他图线重合或画在其延长线上　　B. 使用其他图线

　　C. 与其他图线交叉或画在其他线上　　　D. 与所标注的线段平行

41. 下面关于尺寸界线的说法,错误的是( )。

　　A. 尺寸界线表示尺寸度量的范围

　　B. 尺寸界线一般用细实线单独绘制

　　C. 尺寸界线自图形的轮廓线、剖切线或对称中心线引出

　　D. 可以利用轮廓线、轴线或对称中心线作尺寸界线

42. 下面关于尺寸界线的说法,错误的是( )。

　　A. 尺寸界线一般应与尺寸线垂直

　　B. 必要时允许倾斜

　　C. 在光滑过渡处标注尺寸时,必须用细实线将轮廓线延长,从它们的交点处引出尺寸界线

　　D. 尺寸界线自图形的轮廓线、剖切线或对称中心线引出

43. 下面关于圆、圆弧及球面尺寸的注法的说法,错误的是( )。

　　A. 标注整圆的直径尺寸时,以圆周为尺寸界线,尺寸线通过圆心,并在尺寸数字前加注直径符号"ϕ"

　　B. 标注大于半圆的圆弧直径,其尺寸线应画至略超过圆心,只在尺寸线一端画箭头指向圆弧

　　C. 标注小于或等于半圆的圆弧半径时,尺寸线应从圆心出发引向圆弧,只画一个箭头,并在尺寸数字前加注半径符号"R"

　　D. 当圆弧的半径过大或在图纸范围内无法标出圆心位置时,不可采用折线的形式标注

44. 标注一连串的小尺寸时,错误的说法是( )。

　　A. 可用小圆点或斜线代替箭头

　　B. 代替箭头的圆点大小应与箭头尾部宽度相同,但最外两端箭头仍应画出

　　C. 当直径或半径尺寸较小时,箭头和数字都可以布置在圆弧外面

　　D. 可用小圆点或直线代替箭头

45. 简化注法标注尺寸时,错误的说法是( )。

　　A. 可使用单边箭头　　　　　　　　　B. 可采用带箭头的指引线

C. 可采用不带箭头的指引线　　　　　　　　D. 不可使用单边箭头

46. 画连接弧时(　　)。

A. 应先画已知弧,再画中间弧,最后画连接弧

B. 应先画已知弧,再画连接弧,最后画中间弧

C. 应先画中间弧,再画已知弧,最后画连接弧

D. 应先画连接弧,再画中间弧,最后画已知弧

47. 关于平面图形绘图时的加深描粗要注意的是(　　)。

A. 先细后粗　　　　B. 先直后曲　　　　C. 先垂斜,后水平

D. 应尽量做到同类图线粗细、浓淡一致,圆弧连接光滑,图面整洁

48. 国标规定基本图纸幅面有(　　)。

A. 4 种　　　　　　B. 5 种　　　　　　C. 6 种　　　　　　D. 7 种

49. 虚线的宽度约为粗实线的(　　)。

A . 2　　　　　　　B. 1/2　　　　　　C. 1/3　　　　　　D. 1

50. 虚线一般用来表示(　　)。

A. 可见轮廓线　　　　B. 过渡线　　　　C. 不可见轮廓线　　　D. 尺寸界限

51. 标题栏一般应位于图纸的(　　)。

A. 右上方　　　　　　B. 右下方　　　　　C. 左上方　　　　　D. 左下方

52. 两线相交,交点处(　　)。

A. 应有空隙　　　　　　　　　　　　　　　B. 不应有空隙

C. 可以有空隙　　　　　　　　　　　　　　D. 可以不留空隙

53. 两平行线之间的最小距离不应小于(　　)。

A. 0.7 mm　　　　　B. 1 mm　　　　　C. 1.5 mm　　　　　D. 0.5 mm

54. 国标规定机械图样中用的图线宽度为(　　)。

A. 粗线、细线　　　B. 粗实线、虚线　　　C. 粗线、虚线　　　D. 粗实线、细线

55. 机械制图中通常采用两种线宽,粗、细线的比例为(　　)。

A. 1∶2　　　　　　B. 2∶1　　　　　　C. 1∶3　　　　　　D. 3∶1

56. 比例是(　　)。

A. 图样中图形与其实物相应要素的线性尺寸之比

B. 实物与图样中图形相应要素的线性尺寸之比

C. 实物与图样中图形相应要素的尺寸之比

D. 图样中图形与其实物相应要素的尺寸之比

57. 下列属于放大比例的是(　　)。

A. 2∶1　　　　　　B. 1∶2.5　　　　　C. 1∶5　　　　　　D. 1∶1

58. 无论图形放大还是缩小,在标注尺寸时均应按(　　)。

A. 图形的实际尺寸来标注　　　　　　　B. 机件的真实大小来标注

C. 考虑绘图准确度加修正值来标注　　　　D. 尺寸界限来标注

二、判断题

1. 机械图样是表达工程技术人员的设计意图、交流技术思想、组织和指导生产的重要工具。　　　　　　　　　　　　　　　　　　　　　　　　　　　　　　　（　　）

2. 图样作为技术交流的共同语言,必须有统一的规范,否则会给生产和技术交流带来混乱和障碍。　　　　　　　　　　　　　　　　　　　　　　　　　　　　　　（　　）

3. 图纸宽度与高度组成的图面,称为图纸幅面。　　　　　　　　　　　　（　　）

4. 基本幅面共有 5 种,其代号由"a"和相应的幅面号组成。　　　　　　（　　）

5. 幅面代号的几何含义,实际上就是对 0 号幅面的裁切次数。　　　　　（　　）

6. 幅面代号的几何含义中,A1 中的"1",表示将整张纸(A0 幅面)的长边对裁一次所得的幅面。　　　　　　　　　　　　　　　　　　　　　　　　　　　　　　　　（　　）

7. 幅面代号的几何含义中,A4 中的"4",表示将整张纸的短边依次对裁四次所得的幅面。　　　　　　　　　　　　　　　　　　　　　　　　　　　　　　　　　（　　）

8. A3 图纸的基本幅面为 210 mm×297 mm (短边×长边)。　　　　　　（　　）

9. 国家标准规定,机械图样中的尺寸以 cm(毫米)为单位时,不需标注单位符号(或名称)。　　　　　　　　　　　　　　　　　　　　　　　　　　　　　　　　　（　　）

10. 图框是图纸上限定绘图区域的线框,在图纸上必须用细实线画出图框。　（　　）

11. 图纸上标题栏是由名称及代号区、签字区、更改区和其他区组成的栏目,在机械图样中必须画出。　　　　　　　　　　　　　　　　　　　　　　　　　　　　　（　　）

12. 图纸上标题栏的外框是粗实线,其右侧和下方与图框重叠在一起;明细栏中除表头外的横格线是细实线,竖格线也是细实线。　　　　　　　　　　　　　　　　　（　　）

13. 对中符号是从图纸四边的中点画入图框内约 5 mm 的粗实线段,通常作为图样缩微摄影和复制的定位基准标记。　　　　　　　　　　　　　　　　　　　　　　　（　　）

14. 图中图形与其实物相应要素的线性尺寸之比,称为比例。简单地说,就是"图∶物"。（　　）

15. 为了在图样上直接反映实物的大小,绘图时应尽量采用原值比例。应根据实际需要选取放大比例或缩小比例。　　　　　　　　　　　　　　　　　　　　　　　（　　）

16. 图样中所标注的尺寸数值必须是实物的实际大小,与绘制图形所采用的比例有关。　　　　　　　　　　　　　　　　　　　　　　　　　　　　　　　　　　（　　）

17. 铅笔代号 H、B、HB 表示铅芯的软硬程度。B 前的数字越大,表示铅芯越软,绘出的图线颜色越深;H 前的数字越大,表示铅芯越硬,绘出的图线颜色越浅;HB 表示铅芯中等软硬程度。　　　　　　　　　　　　　　　　　　　　　　　　　　　　　（　　）

18. 绘图工具有铅笔、橡皮、三角板、图板、丁字尺、圆规等。　　　　　（　　）

19. 画粗实线常用 B 或 2B 铅笔;画细实线、细虚线、细点画线和写字时,常用 H 或 HB 铅笔;画底稿时常用 H 或 2H 铅笔。　　　　　　　　　　　　　　　　　（　　）

20. 图中所采用各种形式的线,称为图线。 （　）

21. 国家标准《机械制图 图样画法 图线》(GB/T 4457.4—2002)规定了在机械图样中使用的 9 种图线,有粗实线、细实线、细点画线、细虚线、波浪线、双折线、粗虚线、粗点画线、细双点画线。 （　）

22. 粗实线一般应用于可见棱边线、可见轮廓线、相贯线、螺纹牙顶线、螺纹终止线、齿顶圆(线)、表格图和流程图中的主要表示线、系统结构线(金属结构工程)、模样分型线、剖切符号用线。 （　）

23. 细实线一般应用于过渡线、尺寸线、尺寸界线、指引线和基准线、剖面线、重合断面的轮廓线、短中心线、螺纹牙底线、尺寸线的起止线、表示平面的对角线、零件成形前的弯折线、范围线及分界线、重复要素表示线、锥形结构的基面位置线、叠片结构位置线、辅助线、不连续同一表面连线、成规律分布的相同要素连线、投射线、网格线。 （　）

24. 粗实线的宽度为细实线宽度的 2 倍。 （　）

25. 细点画线一般应用于轴线、对称中心线、分度圆(线)、孔系分布的中心线、剖切线。 （　）

26. 细点画线的宽度为粗实线宽度的一半。 （　）

27. 细虚线一般应用于不可见棱边线、不可见轮廓线。 （　）

28. 细虚线的宽度为粗实线宽度的 2 倍。 （　）

29. 波浪线一般应用于断裂处边界线、视图与剖视图的分界线。 （　）

30. 波浪线的宽度为粗实线宽度的一半。 （　）

31. 机械图样中采用粗、细两种线宽,线宽的比例关系为 2∶1。图线的宽度应按图样的类型和大小,在下列数系中选取:0.13 mm、0.18 mm、0.25 mm、0.35 mm、0.5 mm、0.7 mm、1.0 mm、1.4 mm、2 mm。 （　）

32. 图线的宽度有 0.13 mm、0.18 mm、0.25 mm、0.35 mm、0.5 mm、0.7 mm、1.0 mm、1.4 mm、3 mm。 （　）

33. 粗实线(包括粗虚线、粗点画线)的宽度通常采用 0.7 mm,与之对应的细实线(包括波浪线、双折线、细虚线、细点画线、细双点画线)的宽度为 0.35 mm。 （　）

34. 在同一图样中,同类图线的宽度应基本一致。细(粗)虚线、细(粗)点画线及细双点画线的线段长度和间隔应各自大致相等。 （　）

35. 在机械图样中,图形除了表达零件的结构形状,还可以表达它的大小。 （　）

36. 尺寸是加工制造零件的主要依据,如果尺寸标注错误、不完整或不合理,将给机械加工和装配带来困难,甚至会生产出废品而造成经济损失。 （　）

37. 尺寸是用特定长度或角度表示的数值,并在技术图样上用图线、符号和技术要求表示出来。 （　）

38. 零件的真实大小应以图样上所注的尺寸数值为依据,与图形的大小及绘图的准确度有关。 （　）

39. 零件的每一尺寸,可以标注多次。　　　　　　　　　　　　　　　　（　　）

40. 零件的每一尺寸,应标注在反映该结构最清晰的图形上。　　　　　　（　　）

41. 标注尺寸时,应尽可能使用符号或缩写词。　　　　　　　　　　　　（　　）

42. 常用的标注直径尺寸的符号为 ϕ。　　　　　　　　　　　　　　（　　）

43. 常用的标注倒角的符号为 C。　　　　　　　　　　　　　　　　（　　）

44. 常用的标注厚度尺寸的符号为 t。　　　　　　　　　　　　　　　（　　）

45. 常用的标注球直径尺寸的符号为 SR。　　　　　　　　　　　　　（　　）

46. 尺寸三要素包括尺寸数字、尺寸线和尺寸界线。　　　　　　　　　　（　　）

47. 在机械图样中,图 1-1-1 所示的尺寸线终端采用箭头的形式是正确的。（　　）

48. 在机械图样中,图 1-1-2 所示的尺寸线终端采用箭头的形式是错误的。（　　）

　　　　　　　　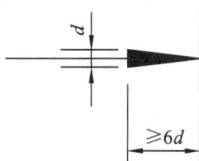

图 1-1-1　　　　　　　　　　　　　　图 1-1-2

49. 尺寸数字表示尺寸度量的大小。　　　　　　　　　　　　　　　　（　　）

50. 线性尺寸的尺寸数字,一般标注在尺寸线的上方或右方。　　　　　　（　　）

51. 线性尺寸数字的方向:水平方向字头朝上,竖直方向字头朝左,倾斜方向字头保持朝上的趋势。　　　　　　　　　　　　　　　　　　　　　　　　　　（　　）

52. 尺寸数字可以被任何图线所通过。　　　　　　　　　　　　　　　　（　　）

53. 当尺寸数字不可避免被其他图线通过时,图线必须连贯。　　　　　　（　　）

54. 标注角度的尺寸界线应沿径向引出,尺寸线画成直弧,其圆心为该角的顶点,半径取适当大小。　　　　　　　　　　　　　　　　　　　　　　　　　　（　　）

55. 标注角度的数字,一律水平方向书写,角度数字一般写在尺寸线的中断处。（　　）

56. 尺寸线表示尺寸度量的方向。　　　　　　　　　　　　　　　　　　（　　）

57. 尺寸线必须用粗实线单独画出。　　　　　　　　　　　　　　　　　（　　）

58. 尺寸线不得与其他图线重合或画在其延长线上。　　　　　　　　　　（　　）

59. 标注线性尺寸时,尺寸线必须与所标注的线段平行。　　　　　　　　（　　）

60. 尺寸界线可以利用轮廓线、轴线或对称中心线作尺寸界线。　　　　　（　　）

61. 尺寸界线表示尺寸度量的范围。　　　　　　　　　　　　　　　　　（　　）

62. 尺寸界线一般用细点画线单独绘制,并自图形的轮廓线、轴线或对称中心线引出。

　　　　　　　　　　　　　　　　　　　　　　　　　　　　　　（　　）

63. 尺寸界线一般应与尺寸线垂直,不允许倾斜。　　　　　　　　　　　（　　）

64. 尺寸界线在光滑过渡处标注尺寸时,必须用细实线将轮廓线延长,从它们的交点处

引出尺寸界线。 （ ）

65. 标注整圆的直径尺寸时,以圆周为尺寸界线,尺寸线通过圆心,并在尺寸数字前加注直径符号"ϕ"。（ ）

66. 标注大于半圆的圆弧直径,其尺寸线不能画至超过圆心,只在尺寸线一端画箭头指向圆弧。 （ ）

67. 标注小于或等于半圆的圆弧半径时,尺寸线应从圆心出发引向圆弧,画两个箭头,并在尺寸数字前加注半径符号"R"。 （ ）

68. 当圆弧的半径过大或在图纸范围内无法标出圆心位置时,可采用折线的形式标注。 （ ）

69. 当不需标出圆心位置时,尺寸线只画远离箭头的一段。 （ ）

70. 标注球面的直径或半径时,应在尺寸数字前加注球直径符号"$S\phi$"或球半径符号"SR"。 （ ）

71. 标注一连串的小尺寸时,可用小圆点或斜线代替箭头(代替箭头的圆点大小应与箭头尾部宽度相同),但最外两端箭头仍应画出。 （ ）

72. 标注一连串的小尺寸时,当直径或半径尺寸较小时,箭头和数字都不能布置在圆弧外面。 （ ）

73. 对于对称图形的尺寸注法,应把尺寸标注为对称分布。 （ ）

74. 当对称图形只画出一半或略大于一半时,尺寸线不可超过对称中心线或断裂处的边界线,此时仅在尺寸线的一端画出箭头。 （ ）

75. 标注弦长或弧长时,其尺寸界线均应垂直于该弦的垂直平分线(弧长的尺寸线画成圆弧)。 （ ）

76. 当弦或弧的弧度较大时,弦长或弧长的尺寸也可沿径向引出标注。 （ ）

77. 简化标注尺寸时,可使用单边箭头,也可采用带箭头的指引线,还可采用不带箭头的指引线。 （ ）

78. 一组同心圆弧,可用共用的尺寸线和箭头依次标注半径。 （ ）

79. 圆心位于一条直线上的多个不同心的圆弧,不可用共用的尺寸线和箭头依次标注半径。 （ ）

80. 一组同心圆,可用共用的尺寸线和箭头依次标注直径。 （ ）

81. 两指定截面的棱体高 H 和 h 之差与该两截面之间的距离 L 之比,称为斜度,代号为"S"。（ ）

82. 可以把斜度理解为一条直线对一个平面倾斜的程度。 （ ）

83. 可以把斜度理解为一条直线对另一条直线倾斜的程度。 （ ）

84. 两个垂直圆锥轴线截面的圆锥直径 D 和 d 之差与该两截面之间的轴向距离 L 之比,称为锥度,代号为"C"。（ ）

85. 可以把锥度简单理解为圆锥底圆直径与锥高之比。 （ ）

86. 在锥度的表示方法中,通常把锥度的比例前项化为1,写成1:n的形式。 （ ）

87. 用30°(60°)三角板和丁字尺配合,作圆的内接正三边形。下面的步骤是正确的。
（ ）

作图:(1) 过点B,用60°三角板画出斜边AB,如图1-1-3(a)所示。

(2) 翻转三角板,过点B画出斜边BC,如图1-1-3(b)所示。

(3) 用丁字尺连接水平边AC,即得圆的内接正三边形,如图1-1-3(c)、(d)所示。

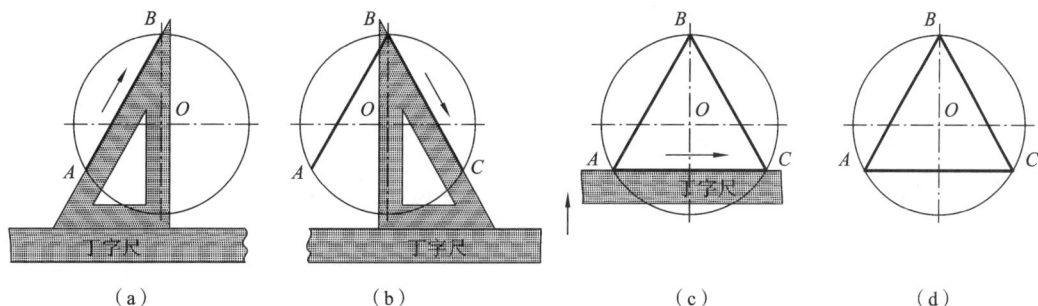

（a） （b） （c） （d）

图 1-1-3 作已知圆的内接正三边形

88. 用30°(60°)三角板和丁字尺配合,作圆的内接正六边形。下面的步骤是正确的。 （ ）

作图:(1) 过点A,用60°三角板画出斜边AB;向右平移三角板,过点D画出斜边DE,如图1-1-4(a)所示。

(2) 翻转三角板,过点D画出斜边CD;向左平移三角板,过点A画出斜边AF,如图1-1-4(b)所示。

(3) 用丁字尺连接两水平边BC、FE,即得圆的内接正六边形,如图1-1-4(c)、(d) 所示。

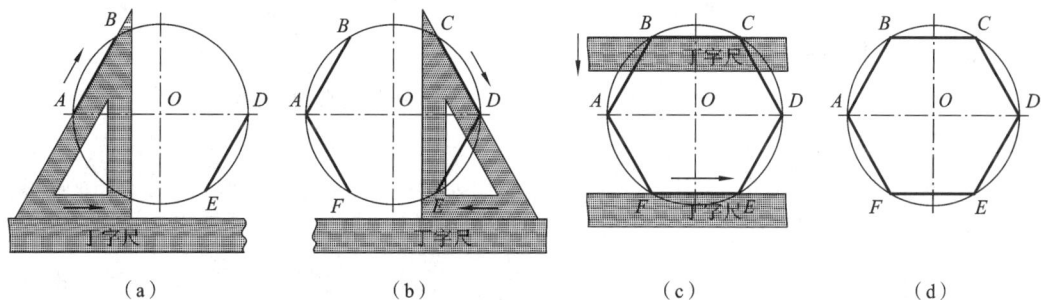

（a） （b） （c） （d）

图 1-1-4 作已知圆的内接正六边形

89. 圆的任意等分可利用弦长表计算出每一等份所对应的弦长,用分规直接作图。 （ ）

90. 平面图形是由许多线段连接而成的,这些线段之间的相对位置和连接关系靠给定的
形状来确定。 （ ）

91. 画平面图形时,只有通过分析尺寸,确定线段性质,明确作图顺序,才能正确地画出
图形。 （ ）

92. 平面图形中的尺寸,按其作用可分为定形尺寸和定位尺寸两类。　　　　（　　）

93. 将确定平面图形上几何元素形状大小及位置的尺寸,称为定形尺寸。　　（　　）

94. 将确定平面图形上几何元素位置的尺寸,称为定位尺寸。　　　　　　　（　　）

95. 线段长度、圆及圆弧的直径和半径、角度大小等即为定位尺寸。　　　　（　　）

96. 标注定位尺寸时,必须有个起点,这个起点称为尺寸基准。（　　　）

97. 平面图形有长和高两个方向,每个方向至少有一个尺寸基准。　　　　　（　　）

98. 定位尺寸通常以图形的对称中心线、较长的底线或边线作为尺寸基准。　（　　）

99. 在平面图形中,有些线段具有完整的定形和定位尺寸,绘图时,可根据标注的位置直接绘出。　　　　　　　　　　　　　　　　　　　　　　　　　　　　　（　　）

100. 在平面图形中,有些线段的定位尺寸并未完全注出,要根据已注出的尺寸及该线段与相邻线段的连接关系,通过几何作图才能画出。　　　　　　　　　　　　（　　）

101. 按线段的尺寸是否标注齐全,线段可分为已知线段、中间线段和连接线段三类。

（　　）

102. 给出半径大小及圆心一个方向定位尺寸的圆弧,称为已知弧。　　　　　（　　）

103. 给出半径大小及圆心两个方向定位尺寸的圆弧,称为中间弧。　　　　　（　　）

104. 已知圆弧半径,而缺少两个方向定位尺寸的圆弧,称为连接弧。　　　　（　　）

105. 画图时,应先画已知弧,再画中间弧,最后画连接弧。　　　　　　　　（　　）

106. 平面图形的绘图准备工作阶段,应分析平面图形的尺寸及线段,拟订作图步骤→确定比例→选择图幅→固定图纸→画出图框、对中符号和标题栏等。　　　　　　（　　）

107. 绘制平面图形底稿时,应合理、匀称地布图,用 2H 或 H 铅笔尽量画清淡,准确地画出基准线→已知弧和直线→连接弧→中间弧。绘图时保持图面整洁。　　　　（　　）

108. 平面图形的绘图在加深描粗前,要全面检查底稿,修正错误,擦去画错的线条及作图辅助线。加深描粗后,画出尺寸界线和尺寸线。　　　　　　　　　　　（　　）

109. 平面图形的绘图在加深描粗时,先用 HB 或 2B 铅笔加深全部粗实线,再用 HB 或 B 铅笔加深全部细虚线、细点画线及细实线等。　　　　　　　　　　　　（　　）

110. 平面图形的绘图在加深描粗时,当加深同一种线(特别是粗实线)时,应先画圆弧或圆,后画直线。　　　　　　　　　　　　　　　　　　　　　　　　　　（　　）

111. 平面图形的绘图在加深描粗时,先用丁字尺自上而下画出水平线,再用三角板自左向右画出垂直线,最后画倾斜的直线。　　　　　　　　　　　　　　　　（　　）

112. 平面图形的绘图在加深描粗时,尽量做到同类图线粗细、浓淡一致,圆弧连接光滑,图面整洁。　　　　　　　　　　　　　　　　　　　　　　　　　　　　（　　）

113. 平面图形的绘图在画箭头、标注尺寸、填写标题栏时,用 B 铅笔先画箭头,再标注尺寸数字,最后填写标题栏。　　　　　　　　　　　　　　　　　　　　（　　）

114. 图 1-1-5 中关于图形比例与尺寸数字的描述是正确的。　　　　　　　（　　）

115. 图 1-1-6 中关于图形比例与尺寸数字的描述是正确的。　　　　　　　（　　）

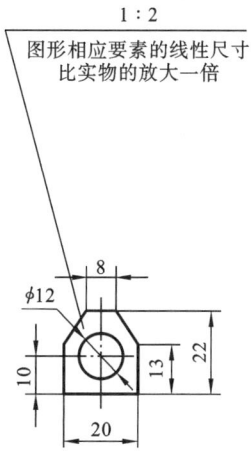

1:2

图形相应要素的线性尺寸
比实物的放大一倍

φ12

8

10   22   13

20

图 1-1-5

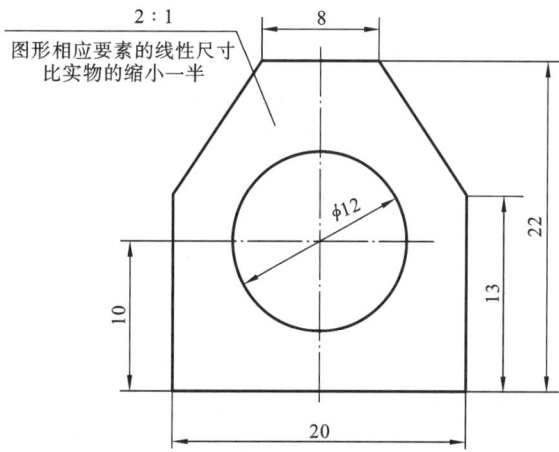

2:1

8

图形相应要素的线性尺寸
比实物的缩小一半

φ12

10   22   13

20

图 1-1-6

三、计算题与作图题

1. 试将图 1-1-7 所示直线 AB 七等分。

A ———————————————— B

图 1-1-7

2. 按图 1-1-8 所示图样在右边作图线练习（不标注尺寸）。

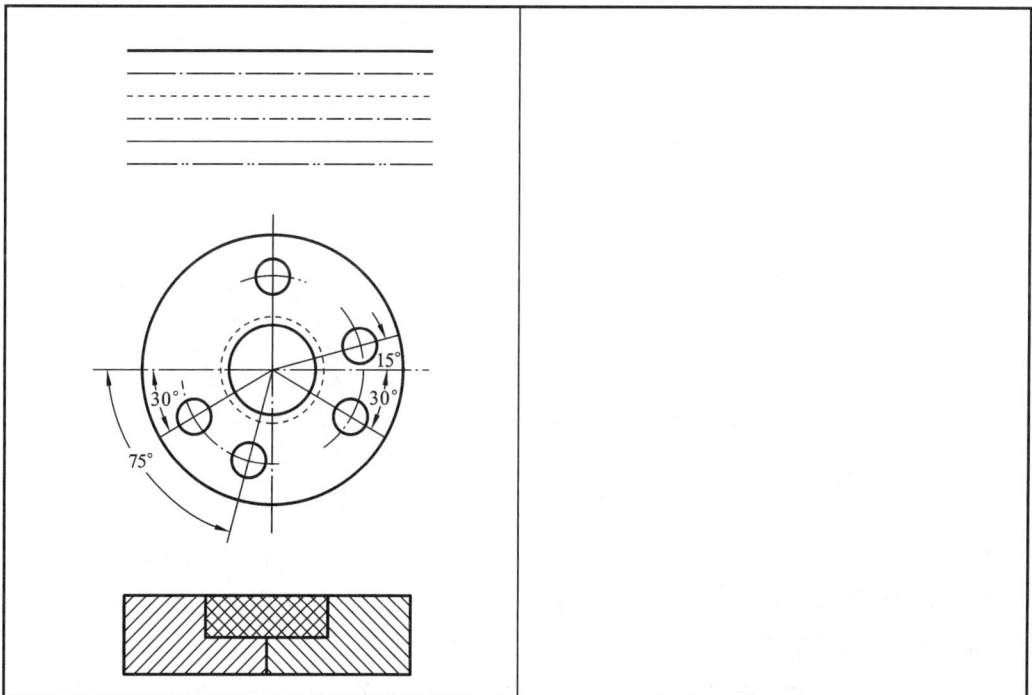

15°

30°   30°

75°

图 1-1-8

3. 线型练习。

(1) 在右侧空白处画出图 1-1-9 所示的线型。

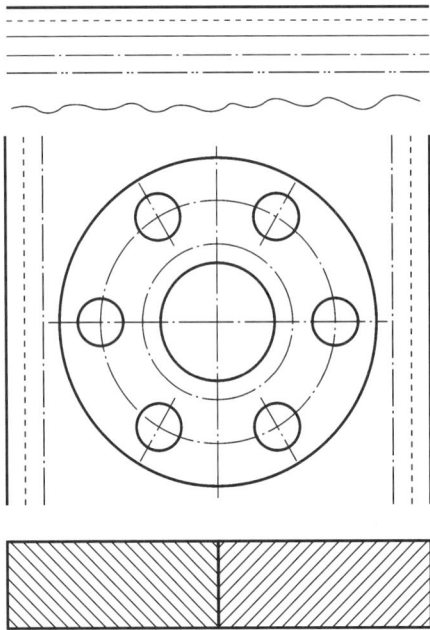

图 1-1-9

(2) 在下面空白处画出图 1-1-10 所示的线型。

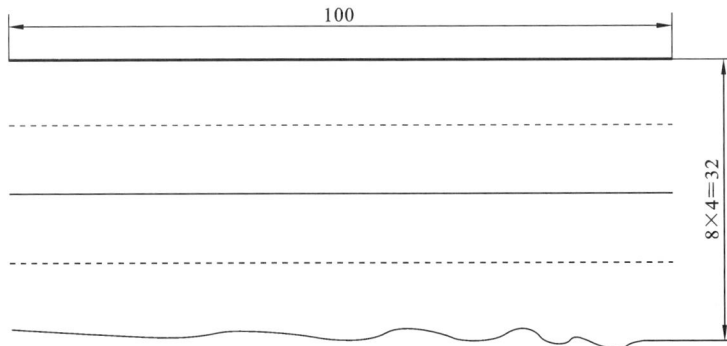

图 1-1-10

4. 尺寸标注。

(1) 注写尺寸:在给定的图 1-1-11 所示尺寸线上画出箭头,填写尺寸数字(尺寸数字按 1:1 从图上量取,取整数)。

(2) 尺寸注法改错:指出图 1-1-12 中左图尺寸标注的错误,并在右边空白图上正确标注。

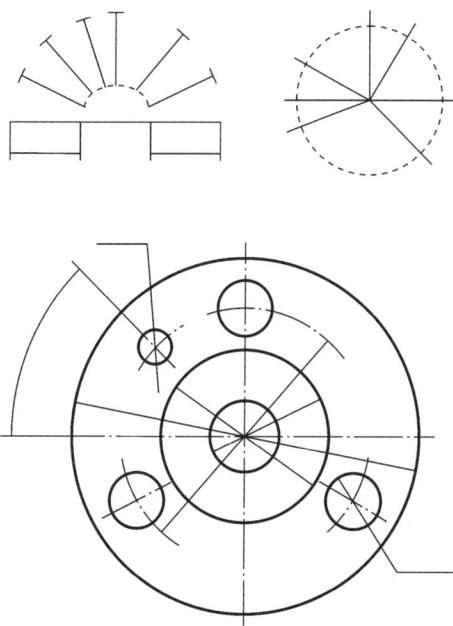

图 1-1-11

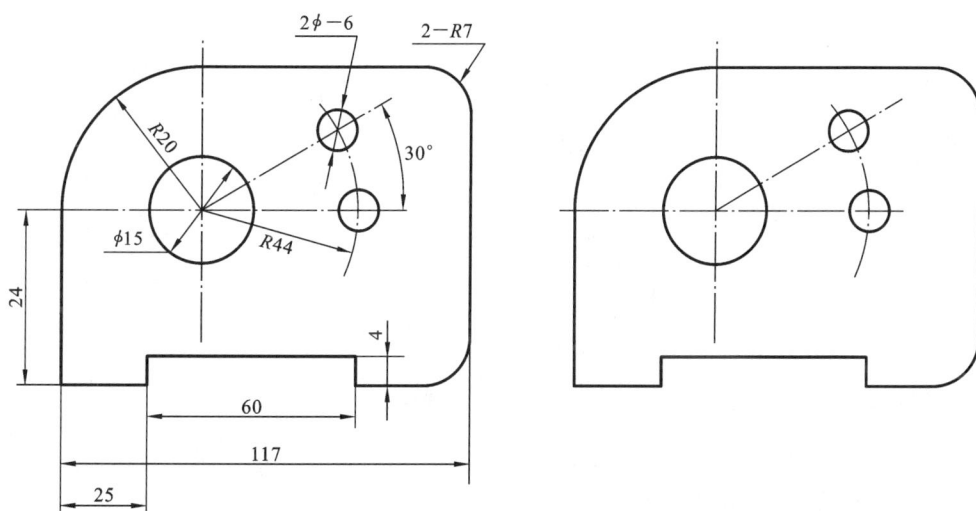

图 1-1-12

5. 尺寸标注。

（1）画出箭头，标注尺寸（尺寸数值从图 1-1-13 中量出，取整数）。

（2）标注尺寸（尺寸数值从图 1-1-14 中量出，取整数）。

（3）找出图 1-1-15 中左图中尺寸注法的错误，并在右图中正确地注出。

6. 将图 1-1-16 中左图的尺寸标注改错，并将改正后的尺寸标注在右图上。

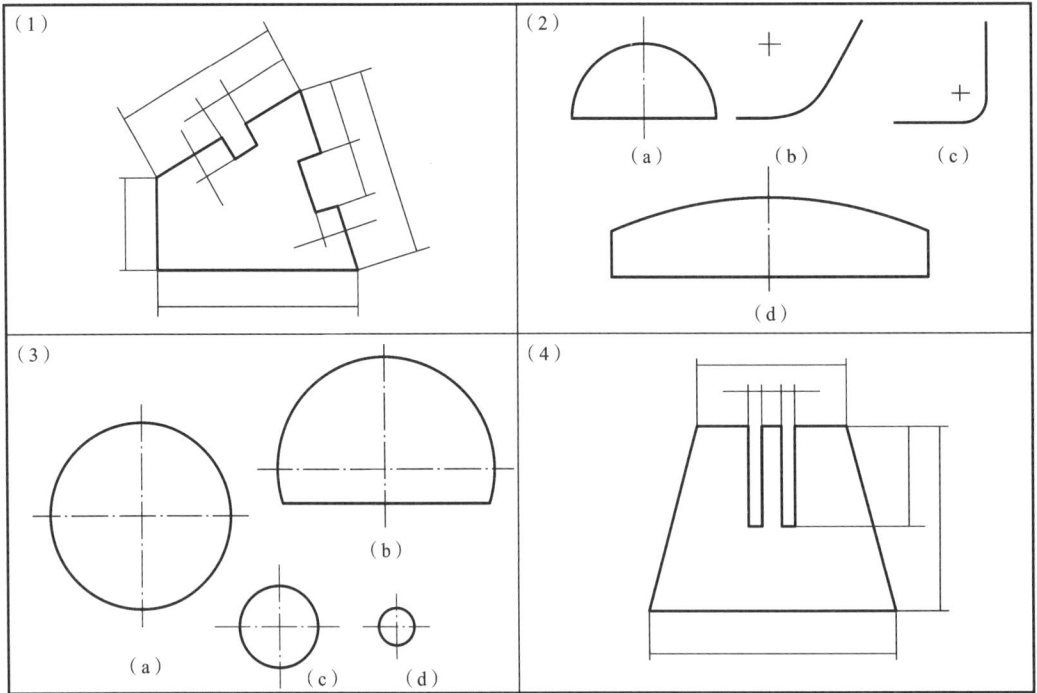

图 1-1-13

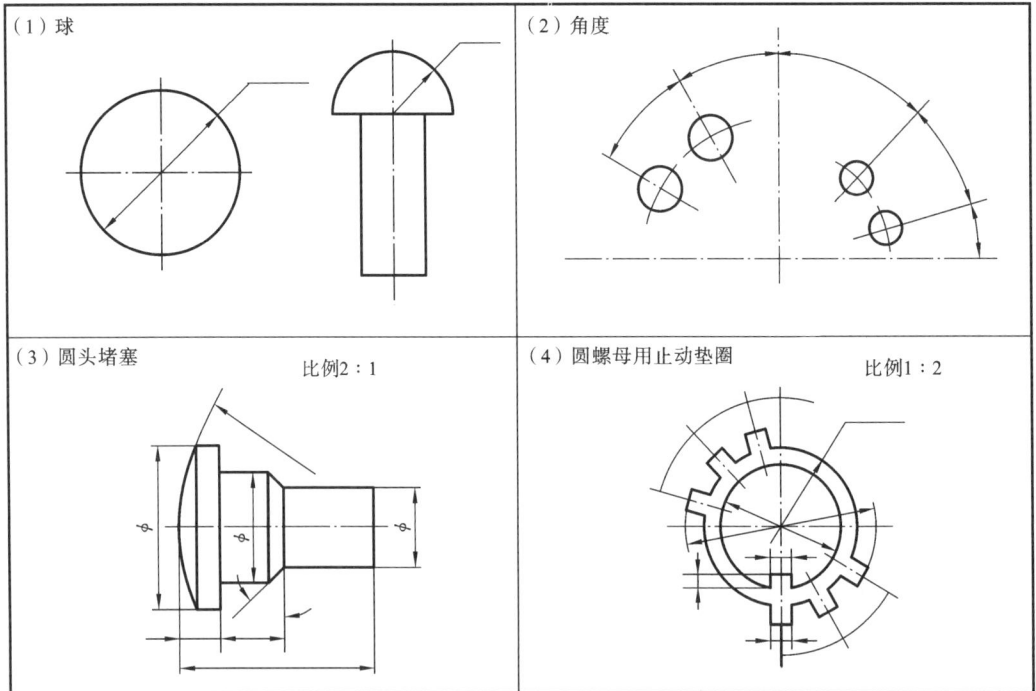

图 1-1-14

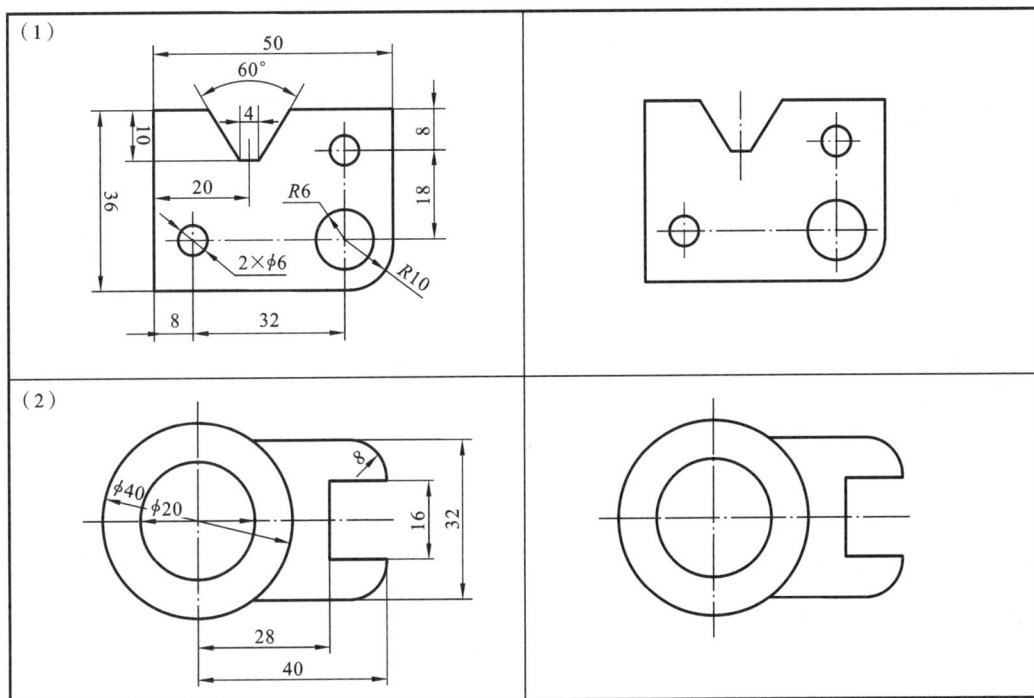

（1）

（2）

图 1-1-15

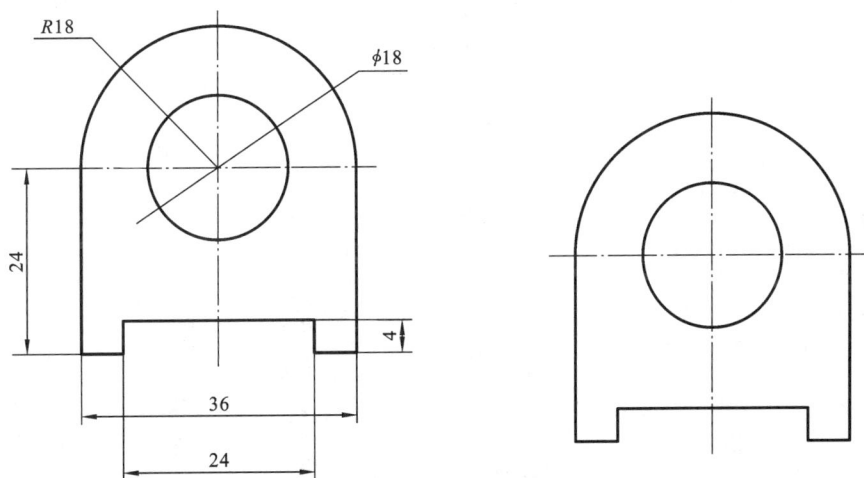

图 1-1-16

7. 标注图 1-1-17 所示轴承座的尺寸。

8. 按图 1-1-18 中给定的尺寸（1∶1）在指定位置抄画图形，并标注尺寸。

9. 分析图 1-1-19、图 1-1-20 所示的平面图形，并标注尺寸。

10. 按图 1-1-21 所示的尺寸及图形，在指定位置绘制图形，并标注尺寸。

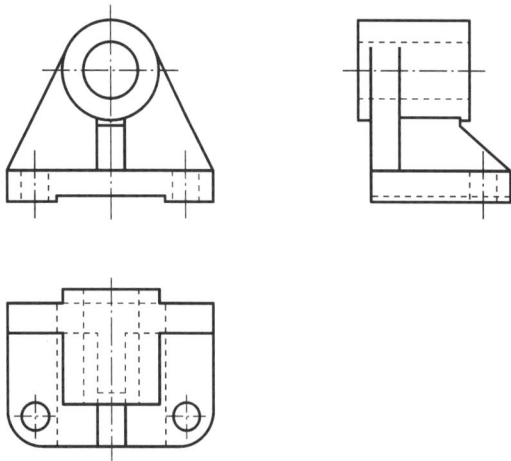

图 1-1-17

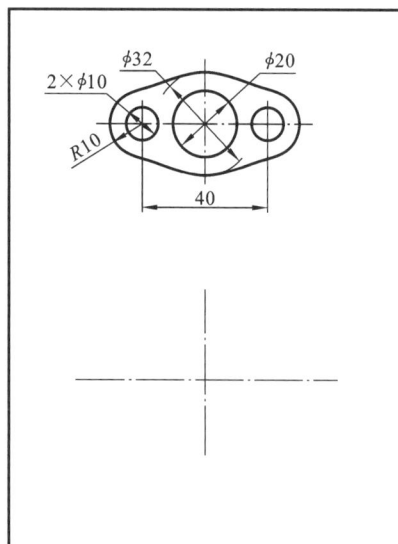

图 1-1-18

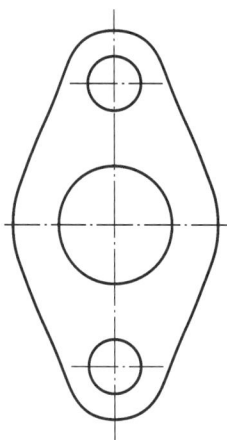

图 1-1-19

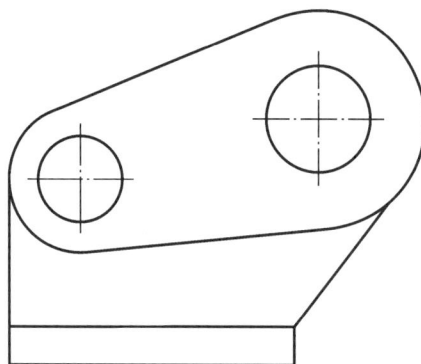

图 1-1-20

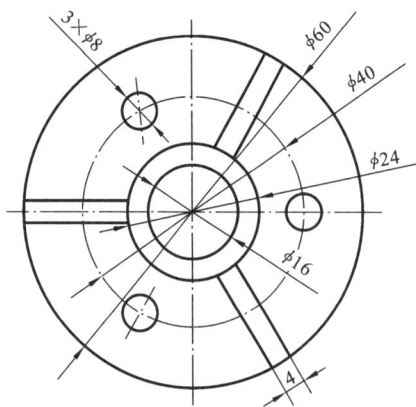

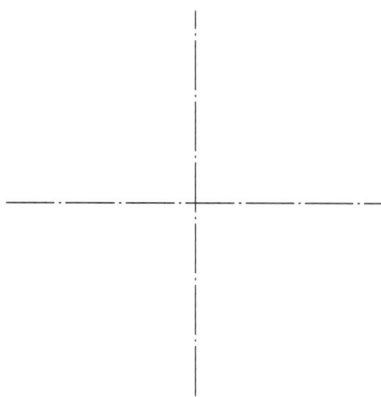

图 1-1-21

11. 如图 1-1-22 所示，已知圆上一点 A，过点 A 利用圆规作该圆的切线。

12. 如图 1-1-23 所示，已知两圆圆心 O_1、O_2，利用三角板作同侧公切线。

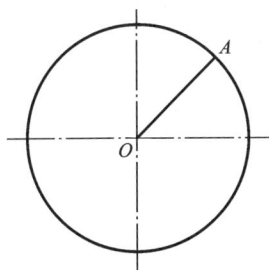

图 1-1-22

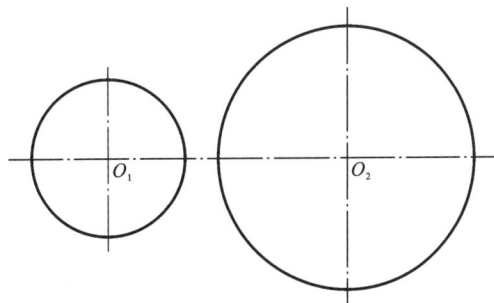

图 1-1-23

13. 如图 1-1-24 所示，已知两圆圆心 O_1、O_2，利用圆规作同侧公切线。

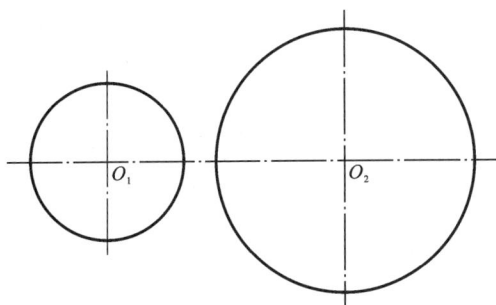

图 1-1-24

14. 如图 1-1-25 所示，已知两圆圆心 O_1、O_2，利用圆规作异侧公切线。

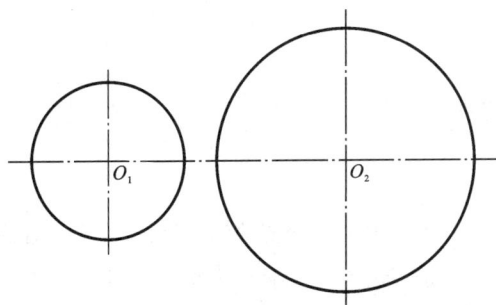

图 1-1-25

15. 逐步画出图 1-1-26 所示楔键的图形。

16. 逐步画出图 1-1-27 所示具有 1∶5 锥度的图形。

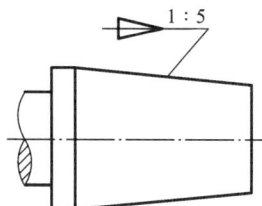

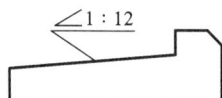

图 1-1-26　　　　　　　　　图 1-1-27

17. 参照图 1-1-28 所示图形,作斜度、锥度,并进行标注。

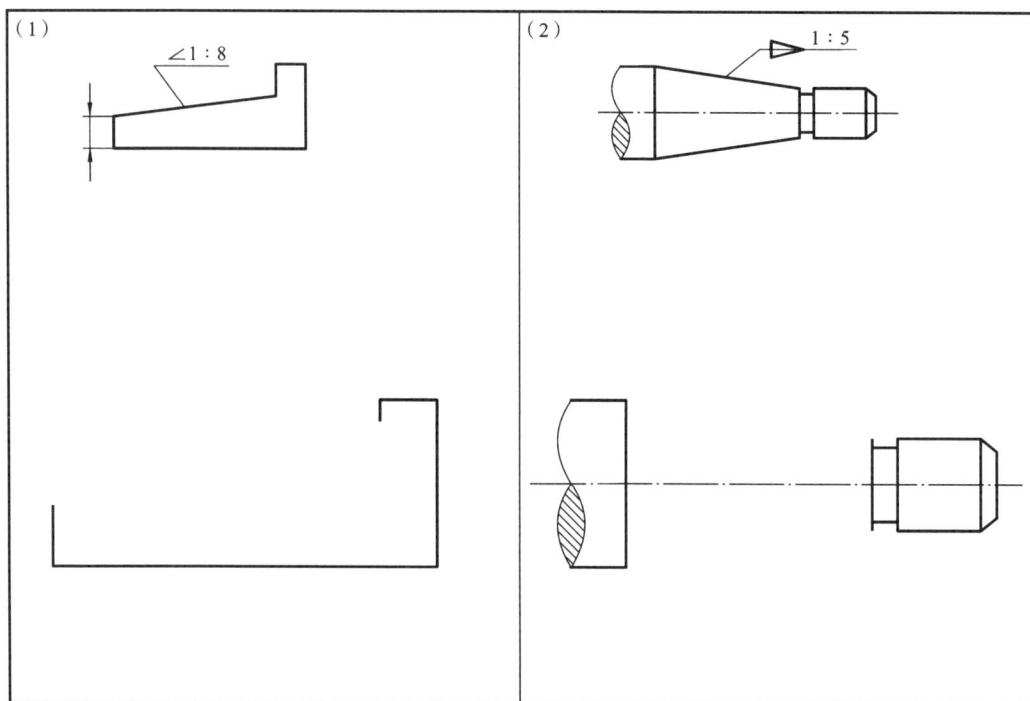

图 1-1-28

18. 如图 1-1-29 所示,用 30°(60°)三角板和丁字尺配合,作圆的内接正三边形。

19. 如图 1-1-30 所示,用 30°(60°)三角板和丁字尺配合,作圆的内接正六边形。

20. 如图 1-1-31 所示,用圆规作已知圆的内接正三边形和内接正六边形。

21. 如图 1-1-32 所示,用圆规作已知圆的内接正五边形。

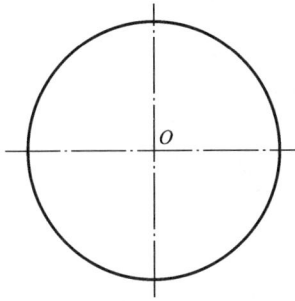

图 1-1-29

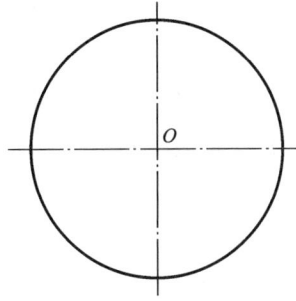

图 1-1-30

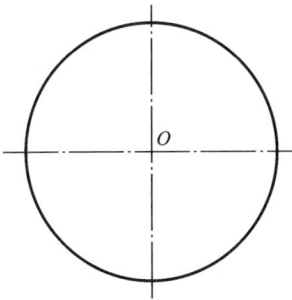

图 1-1-31

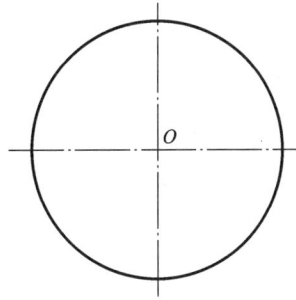

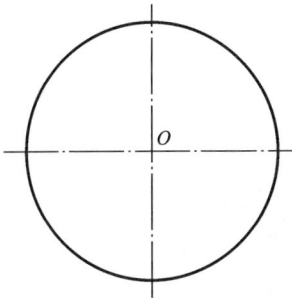

图 1-1-32

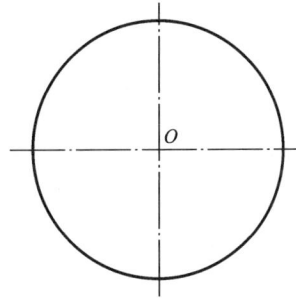

图 1-1-33

22. 表 1-1-1 为弦长表,已知圆的直径为 50 mm,用计算法试作图 1-1-33 所示圆的内接正九边形。

表 1-1-1　弦长表

等分数 n	弦长 $L\approx$	等分数 n	弦长 $L\approx$
3	$0.866d$	7	$0.434d$
4	$0.707d$	8	$0.383d$
5	$0.588d$	9	$0.342d$
6	$0.5d$	10	$0.309d$

注:d 为圆的直径,此表计算公式为:$L\approx d\sin(180°/n)$。

23. 圆的等分:参照图 1-1-34 所示图例,按所给条件画出各图。

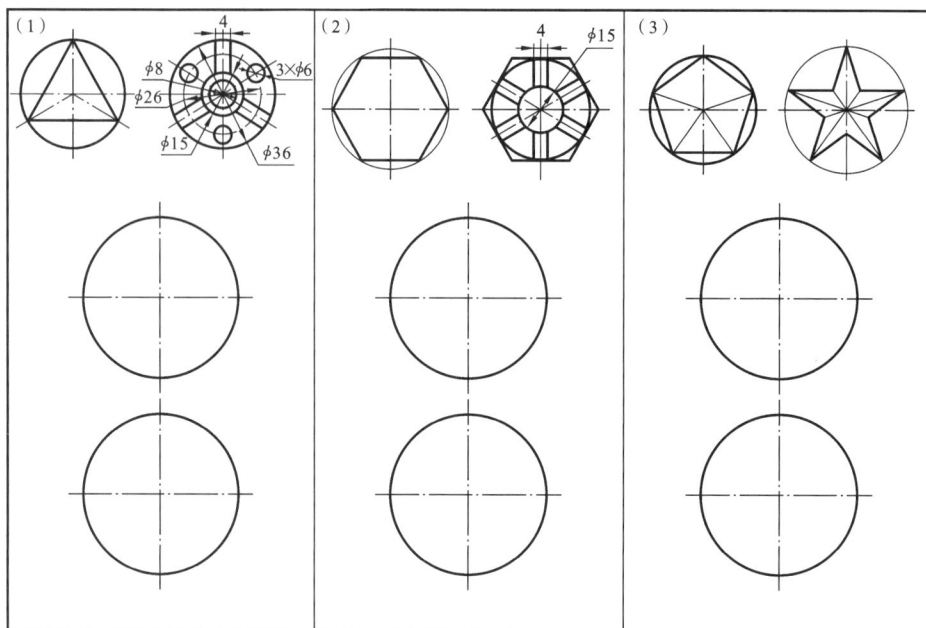

图 1-1-34

24. 参照图 1-1-35、图 1-1-36 所示图例,按指定图形完成各处圆弧连接,并加深、加宽轮廓线。

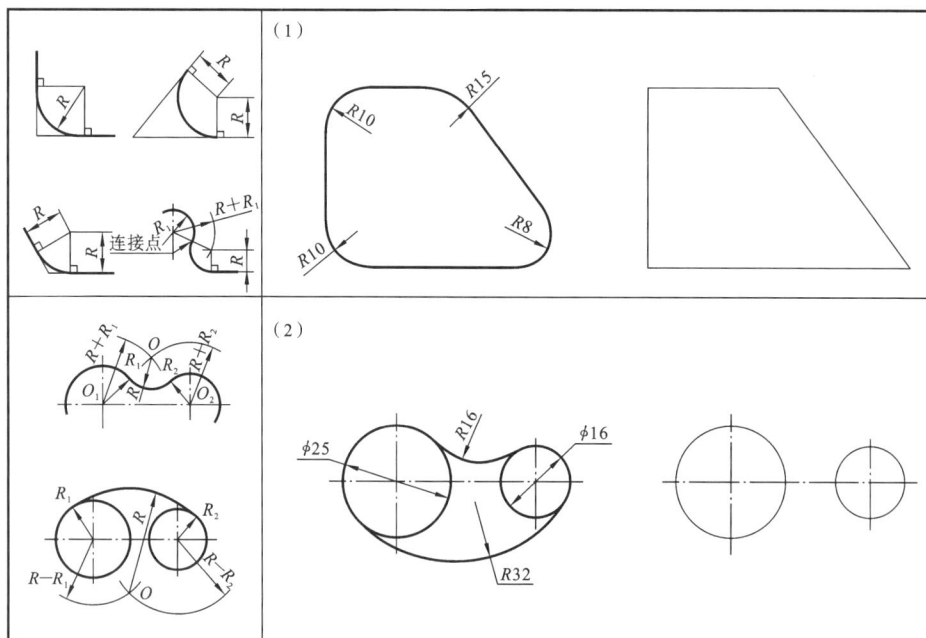

图 1-1-35

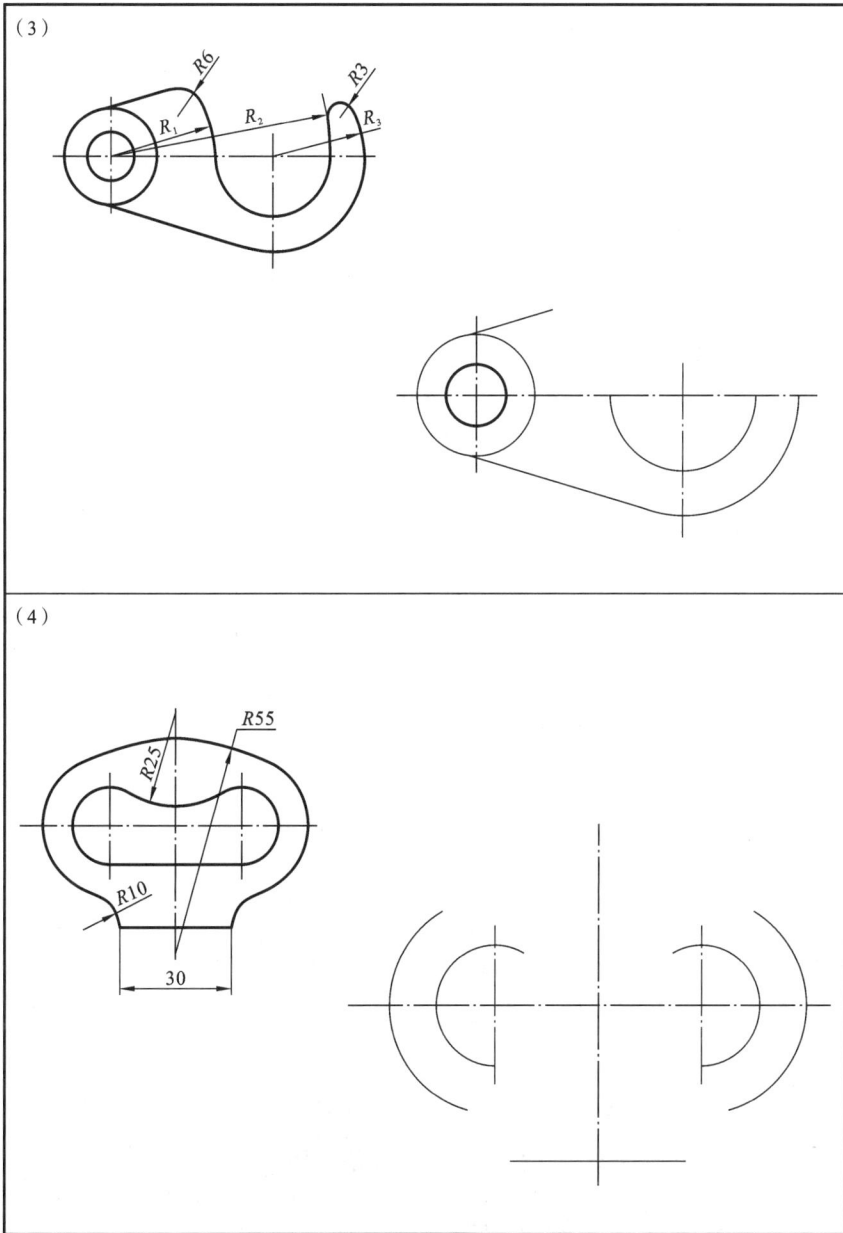

（3）

（4）

R25

R55

R10

30

图 1-1-36

25. 在图纸上用 1 : 1 的比例画出图 1-1-37、图 1-1-38、图 1-1-39 所示图形,并标注尺寸。

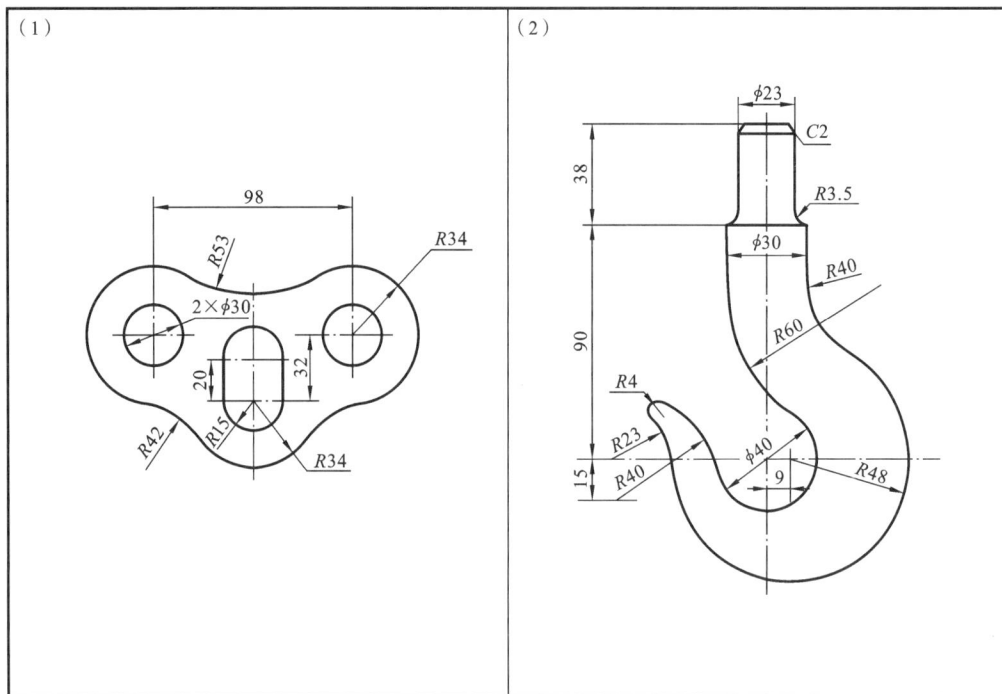

图 1-1-37

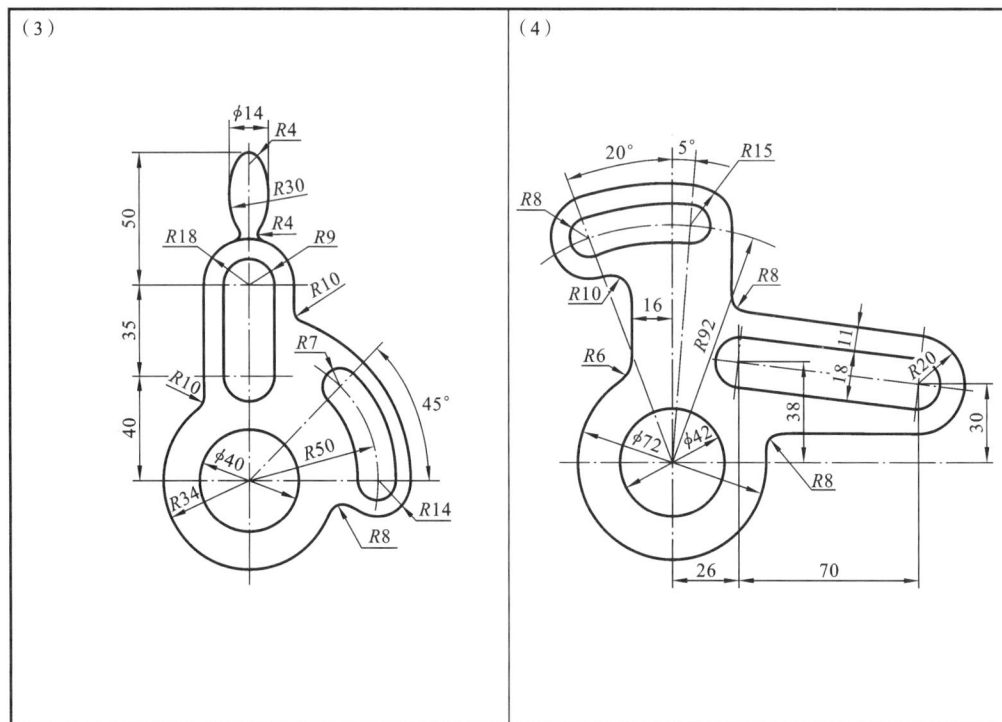

图 1-1-38

(5)

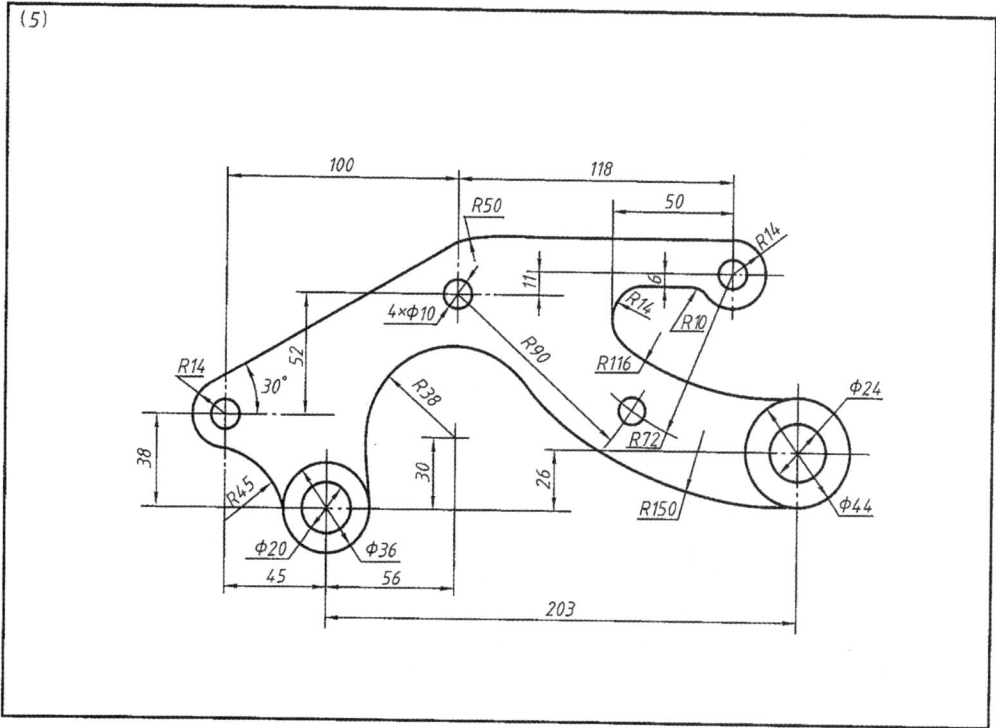

图 1-1-39

26. 圆弧练习。

(1) 根据图 1-1-40 左图所示尺寸,按比例要求完成大图。

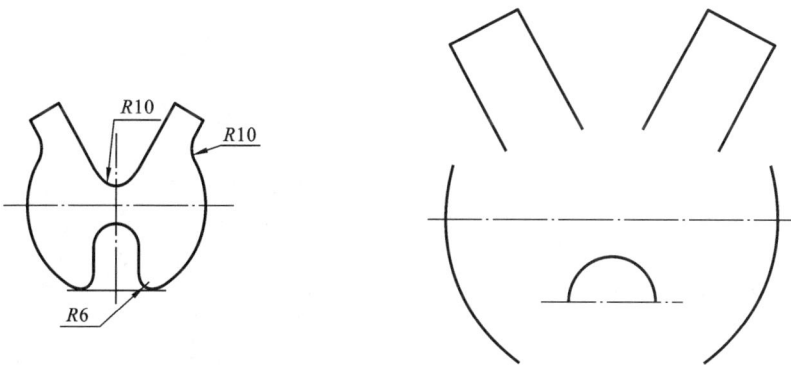

图 1-1-40

（2）根据图 1-1-41 下图所示尺寸，按比例要求完成大图。

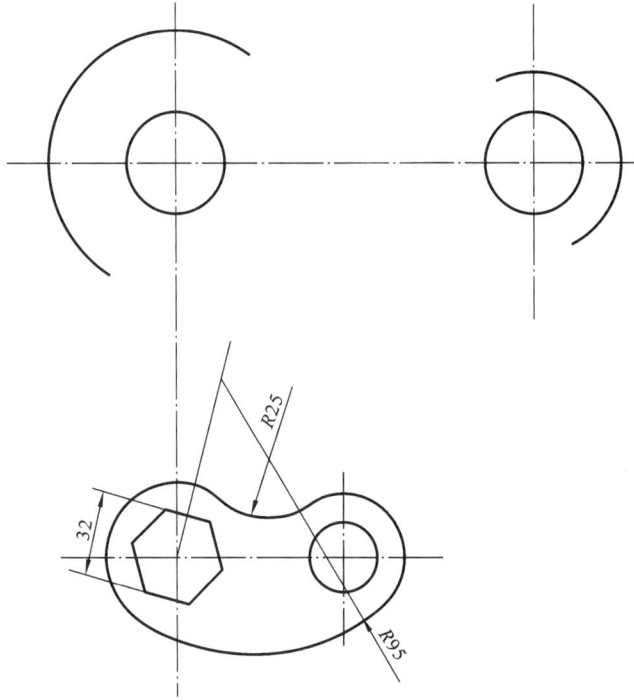

图 1-1-41

27. 绘制图形。

（1）参照图 1-1-42 所示图形，在空白处绘制练习图形 1。

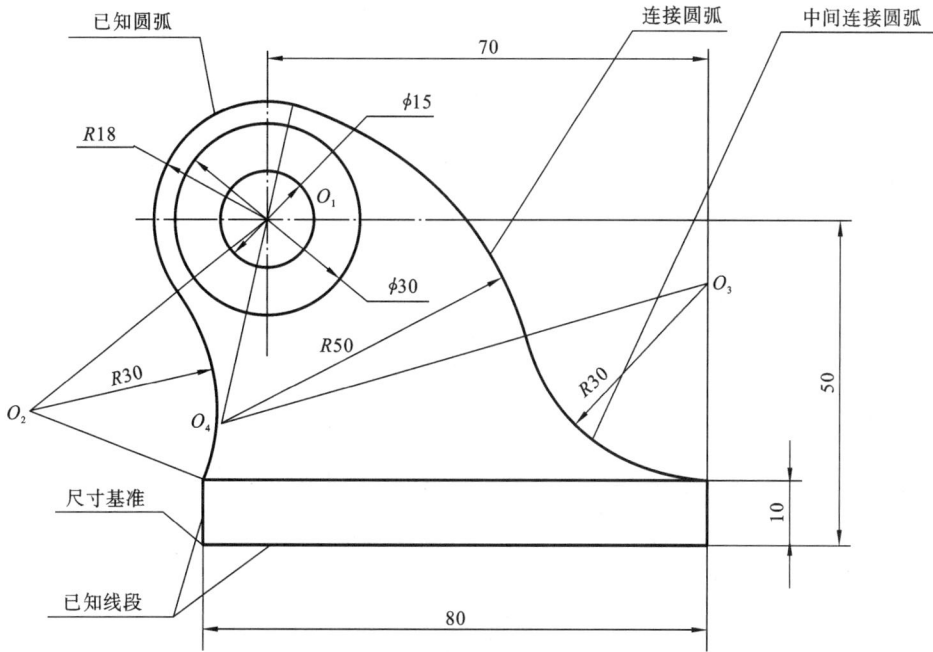

练习图形1

图 1-1-42

（2）参照图 1-1-43 所示图形，在空白处绘制练习图形 2。

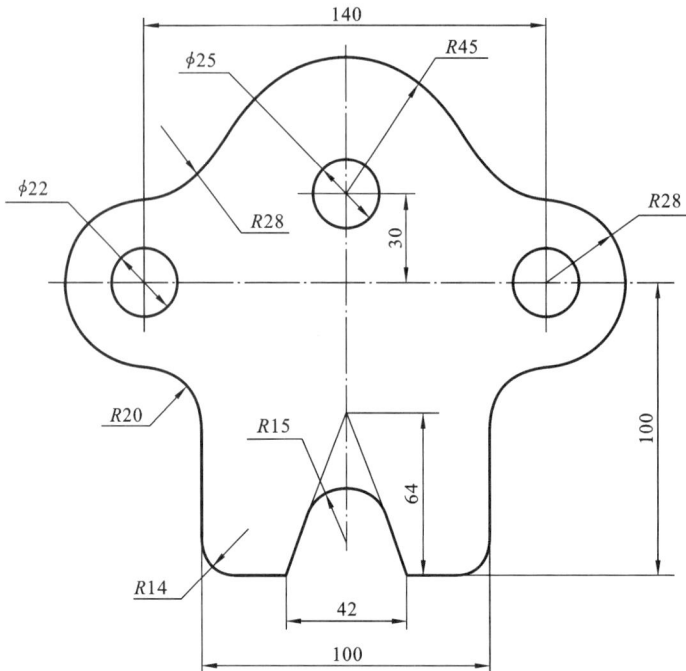

练习图形2

图 1-1-43

（3）选择合适的图幅和比列,不留装订边,绘制吊钩和扳手的零件图,如图 1-1-44 所示。

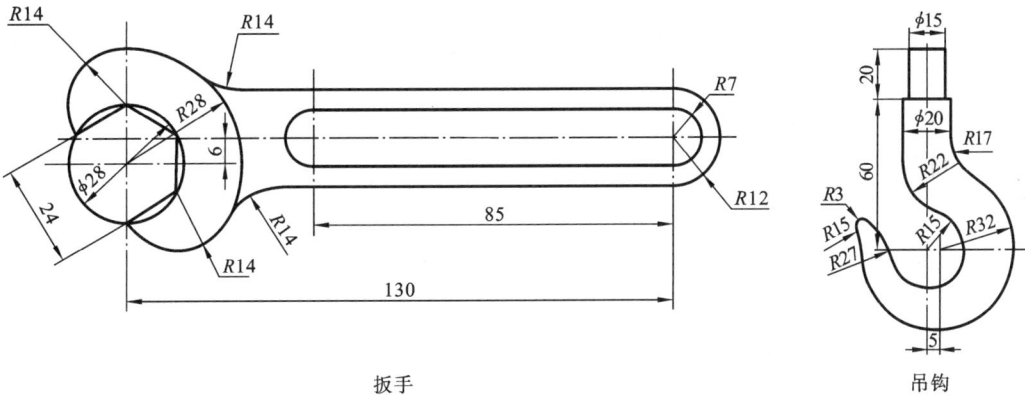

扳手

吊钩

图 1-1-44

练习1-2 投影基础

一、单项选择题

1. 要获得投影,必须具备的基本条件是(   )。

A. 投射中心、物体、投影面   B. 投射中心、投射线、投影面

C. 投射中心、投影大小、投影面   D. 投射中心、投影距离、投影面

2. 由前向后投射所得的视图称为(   )。

A. 主视图   B. 俯视图   C. 右视图   D. 左视图

3. 由左向右投射所得的视图称为(   )。

A. 主视图   B. 俯视图   C. 右视图   D. 左视图

4. 由上向下投射所得的视图称为(   )。

A. 主视图   B. 俯视图   C. 右视图   D. 左视图

5. 三视图之间的相对位置是固定的,即主视图定位后,左视图在主视图的(   )。

A. 左方   B. 右方   C. 上方   D. 下方

6. 三视图之间的相对位置是固定的,即主视图定位后,俯视图在主视图的(   )。

A. 左方   B. 右方   C. 上方   D. 下方

7. 主视图反映物体的(   )。

A. 长度和高度   B. 长度和宽度   C. 高度和宽度   D. 角度和高度

8. 左视图反映物体的(   )。

A. 长度和高度   B. 长度和宽度   C. 高度和宽度   D. 角度和高度

9. 俯视图反映物体的(   )。

A. 长度和高度   B. 长度和宽度   C. 高度和宽度   D. 角度和高度

10. 主视图反映物体的(   )。

A. 左、右和上、下位置关系   B. 左、右和前、后位置关系

C. 上、下和前、后位置关系   D. 左、右和高、低位置关系

11. 左视图反映物体的(   )。

A. 左、右和上、下位置关系   B. 左、右和前、后位置关系

C. 上、下和前、后位置关系   D. 左、右和高、低位置关系

12. 俯视图反映物体的(   )。

A. 左、右和上、下位置关系   B. 左、右和前、后位置关系

C. 上、下和前、后位置关系   D. 左、右和高、低位置关系

13. 俯视图的下方表示物体的(   )。

A. 前面   B. 后面   C. 左面   D. 右面

14. 俯视图的上方表示物体的( )。

　　A. 前面　　　　　　　B. 后面　　　　　　　C. 左面　　　　　　　D. 右面

15. 左视图的右方表示物体的( )。

　　A. 前面　　　　　　　B. 后面　　　　　　　C. 左面　　　　　　　D. 右面

16. 左视图的左方表示物体的( )。

　　A. 前面　　　　　　　B. 后面　　　　　　　C. 左面　　　　　　　D. 右面

17. 俯、左视图远离主视图的一边,表示物体的 ( )。

　　A. 前面　　　　　　　B. 后面　　　　　　　C. 左面　　　　　　　D. 右面

18. 俯、左视图靠近主视图的一边,表示物体的 ( )。

　　A. 前面　　　　　　　B. 后面　　　　　　　C. 左面　　　　　　　D. 右面

19. 物体的俯、左视图不仅____相等,还应保持____、____位置的对应关系。( )

　　A. 长、前、后　　　　B. 宽、前、后　　　　C. 高、前、后　　　　D. 长、左、右

20. 在三投影面体系中,按与投影面的相对位置,直线在投影面上不可能存在的情况是 ( )。

　　A. 在一个基本投影面上只有一个点,与另外两个基本投影面成倾斜位置的直线

　　B. 与一个基本投影面平行,与另外两个基本投影面成倾斜位置的直线

　　C. 垂直于一个基本投影面的直线

　　D. 与三个基本投影面均成倾斜位置的直线

21. 可确定一平面的是( )。

　　A. 属于同一直线的两点　　　　　　　　B. 不属于同一直线的两点

　　C. 属于同一直线的三点　　　　　　　　D. 不属于同一直线的三点

22. 在投影图中,常用来表示空间的平面是( )。

　　A. 曲面图形　　　　B. 球面图形　　　　C. 立体图形　　　　D. 平面图形

23. 在三投影面体系中,按与投影面的相对位置,下面不是特殊位置平面或一般位置平面的是( )。

　　A. 平行于一个基本投影面的平面

　　B. 与一个基本投影面垂直,与另两个基本投影面成倾斜位置的平面

　　C. 与三个基本投影面均成倾斜位置的平面

　　D. 由于一般位置平面与三个基本投影面都倾斜,其三面投影均不反映实形,都是大于原平面的类似形

24. 两点在空间的相对位置,可以由两点的坐标来确定,下面说法错误的是( )。

　　A. 两点的左、右相对位置由 x 坐标确定,x 坐标值大者在左

　　B. 两点的前、后相对位置由 y 坐标确定,y 坐标值大者在前

　　C. 两点的左、右相对位置由 x 坐标确定,x 坐标值小者在左

　　D. 两点的上、下相对位置由 z 坐标确定,z 坐标值大者在上

25. 两点在空间的相对位置,可以由两点的坐标来确定,下面说法错误的是(　　)。

A. 两点的左、右相对位置由 x 坐标确定,x 坐标值大者在左

B. 两点的前、后相对位置由 y 坐标确定,y 坐标值大者在前

C. 两点的上、下相对位置由 z 坐标确定,z 坐标值大者在上

D. 两点的前、后相对位置由 y 坐标确定,y 坐标值小者在前

26. 两点在空间的相对位置,可以由两点的坐标来确定,下面说法错误的是(　　)。

A. 两点的左、右相对位置由 x 坐标确定,x 坐标值大者在左

B. 两点的前、后相对位置由 y 坐标确定,y 坐标值大者在前

C. 两点的上、下相对位置由 z 坐标确定,z 坐标值大者在上

D. 两点的上、下相对位置由 z 坐标确定,z 坐标值小者在上

27. 若已知两点的三面投影,判断它们的相对位置时,可根据(　　)。

A. 正面投影或水平面投影判断左、右关系　　B. 水平面投影或侧面投影判断上、下关系

C. 正面投影或侧面投影判断前、后关系　　　D. 正面投影或水平面投影判断上、下关系

28. 一般位置直线不具有的投影特性是(　　)。

A. 直线的三个投影都倾斜于投影轴

B. 直线的三个投影都小于直线的实长

C. 直线的各投影与投影轴的夹角,均不反映空间直线与各基本投影面的倾角

D. 直线的三个投影都大于直线的实长

29. 关于点的投影与直角坐标的关系,错误的是(　　)。

A. 点的一个坐标值等于零时,该点位于某个投影面内

B. 点的两个坐标值等于零时,该点位于某根投影轴上

C. 点的一个坐标值等于零时,它的三个投影总有两个位于同一根投影轴上,另一个投影位于投影面内且与空间点重合

D. 点的两个坐标值等于零时,它的三个投影总有两个位于同一根投影轴上且与空间点重合,另一个投影与坐标原点重合

30. 直线的投影一般仍为_____,特殊情况下,直线的投影积聚为_____。(　　)

A. 直线、直线　　　　　　　　　　　B. 直线、一个点

C. 一个点、直线　　　　　　　　　　D. 一个点、一个点

31. 在三投影面体系中,根据直线对投影面的相对位置,特殊位置直线包括(　　)。

A. 投影面垂直线、一般位置直线　　　B. 投影面曲线、投影面垂直线

C. 投影面平行线、一般位置直线　　　D. 投影面平行线、投影面垂直线

32. 正平线不具有的投影特性是(　　)。

A. 正平线正面投影为倾斜线段　　　　B. 正平线正面投影大于实长

C. 正平线水平投影小于实长　　　　　D. 正平线侧面投影小于实长

33. 当从投影图上判断直线的空间位置时,若直线的投影为"一斜两直",则该直线必定

为( )。

    A. 投影面垂直线,且平行于斜直线所在的那个投影面

    B. 投影面平行线,且平行于斜直线所在的那个投影面

    C. 投影面垂直线,且垂直于斜直线所在的那个投影面

    D. 投影面平行线,且垂直于斜直线所在的那个投影面

34. 当从投影图上判断直线的空间位置时,若直线的投影为"一点两线",则该直线必定为( )。

    A. 投影面平行线,且垂直于点所在的那个投影面

    B. 投影面垂直线,且垂直于点所在的那个投影面

    C. 投影面平行线,且平行于点所在的那个投影面

    D. 投影面垂直线,且平行于点所在的那个投影面

35. 一般位置直线的投影特性是( )。

    A. 三个投影均为平行投影轴的直线,且都小于实长

    B. 三个投影均为倾斜投影轴的直线,且都小于实长

    C. 三个投影均为平行投影轴的直线,且都大于实长

    D. 三个投影均为倾斜投影轴的直线,且都大于实长

36. 特殊位置平面包括( )。

    A. 投影面垂直面、一般位置平面   B. 投影面垂直面、投影面平行面

    C. 投影面平行面、一般位置平面   D. 投影面平行面、投影曲面

37. 当从投影图上判断平面的空间位置时,若平面的投影为"两框一斜线"的情形,则该平面必定为( )。

    A. 投影面平行面   B. 投影曲面

    C. 投影面垂直面   D. 一般位置平面

38. 当从投影图上判断平面的空间位置时,若平面的投影为"一框两直线"的情形,则该平面必定为( )。

    A. 投影面平行面   B. 投影曲面

    C. 投影面垂直面   D. 一般位置平面

39. 与三个投影面都倾斜的平面,称为( )。

    A. 投影面平行面   B. 投影曲面

    C. 投影面垂直面   D. 一般位置平面

40. 一般位置平面的投影特性是( )。

    A. 在三个投影面上的投影,都是大于实形的类似图形

    B. 在三个投影面上的投影,都是等于实形的类似图形

    C. 在三个投影面上的投影,都是小于实形的类似图形

    D. 在三个投影面上的投影,都是小于实形的相同图形

41. 曲面立体表面由(   )。

A. 平面组成   B. 曲面组成   C. 直线组成   D. 点组成

42. 因四棱柱最前、最后两条侧棱在开槽部位被切掉,故左视图中的左右轮廓线在开槽部位向内"收缩",(   )。

A. 其收缩程度与槽宽有关,槽越宽收缩量越小

B. 其收缩程度与槽宽有关,槽越宽收缩量越大

C. 其收缩程度与槽宽无关,所以槽宽与收缩量也无关

D. 其收缩程度与槽宽有关,但槽宽与收缩量无关

43. 画平面截切平面立体时,注意区分槽底侧面投影的可见性,即槽底的侧面投影积聚成直线,(   )。

A. 中间一段可见,应画成细虚线

B. 中间一段可见,应画成细实线

C. 中间一段不可见,应画成细虚线

D. 中间一段不可见,应画成细实线

44. 因圆柱的最前、最后两条素线均在开槽部位被切掉,故左视图中的轮廓线在开槽部位向内"收缩",(   )。

A. 其收缩程度与槽宽有关,槽越宽收缩量越小

B. 其收缩程度与槽宽有关,槽越宽收缩量越大

C. 其收缩程度与槽宽无关,所以槽宽与收缩量也无关

D. 其收缩程度与槽宽有关,但槽宽与收缩量无关

45. 当两圆柱的相对位置不变,而两圆柱的直径发生变化时,相贯线的形状和位置也将随之变化。当一个圆柱的直径大于另外一个圆柱的直径时,(   )。

A. 相贯线的正面投影为上、下对称的曲线

B. 相贯线在空间为两个相交的椭圆,其正面投影为两条相交的直线

C. 相贯线的正面投影为左、右对称的曲线

D. 相贯线的正面投影为前、后对称的曲线

46. 当两圆柱的相对位置不变,而两圆柱的直径发生变化时,相贯线的形状和位置也将随之变化。当一个圆柱的直径等于另外一个圆柱的直径时,(   )。

A. 相贯线的正面投影为上、下对称的曲线

B. 相贯线在空间为两个相交的椭圆,其正面投影为两条相交的直线

C. 相贯线的正面投影为左、右对称的曲线

D. 相贯线的正面投影为前、后对称的曲线

47. 当两圆柱的相对位置不变,而两圆柱的直径发生变化时,相贯线的形状和位置也将随之变化。当一个圆柱的直径小于另外一个圆柱的直径时,(   )。

A. 相贯线的正面投影为上、下对称的曲线

B. 相贯线在空间为两个相交的椭圆,其正面投影为两条相交的直线

C. 相贯线的正面投影为左、右对称的曲线

D. 相贯线的正面投影为前、后对称的曲线

48. 表达组合体的一组视图中最主要的视图是(　　)。

    A. 左视图　　　　　　B. 主视图　　　　　　C. 俯视图　　　　　　D. 右视图

49. 视图选择的内容包含_____的选择和_____的确定。(　　)

    A. 主视图　视图数量　　　　　　　　　B. 俯视图　视图数量

    C. 主视图　视图结构　　　　　　　　　D. 俯视图　视图结构

50. 不符合选择主视图条件的是(　　)。

    A. 反映组合体的结构特征

    B. 尽量避免其他视图产生细虚线

    C. 一般应把反映组合体各部分形状和相对位置较少的一面作为主视图的投射方向

    D. 符合组合体的自然安放位置,主要面应平行于基本投影面

51. 尺寸标注要符合制图国家标准的有关规定,要求正确性,应确保尺寸数值正确无误,所注的尺寸包括(　　)。

    A. 尺寸数字、符号、箭头、尺寸线和尺寸界线等

    B. 名称、图号、箭头、尺寸线和尺寸界线等

    C. 材料、数量、箭头、尺寸线和尺寸界线等

    D. 尺寸数字、符号、比例、技术要求和尺寸界线等

52. 为了将尺寸标注得完整,应先按形体分析法标注确定各基本形体的_____,再标注确定它们之间相对位置的_____,最后根据组合体的结构特点,标注_____。(　　)

    A. 总体尺寸　定形尺寸　定位尺寸　　　B. 定形尺寸　定位尺寸　总体尺寸

    C. 定位尺寸　定形尺寸　总体尺寸　　　D. 定位尺寸　总体尺寸　定位尺寸

53. 不能作为组合体尺寸基准的是(　　)。

    A. 底面　　　　　　　B. 端面　　　　　　　C. 对称面　　　　　　D. 上表面

54. 当组合体的一端或两端为回转体时,(　　)。

    A. 总体尺寸是不能直接标注的,但不会出现重复尺寸

    B. 总体尺寸是不能直接标注的,否则会出现重复尺寸

    C. 总体尺寸可以直接标注的,否则会出现重复尺寸

    D. 总体尺寸可以直接标注的,但不会出现重复尺寸

55. 由于三个空间直角坐标轴与轴测投影面的倾角相同,它们的轴测投影的缩短程度也相同,其实际缩短率为(　　)。

    A. 0.62　　　　　　　B. 0.72　　　　　　　C. 0.82　　　　　　　D. 0.92

56. 观察图 1-2-1 所示的立体图,看懂三视图,在括号内填写相应的编号。

57. 分析图 1-2-2 所示的三视图,想象其空间形状,在括号内填写相应的编号。

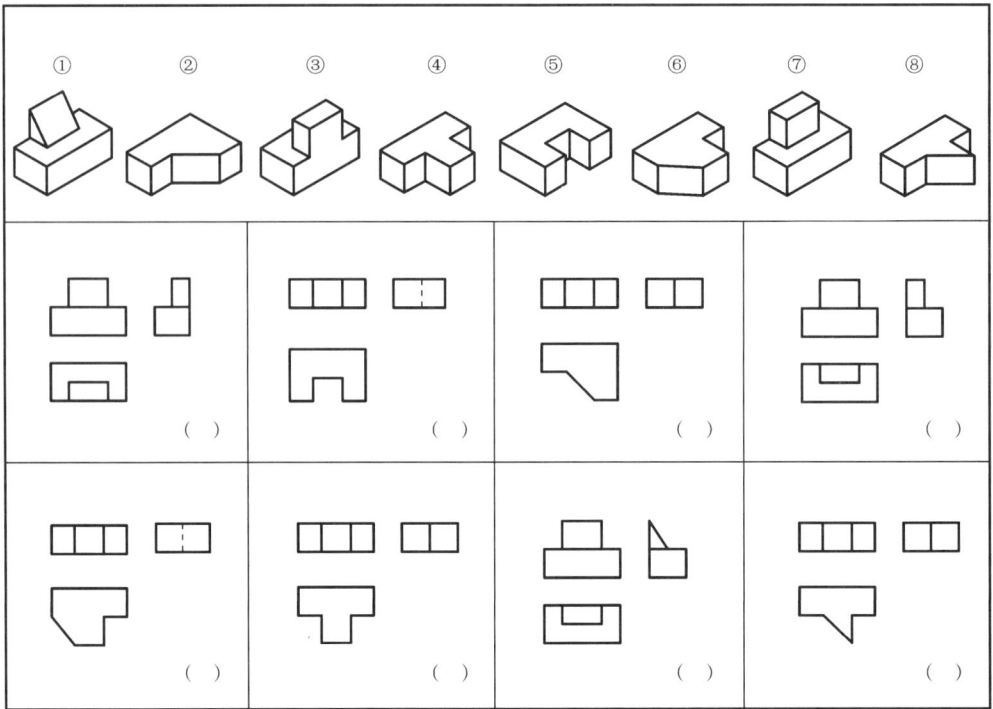

图 1-2-1

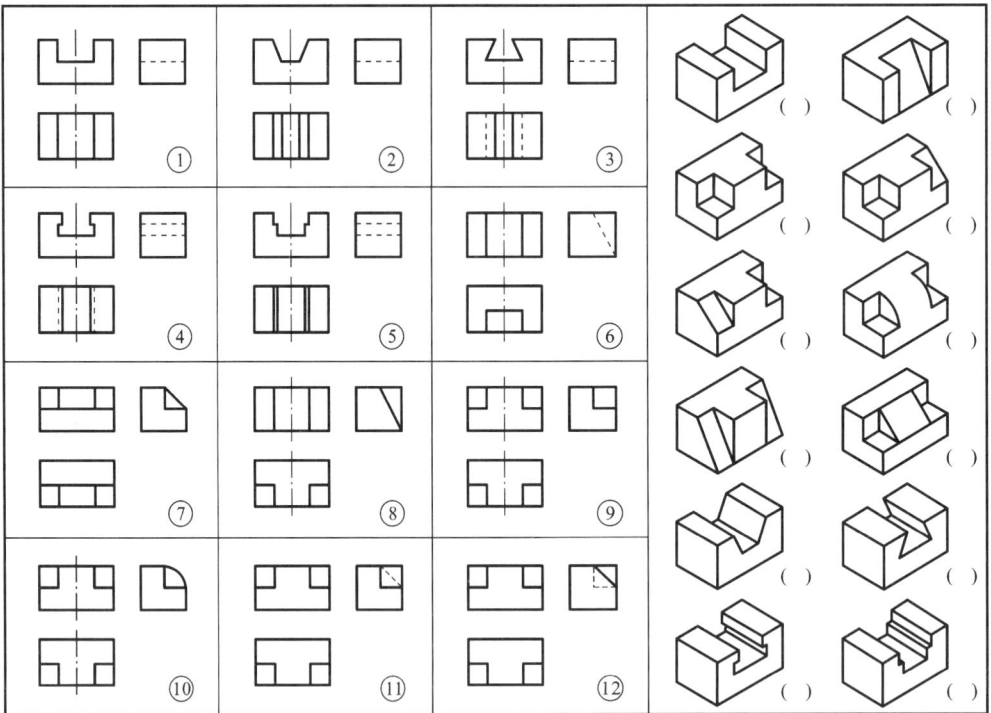

图 1-2-2

58. 分析图 1-2-3 所示的立体图,辨认其对应的三视图,在括号内填写相应的编号。

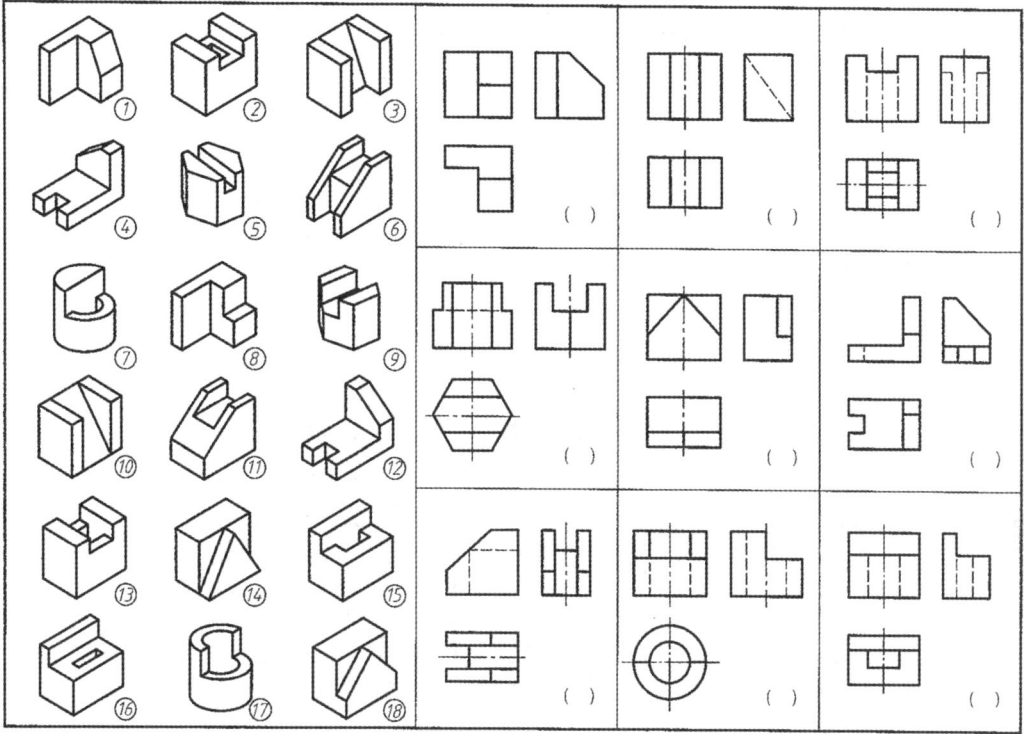

图 1-2-3

59. 如图 1-2-4 所示,已知物体的主、俯视图,则正确的左视图是( )。

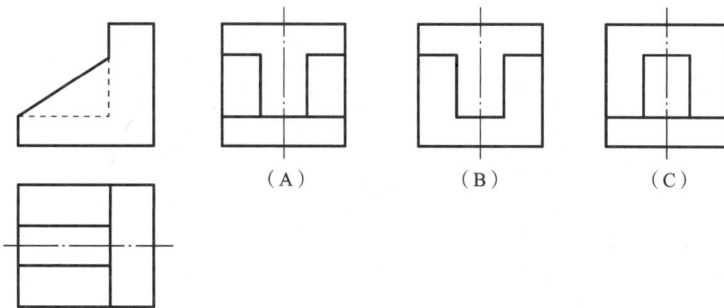

(A)　　　　　(B)　　　　　(C)

图 1-2-4

60. 如图 1-2-5 所示,已知圆柱截切后的主、俯视图,则正确的左视图是(   )。

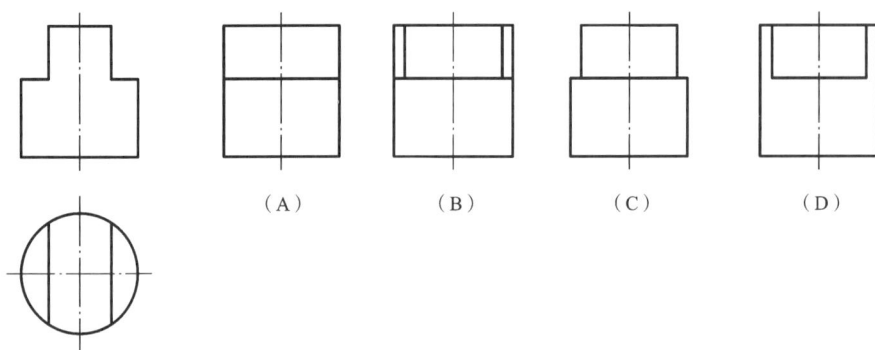

（A）   （B）   （C）   （D）

图 1-2-5

61. 如图 1-2-6 所示,已知物体的主、俯视图,则错误的左视图是(   )。

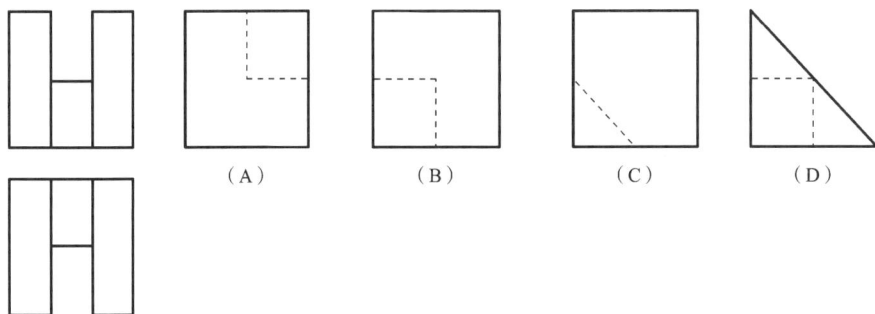

（A）   （B）   （C）   （D）

图 1-2-6

62. 如图 1-2-7 所示,已知立体的主、俯视图,则正确的左视图是(   )。

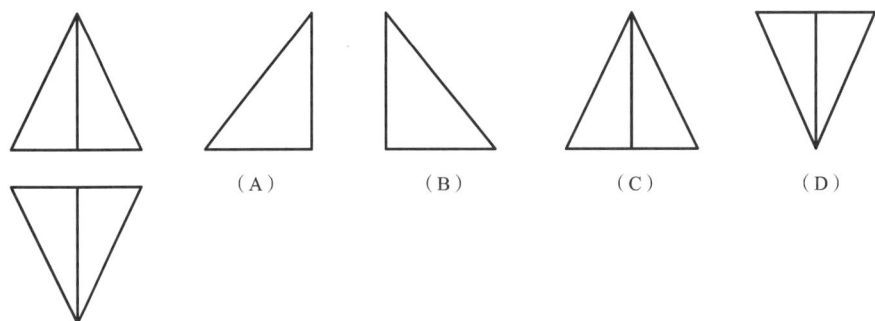

（A）   （B）   （C）   （D）

图 1-2-7

63. 如图 1-2-8 所示,已知物体的主、俯视图,则正确的左视图是(　　)。

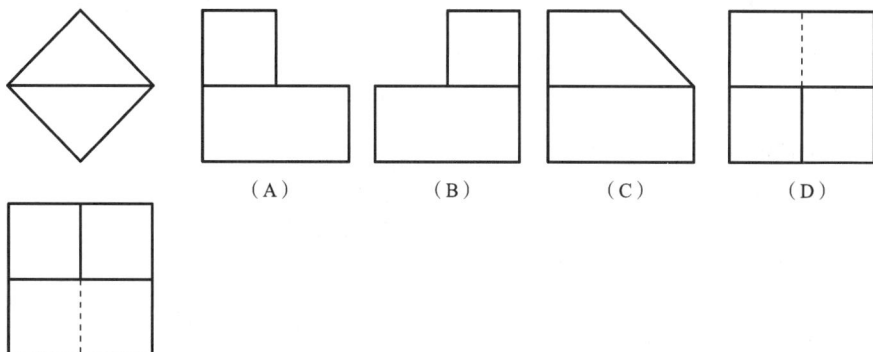

（A）　　　　　（B）　　　　　（C）　　　　　（D）

图 1-2-8

二、判断题

1. 影子不仅能反映物体的轮廓,还可以表达物体的形状和大小。　　　　　（　　）

2. 影子只能反映物体的轮廓,却无法表达物体的形状和大小。将这种现象进行科学的抽象,总结出了影子与物体之间的几何关系,进而形成投影法,使在图纸上表达物体形状和大小的要求得以实现。　　　　　（　　）

3. 投影法中,得到投影的面称为投影面。　　　　　（　　）

4. 投影法中,所有投射线的起源点,称为投射中心。　　　　　（　　）

5. 投影法中,发自投射中心且通过被表示物体上各点的直线,称为投射线。　　　（　　）

6. 投射线通过物体,向选定的面投射,并在该面上得到图形的方法称为投影法。（　　）

7. 根据投影法所得到的图形,称为投影。　　　　　（　　）

8. 要获得投影,必须具备投射中心、物体、投影面这三个基本条件。　　　　（　　）

9. 根据投射线的类型(平行或汇交),投影法可分为中心投影法和平行投影法两类。
　　　　　（　　）

10. 投射线没有汇交一点的投影法,称为中心投影法。　　　　　（　　）

11. 用中心投影法所得的投影大小,不会随着投影面、物体、投射中心三者之间距离的变化而变化。　　　　　（　　）

12. 用中心投影法绘制的图样不仅具有较强的立体感,还可以反映物体的真实形状和大小,且度量性好,作图比较复杂,但在机械图样中经常采用。　　　　　（　　）

13. 投射线相互平行的投影法,称为平行投影法。　　　　　（　　）

14. 根据投射线与投影面是否平行,平行投影法可分为正投影法和斜投影法两种。
　　　　　（　　）

15. 投射线与投影面相平行的垂直投影法,称为正投影法。　　　　　（　　）

16. 投射线与投影面相垂直的平行投影法所得到的图形,称为正投影图。　　　（　　）

17. 投射线与投影面相倾斜的平行投影法,称为斜投影法。　　　　　（　　）

18. 投射线与投影面相倾斜的平行投影法所得到的图形,称为斜投影图。 (　　)

19. 正投影法具有能反映物体的真实形状和大小,度量性好,作图简便的特点。 (　　)

20. 正投影法反映实形或实长,所以具有真实性。 (　　)

21. 正投影的平面(直线)倾斜于投影面,投影变小(短),这种性质称为积聚性。 (　　)

22. 平面(直线)垂直于投影面,投影积聚成直线(一点),这种性质称为类似性。 (　　)

23. 在多面正投影中,相互垂直的三个投影面构成三投影面体系,分别称为正立投影面(简称正面或 V 面)、水平投影面(简称水平面或 H 面)和侧立投影面(简称侧面或 W 面)。
(　　)

24. 三投影面体系中,相互垂直的投影面之间的交线,称为投影轴。 (　　)

25. 将物体置于三投影面体系内,然后从物体的三个方向进行观察,由前向后投射所得的视图称为主视图。 (　　)

26. 将物体置于三投影面体系内,然后从物体的三个方向进行观察,由上向下投射所得的视图称为左视图。 (　　)

27. 将物体置于三投影面体系内,然后从物体的三个方向进行观察,由左向右投射所得的视图称为俯视图。 (　　)

28. 由三视图的展开过程可知,三视图之间的相对位置是固定的,即主视图定位后,左视图在主视图的左方,俯视图在主视图的下方。各视图的名称不需标注。 (　　)

29. 投影规律规定:物体左右之间的距离(X 轴方向)为长度;物体前后之间的距离(Y 轴方向)为宽度;物体上下之间的距离(Z 轴方向)为高度。 (　　)

30. 依据投影规律,每一个视图只能反映物体一个方向的尺度。 (　　)

31. 每一个视图只能反映物体两个方向的尺度,即主视图反映物体的长度(X 轴方向尺寸)和高度(Y 方向尺寸)。 (　　)

32. 每一个视图只能反映物体两个方向的尺度,即左视图反映物体的高度(Z 轴方向尺寸)和宽度(Y 方向尺寸)。 (　　)

33. 每一个视图只能反映物体两个方向的尺度,即俯视图反映物体的长度(X 轴方向尺寸)和宽度(Z 方向尺寸)。 (　　)

34. 三视图之间的投影规律,即"三等"规律,为主俯"长对正",主左"高平齐",左俯"宽相等"。(　　)。

35. 三视图之间的三等规律,不仅反映在物体的整体上,也反映在物体的任意一个局部结构,这一规律是画图和看图的依据。 (　　)

36. 物体有左右、前后、上下六个方位,每一个视图只能反映物体两个方向的位置关系,即主视图反映物体的左、右和上、下位置关系(前、后重叠)。 (　　)

37. 物体有左右、前后、上下六个方位,每一个视图只能反映物体两个方向的位置关系,即左视图反映物体的左、右和前、后位置关系(上、下重叠)。 (　　)

38. 物体有左右、前后、上下六个方位,每一个视图只能反映物体两个方向的位置关系,

即俯视图反映物体的上、下和前、后位置关系(左、右重叠)。　　　　　　　　　　　(　　)

39. 在三个投影面的展开过程中,由于水平面向下旋转,俯视图的下方表示物体的前面,俯视图的上方表示物体的后面。　　　　　　　　　　　　　　　　　　　　　　　(　　)

40. 在三个投影面的展开过程中,当侧面向右旋转后,左视图的右方表示物体的前面,左视图的左方表示物体的后面。即俯、左视图远离主视图的一边,表示物体的前面;靠近主视图的一边,表示物体的后面。　　　　　　　　　　　　　　　　　　　　　　　　(　　)

41. 物体的俯、左视图不仅宽相等,还应保持左、右位置的对应关系。　　　　　　　(　　)

42. 点、直线、平面是构成物体表面的最基本的几何元素。　　　　　　　　　　　(　　)

43. 点的两面投影连线,必定垂直于相应的投影轴。　　　　　　　　　　　　　　(　　)

44. 点的投影到投影轴的距离,等于空间点到相应的投影面的距离。　　　　　　　(　　)

45. 根据点的投影规律,在点的三面投影中,只要知道其中任意一个面的投影,即可求出第三面投影。　　　　　　　　　　　　　　　　　　　　　　　　　　　　　(　　)

46. 一般情况下,直线的投影仍是直线。特殊情况下,直线的投影积聚成一点。　　(　　)

47. 在三投影面体系中,按与投影面的相对位置,直线可分为投影面平行线、投影面垂直线、一般位置直线三种。　　　　　　　　　　　　　　　　　　　　　　　　(　　)

48. 在三投影面体系中,按与投影面的相对位置,直线可分为特殊位置直线、一般位置直线两种。　　　　　　　　　　　　　　　　　　　　　　　　　　　　　　　(　　)

49. 在三投影面体系中,按与投影面的相对位置,直线可分为与一个基本投影面平行且与另外两个基本投影面成倾斜位置的直线和垂直于一个基本投影面且与三个基本投影面均成倾斜位置的直线。　　　　　　　　　　　　　　　　　　　　　　　　　　　(　　)

50. 在三投影面体系中,与一个基本投影面平行且与另外两个基本投影面成倾斜位置的直线,称为投影面垂直线。　　　　　　　　　　　　　　　　　　　　　　　　(　　)

51. 在三投影面体系中,垂直于一个基本投影面的直线,称为一般位置直线。　　　(　　)

52. 在三投影面体系中,与三个基本投影面均成倾斜位置的直线,称为特殊位置直线。
　　　　　　　　　　　　　　　　　　　　　　　　　　　　　　　　　　　(　　)

53. 不属于同一直线的三点可确定一平面。　　　　　　　　　　　　　　　　　(　　)

54. 在三投影面体系中,按与投影面的相对位置,平面可分为特殊位置平面和一般位置平面。　　　　　　　　　　　　　　　　　　　　　　　　　　　　　　　　(　　)

55. 在三投影面体系中,按与投影面的相对位置,平面可分为投影面平行面、投影面垂直面、与三个基本投影面均成倾斜位置的平面三种。　　　　　　　　　　　　　　(　　)

56. 在三投影面体系中,平行于一个基本投影面的平面称为投影面平行面。　　　(　　)

57. 在三投影面体系中,与一个基本投影面垂直且与另两个基本投影面成倾斜位置的平面,称为投影面垂直面,是一般位置平面。　　　　　　　　　　　　　　　　　　(　　)

58. 在三投影面体系中,与三个基本投影面均成倾斜位置的平面,称为一般位置平面。
　　　　　　　　　　　　　　　　　　　　　　　　　　　　　　　　　　　(　　)

59. 与三个基本投影面均成倾斜位置的平面,其三面投影均不反映实形,都是大于原平面的类似形。 (　　)

60. 两点在空间的相对位置,可以由两点的坐标来确定。 (　　)

61. 两点在空间的相对位置中,两点的左、右相对位置由 x 坐标确定, x 坐标值大者在左。 (　　)

62. 两点在空间的相对位置中,两点的前、后相对位置由 z 坐标确定, z 坐标值大者在前。 (　　)

63. 两点在空间的相对位置中,两点的上、下相对位置由 y 坐标确定, y 坐标值大者在上。 (　　)

64. 若已知两点的三面投影,判断它们的相对位置时,可根据正面投影或水平面投影判断左、右关系;根据水平面投影或侧面投影判断前、后关系;根据正面投影或侧面投影判断上、下关系。 (　　)

65. 重影点的可见性,需根据这两点不重影的投影的坐标大小来判别。 (　　)

66. 投影面平行线共有水平线、正平线和侧平线三种。 (　　)

67. 投影面垂直线有铅垂线、正垂线和侧垂线三种。 (　　)

68. 一般位置直线的三个投影都倾斜于投影轴,且都大于直线的实长。 (　　)

69. 一般位置直线的各投影与投影轴的夹角,均能反映空间直线与各基本投影面的倾角。 (　　)

70. 投影面平行面共有水平面、正平面和侧平面三种。 (　　)

71. 投影面垂直面有铅垂面、正垂面和侧垂面三种。 (　　)

72. 一般位置平面对三个投影面都倾斜,其水平投影、正面投影和侧面投影都没有积聚性,均为大于实形的三角形。 (　　)

73. 点、线、平面是构成空间物体最基本的几何元素。 (　　)

74. 点的一个投影能确定点的空间位置。 (　　)

75. 展开后的投影图一般不画出投影面的边框线,而只用细实线画出投影轴。 (　　)

76. 由点的投影与直角坐标的关系,点的三个坐标值都不等于零时,该点属于一般空间点,点的三个投影在投影面内。 (　　)

77. 由点的投影与直角坐标的关系,点的一个坐标值等于零时,该点位于某个投影面内。因而它的三个投影总有两个位于不同的投影轴上,另一个投影位于投影面内且与空间点重合。 (　　)

78. 由点的投影与直角坐标的关系,点的两个坐标值等于零时,该点不位于某根投影轴上。因而它的三个投影总有两个位于同一根投影轴上且与空间点重合,另一个投影不与坐标原点重合。 (　　)

79. 两点的相对位置是指以其中一点为基准点,确定另一点对基准点的相对位置,可以由两点的坐标差来确定。 (　　)

80. 共处于同一条投射线上的两点,必在相应的投影面上具有重合的投影。这两个点称为对该投影面的一对重影点。　　　　　　　　　　　　　　　　　　　　（　　）

81. 重影点的可见性,需要根据这两点不重合的投影的坐标位置来判断。　　（　　）

82. 为了区别可见与不可见点,规定对不可见的投影加括号表示。　　　　（　　）

83. 直线的投影一般仍为直线,特殊情况下,直线的投影积聚为一点。　　（　　）

84. 当从投影图上判断直线的空间位置时,若直线的投影为"一斜两直",则该直线必定为投影面平行线,且平行于斜直线所在的那个投影面。　　　　　　　　（　　）

85. 当从投影图上判断直线的空间位置时,若直线的投影为"一点两线",则该直线必定为投影面垂直线,且垂直于点所在的那个投影面。　　　　　　　　　　　（　　）

86. 一般位置直线的投影特性:三个投影均为倾斜投影轴的直线,且都小于实长。

（　　）

87. 在投影图中,通常用空间图形来表示平面。　　　　　　　　　　　　（　　）

88. 当从投影图上判断平面的空间位置时,若平面的投影为"两框一斜线"的情形,则该平面必定为投影面垂直面,且垂直于斜直线所在的那个投影面。　　　　（　　）

89. 当从投影图上判断平面的空间位置时,若平面的投影为"一框两直线"的情形,则该平面必定为投影面平行面,且平行于线框所在的那个投影面。　　　　　（　　）

90. 一般位置平面的投影特性是:在三个投影面上的投影,都是大于实形的类似图形。

（　　）

91. 几何体分为平面立体和曲面立体两大类。　　　　　　　　　　　　（　　）

92. 几何体中表面均为平面的立体,称为平面立体。　　　　　　　　　（　　）

93. 几何体中表面由曲面或曲面与平面组成的立体,称为曲面立体。　　（　　）

94. 画棱柱三视图时,先画顶面和底面的投影,在水平投影中,它们均反映实形(等边三角形)且不重叠。　　　　　　　　　　　　　　　　　　　　　　　（　　）

95. 画棱柱三视图时,其正面和侧面投影都有积聚性,分别为平行于 X 轴和 Y 轴的直线。　　　　　　　　　　　　　　　　　　　　　　　　　　　　　　　（　　）

96. 画棱柱三视图时,三条侧棱的垂直投影都有积聚性,为等边三角形的三个顶点,它们的正面和侧面投影均平行于 Z 轴且反映了棱柱的高。　　　　　　　　　（　　）

97. 画棱柱表面上的点的投影,需判别点的投影的可见性,若点所在表面的投影可见,则点的同面投影也可见,反之亦不可见。对不可见的点的投影,需加圆括号表示。　（　　）

98. 正三棱锥的三视图由底面和三个棱面所组成。底面为水平面,其水平投影反映实形,正面和侧面投影积聚成一个面,侧面投影积聚成一直线,水平投影和正面投影都是类似形,其三面投影均为类似形。　　　　　　　　　　　　　　　　　　　　　（　　）

99. 正三棱锥的侧面投影是等腰三角形。　　　　　　　　　　　　　　（　　）

100. 正三棱锥的表面有特殊位置平面,也有一般位置平面。特殊位置平面上的点的投影,可利用该平面投影的积聚性作辅助线的方法求得;一般位置平面上的点的投影,可通过

在平面上直接作图。 （　　）

101. 圆柱面可看作一条直线围绕与它平行的轴线回转而成。 （　　）

102. 圆柱面可看作一条直线围绕与它平行的轴线回转而成。这一平行的轴线称为回转轴,直线称为母线,母线转至任一位置时称为素线。 （　　）

103. 由一条母线绕轴回转而形成的表面称为回转面,由回转面构成的立体称为回转体。
（　　）

104. 圆柱的三视图中,俯视图为一圆线框。由于圆柱轴线是铅垂线,圆表面所有素线都是铅垂线,因此,圆柱面的水平投影积聚成一个圆。 （　　）

105. 圆柱的三视图中,圆顶面、底面的投影(反映实形)与该圆不重合。 （　　）

106. 画圆柱的三视图时,一般先画投影具有积聚性的圆,再根据投影规律和圆柱的高度完成其他两视图。 （　　）

107. 圆锥的三视图中,俯视图的圆形,反映圆锥底面的实形,同时也表示圆锥面的投影。
（　　）

108. 圆锥的三视图中,主、左视图的等边三角形线框,其底边为圆锥底面的积聚性投影。
（　　）

109. 圆锥的三视图中,主视图中三角形的左、右两边,分别表示圆锥面最左、最右反映实长的素线的投影,它们是圆锥面正面投影可见与不可见部分的分界线。 （　　）

110. 画圆锥的三视图时,先画出圆锥顶点的投影,再画出圆锥底面的投影,然后分别画出特殊位置素线的投影,即完成圆锥的三视图。 （　　）

111. 圆锥面可看作由一条直母线围绕与它相交的轴线回转而成。 （　　）

112. 圆锥面上的点的三面投影作图可采用辅助线法和辅助圆法两种方法。 （　　）

113. 圆球面可看作一个圆(母线),围绕它的直径回转而成。 （　　）

114. 圆球的三视图都是与圆球直径相等的圆,均表示圆球面的投影。球的各个投影都是圆形,且各个圆的意义相同。 （　　）

115. 当立体被平面截断成两部分时,其中任何一部分均称为截断体,用来截切立体的平面称为截平面,截平面与立体表面的交线称为截交线。 （　　）

116. 截交线有共有性和封闭性两个基本性质。 （　　）

117. 截交线是截平面与立体表面共有的线,这称为截交线的共有性。 （　　）

118. 由于任何立体都有一定的范围,所以截交线一定是闭合的平面图形,这称为截交线的封闭性。 （　　）

119. 截切平面立体时,其截交线为一平面多边形。 （　　）

120. 由于平面立体的截交线是一个平面多边形,多边形的每一条边是截平面与平面立体各棱面的交线。 （　　）

121. 由于平面立体的截交线是一个平面多边形,多边形的各个顶点就是截平面与平面立体棱线的交点。 （　　）

122. 求平面立体的截交线,实质上就是求截平面与各条棱线交点的投影。（　）

123. 正六棱锥右边棱线的侧面投影中有一段不可见,应画成细实线。（　）

124. 平面截切曲面立体时,截交线的形状取决于曲面立体的表面形状,以及截平面与曲面立体的相对位置。（　）

125. 圆柱体截平面的位置与轴线平行时,其截交线的形状为矩形。（　）

126. 圆柱体截平面的位置与轴线垂直时,其截交线的形状为椭圆。（　）

127. 圆柱体截平面的位置与轴线倾斜时,其截交线的形状为椭圆。（　）

128. 圆柱体截平面的位置与轴线垂直时,其截交线的形状为圆。（　）

129. 随着截平面与圆柱轴线夹角的变化,椭圆的侧面投影也会发生变化,当夹角大于45°时,椭圆长轴与圆柱轴线方向相同。（　）

130. 随着截平面与圆柱轴线夹角的变化,椭圆的侧面投影也会发生变化,当夹角等于45°时,椭圆长轴的侧面投影等于短轴(椭圆的侧面投影为圆)。（　）

131. 随着截平面与圆柱轴线夹角的变化,椭圆的侧面投影也会发生变化,当夹角小于45°时,椭圆长轴垂直于圆柱轴线。（　）

132. 圆柱被平面斜截,其截交线为椭圆。椭圆的正面投影积聚为一斜线,水平投影与圆柱面投影重合,仅需求出侧面投影。由于已知截交线的正面投影和水平投影,所以根据"高平齐、宽相等"的投影规律,便可直接求出截交线的侧面投影。（　）

133. 两立体表面相交时产生的交线,称为相贯线。（　）

134. 相贯线是两立体表面上的共有线,也是两立体表面的分界线,所以相贯线上的所有点,都是两立体表面上的共有点。（　）

135. 一般情况下,相贯线是闭合的空间曲线或折线,在特殊情况下是立体曲线或直线。（　）

136. 当两圆柱的相对位置不变,而两圆柱的直径发生变化时,相贯线的形状和位置不会随之变化。（　）

137. 当 A、B 两圆柱正交时,如果 A 圆柱的直径大于 B 圆柱的直径,相贯线的正面投影为上、下对称的曲线。（　）

138. 当 A、B 两圆柱正交时,如果 A 圆柱的直径等于 B 圆柱的直径,相贯线在空间为两个相交的椭圆,其正面投影为两条相交的直线。（　）

139. 当 A、B 两圆柱正交时,如果 A 圆柱的直径小于 B 圆柱的直径,相贯线的正面投影为左、右对称的曲线。（　）

140. 国家标准规定,允许采用简化画法作出相贯线的投影,即用圆弧代替非圆曲线。（　）

141. 当两圆柱异径正交,且不需要准确地求出相贯线时,可采用简化画法作出相贯线的投影。（　）

142. 画组合体视图,一般采用形体分析法,将组合体分解为若干基本形体,分析它们的

相对位置和组合形式,然后全部画出各基本形体的三视图。　　　　　　　　(　　)

143. 看组合体实物或轴测图,首先应对它进行形体分析。搞清楚它的前后、左右和上下六个面的形状,并根据其结构特点,思考大致可以分成几个组成部分,它们之间的相对位置关系如何,是什么样的组合形式等。　　　　　　　　　　　　　　　　(　　)

144. 选择组合体主视图应符合反映组合体的结构特征、符合组合体的自然安放位置,主要面应平行于基本投影面,尽量避免其他视图产生细虚线这三个条件。　　　(　　)

145. 选择组合体主视图时,一般应把反映组合体各部分形状和相对位置较少的一面作为主视图的投射方向。　　　　　　　　　　　　　　　　　　　　　　(　　)

146. 选择组合体主视图时,应选择符合组合体的自然安放位置,主要面应平行于基本投影面作为主视图。　　　　　　　　　　　　　　　　　　　　　　　(　　)

147. 绘制三视图时,视图确定以后,便要根据组合体的大小和复杂程度,选定作图比例和图幅。应注意,所选的幅面要比绘制视图所需的面积大一些,以便标注尺寸和画标题栏。

(　　)

148. 绘制三视图布图时,应将视图匀称地布置在幅面上,视图间的空白处应保证能注全所需的尺寸。　　　　　　　　　　　　　　　　　　　　　　　　　(　　)

149. 叠加型组合体的合理画法步骤顺序为:选择比例→确定图幅→布置视图→绘制底稿→检查描深。　　　　　　　　　　　　　　　　　　　　　　　　　(　　)

150. 画出组合体的三视图底稿时,一般应从形状特征明显的视图入手。先画主要部分,后画次要部分;先画可见部分,后画不可见部分;先画圆或圆弧,后画直线。　(　　)

151. 画组合体的三视图底稿时,组合体的每一组成部分,最好是先画主视图,再画其他视图。　　　　　　　　　　　　　　　　　　　　　　　　　　　　(　　)

152. 画出组合体的三视图底稿时,组合体的每一组成部分,最好是三个视图配合着画。就是说,不要先把一个视图画完再画另一个视图。　　　　　　　　　　　(　　)

153. 组合体的三视图底稿画完后,应在三视图中认真核对各组成部分的投影关系正确与否;分析清楚相邻两形体衔接处的画法有无错误,是否多线、漏线;再以实物或轴测图与三视图对照,确认无误后,描深图线,完成全图。　　　　　　　　　(　　)

154. 对基本几何体进行切割而形成的组合体即为切割型组合体。　　　　(　　)

155. 绘制切割型组合体视图时,通常先画出切割后的形体,然后画出未切割前完整的基本几何体的投影。各切口部分应从反映其形状特征的视图开始画起,再画出其他视图。

(　　)

156. 画切割体三视图时,作每个切口的投影时,应先按投影关系画出其他视图,再画出反映形体特征轮廓且具有积聚性投影的视图。　　　　　　　　　　　(　　)

157. 视图只能表达它的大小和各组成部分的相对位置,要表示组合体的结构和形状,需要在视图中标注尺寸。　　　　　　　　　　　　　　　　　　　　(　　)

158. 组合体尺寸标注的基本要求是:正确、完整、清晰。正确是指所注尺寸符合国家标

准的规定;完整是指所注尺寸既不遗漏,也不重复;清晰是指尺寸注写布局整齐清楚,便于看图。（　　）

159. 基本几何体的尺寸注法,是组合体尺寸标注的基础。基本几何体的大小通常是由长、宽、高三个方向的尺寸来确定的。（　　）

160. 棱柱、棱锥及棱台,除了标注确定其顶面和底面形状大小的尺寸外,还要标注高度尺寸。为了便于看图,确定顶面和底面形状大小的尺寸,宜标注在反映其实形的视图上。

（　　）

161. 圆柱、圆锥、圆台和圆环,应标注圆的直径和高度尺寸,并在直径数字前加注直径符号"ϕ"。（　　）。

162. 标注圆球尺寸时,在直径数字前加注球直径符号"$S\phi$"或球半径符号"SR"。直径尺寸一般标注在圆视图上。（　　）

163. 对带切口的几何体,除标注基本几何体的尺寸外,还要标注确定截平面位置的尺寸。（　　）

164. 由于几何体与截平面的相对位置确定后,切口的交线即完全确定,因此应在切口的交线上标注尺寸。（　　）

165. 尺寸标注时,应确保尺寸数值正确无误,所注的尺寸(包括尺寸数字、符号、箭头、尺寸线和尺寸界线等)要符合制图国家标准的有关规定。（　　）

166. 为了将尺寸标注得完整,应先按形体分析法标注确定各基本形体的定位尺寸,再标注确定它们之间相对位置的定型尺寸,最后根据组合体的结构特点,标注总体尺寸。（　　）

167. 确定组合体中各基本形体之间相对位置的尺寸,称为定形尺寸。（　　）

168. 确定组合体中各基本形体的形状和大小的尺寸,称为定位尺寸。（　　）

169. 标注定位尺寸时,应先选择尺寸基准。（　　）

170. 尺寸基准是指标注或测量尺寸的起点。（　　）

171. 由于组合体具有长、宽、高三个方向的尺寸,每个方向都应有尺寸基准,以便从基准出发,确定基本形体在对应基准方向上的相对位置。（　　）

172. 选择尺寸基准必须体现组合体的结构特点,并便于尺寸度量。通常以组合体的底面、端面、对称面、回转体轴线等作为尺寸基准。（　　）

173. 确定组合体外形的总长、总宽、总高尺寸,称为总体尺寸。（　　）

174. 当组合体的一端或两端为回转体时,总体尺寸可以直接标注。（　　）

175. 定形尺寸、定位尺寸、总体尺寸之间不能相互转化。（　　）

176. 定形尺寸尽可能标注在表示形体特征明显的视图上,定位尺寸尽可能标注在位置特征清楚的视图上。（　　）

177. 同一形体的尺寸应尽量分散标注。（　　）

178. 直径尺寸尽量标注在投影为圆的视图上,圆弧的半径应标注在投影为非圆的视图上。（　　）

179. 尺寸尽量不标注在细虚线上。 （ ）

180. 平行排列的尺寸应将较小尺寸标注在外面(靠近视图),将较大尺寸标注在里面。

（ ）

181. 尺寸应尽量标注在视图外边,相邻视图的相关尺寸最好标注在两个视图之间,避免尺寸线、尺寸界线与轮廓线相交。 （ ）

182. 在机械图样中,主要是通过视图和尺寸来表达物体的形状和大小的。由于视图是按正投影法绘制的,每个视图只能反映其二维空间大小,缺乏立体感。 （ ）

183. 轴测图是用平行投影法绘制的单面投影,由于轴测图能同时反映出物体长、宽、高三个方向的形状和尺寸,所以具有立体感。 （ ）

184. 轴测图的度量性好,作图复杂,因此在机械图样中可以用作辅助图样。 （ ）

185. 将物体连同其参考直角坐标系,沿平行于任一坐标平面的方向,用平行投影法将其投射在单一投影面上所得到的图形,称为轴测图。 （ ）

186. 空间直角坐标轴在轴测投影面上的投影,称为轴测轴。 （ ）

187. 轴测图中两轴测轴之间的夹角,称为轴间角。 （ ）

188. 轴测轴上的单位长度与相应投影轴上的单位宽度的比值,称为轴向伸缩系数。（ ）

189. 用正投影法得到的轴测投影,称为正轴测投影。三个轴向伸缩系数均相等的正轴测投影,称为正等轴测投影,简称正等测。此时三个轴间角相等。 （ ）

190. 轴测投影面平行于一个坐标平面,且平行于坐标平面的那两个轴的轴向伸缩系数相等的斜轴测投影,称为斜二等轴测投影,简称斜二测。 （ ）

191. 轴测图具有平行投影的特性。 （ ）

192. 物体上与坐标轴平行的线段,其投影在轴测图中平行于相应的轴测轴。 （ ）

193. 物体上相互平行的线段,其投影在轴测图中相互垂直。 （ ）

194. 在绘制正等测轴测图时,先画出轴测轴,然后根据轴测图的投影特性,画出轴测图。

（ ）

195. 根据国家标准《机械制图 轴测图》(GB/T 4458.3—2013)规定的轴向伸缩系数为 1 绘制的正等测,作图虽简便,但其轴向尺寸均是原来图形的 $1/0.82 \approx 1.22$ 倍。 （ ）

196. 绘制平面立体轴测图的基本方法有坐标法和切割法。 （ ）

197. 用坐标法作平面立体轴测图时,是沿坐标轴测量画出各顶点的轴测投影,连接各顶点形成物体的轴测图。 （ ）

198. 对于不完整的物体,可先按完整物体画出,再用切割法画出其不完整的部分。

（ ）

199. 画棱锥的正等测时,先运用坐标法画出棱锥底面的正等测,根据棱锥高度定出锥顶,再过锥顶与底面各顶点连线。 （ ）

200. 如图 1-2-9 所示,已知主视图、左视图,找出正确的俯视图(在正确的俯视图编号处打"√")。

201. 如图 1-2-10 所示,已知主视图、俯视图,找出正确的左视图(在正确的左视图编号处打"√")。

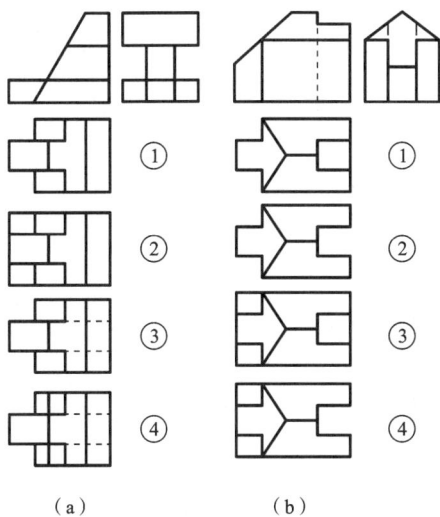

（a）　　　　　　（b）

图 1-2-9

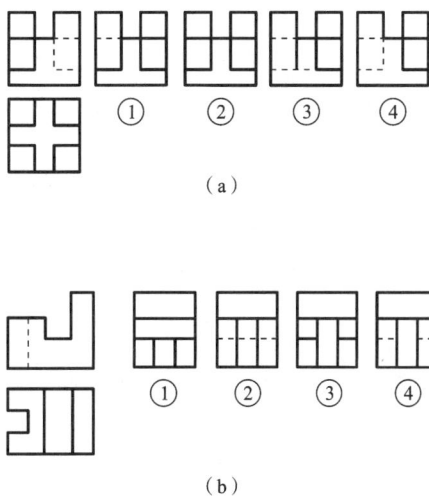

（a）

（b）

图 1-2-10

三、作图题

1. 如图 1-2-11 所示,已知各点的空间位置,试作投影图,并填写出各点距投影面的位置(单位:mm)。

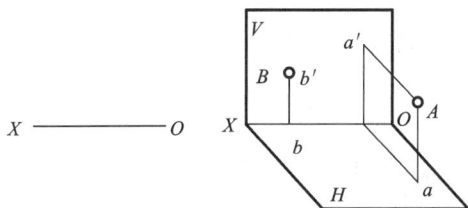

图 1-2-11

点	距H面	距V面
A		
B		

2. 如图 1-2-12 所示,已知各点的空间位置,试作投影图,并填写出各点距投影面的位置(单位:mm)。

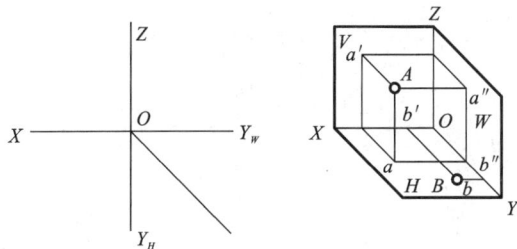

图 1-2-12

点	距H面	距V面	距W面
A			
B			

3. 画出图 1-2-13 中各点的空间位置。

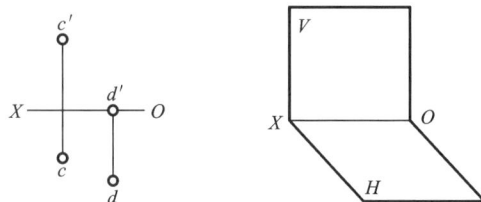

图 1-2-13

4. 求图 1-2-14 所示各点的第三面投影,并填写出各点距投影面的距离。

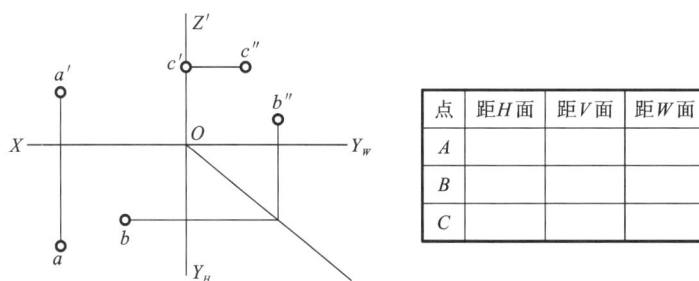

点	距H面	距V面	距W面
A			
B			
C			

图 1-2-14

5. 已知各点的坐标值如图 1-2-15 所示,求作三面投影图。

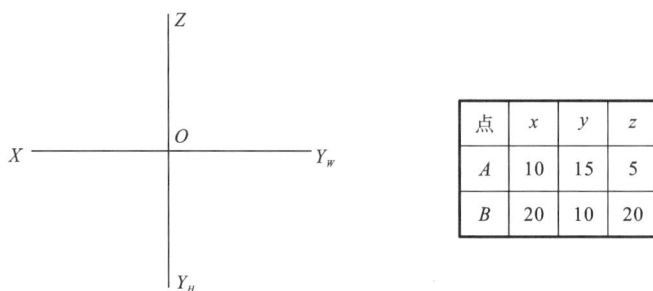

点	x	y	z
A	10	15	5
B	20	10	20

图 1-2-15

6. 作图 1-2-16 中各点的投影。

1. 根据点A、B、C的直观图，作三面投影并填空（尺寸从图中量出，取整数）。	2. 根据点的坐标想象空间位置，作点的三面投影并填空。

1. 根据点A、B、C的直观图，作三面投影并填空（尺寸从图中量出，取整数）。

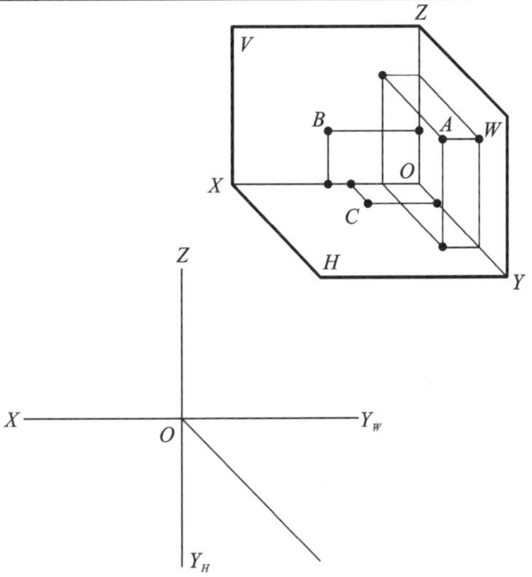

点A、B、C三点的坐标分别为：
A（　，　，　）；
B（　，　，　）；
C（　，　，　）。
点A在____；点B在____上；点C在____上。

2. 根据点的坐标想象空间位置，作点的三面投影并填空。

（1）A(15,20,10)；B(20,15,0)。

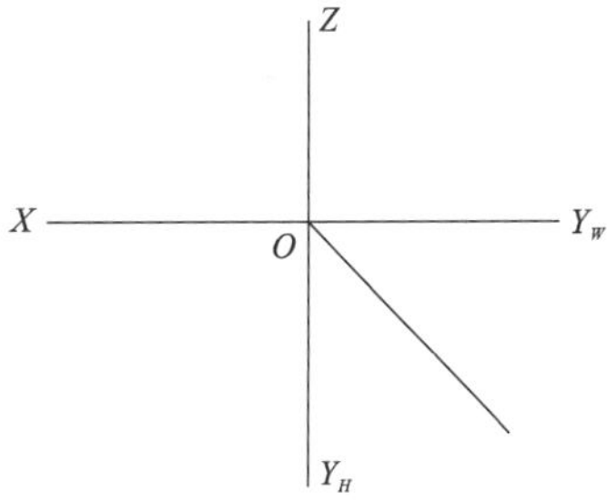

点A在____；点B在____上。

（2）C(0,0,20)；D(0,0,0)。

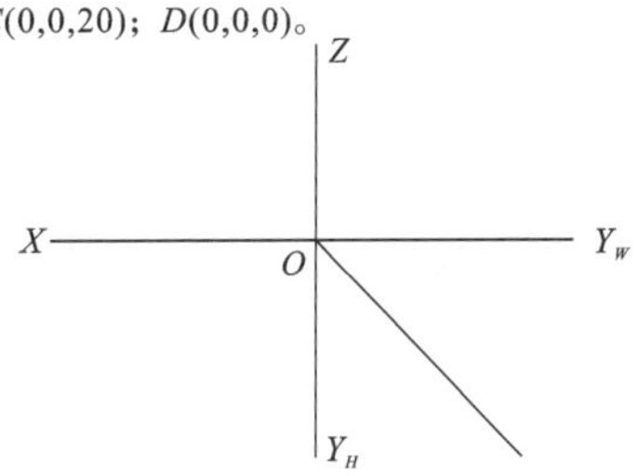

点C在____；点D在____上。

3. 已知点的两面投影，求第三面投影，并填空(尺寸从图中量出，取整数)。

（1）

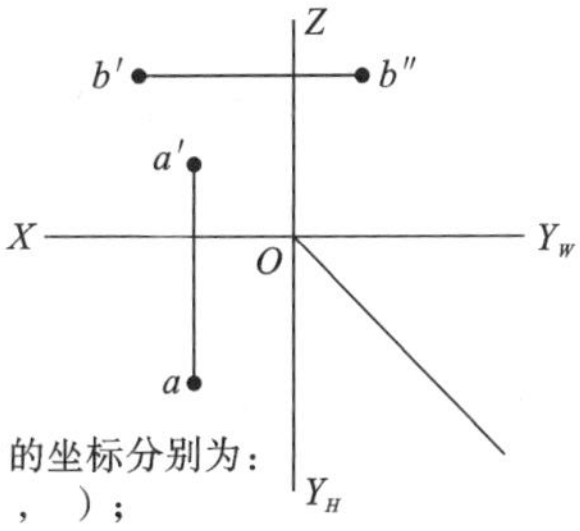

点A、B的坐标分别为：
A（　，　，　）；
B（　，　，　）。

（2）

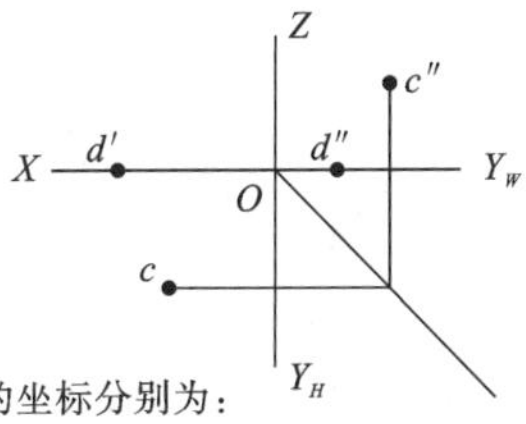

点C、D的坐标分别为：
C（　，　，　）；
C（　，　，　）。
点A在____；点D在____上。

4. 已知点A距H面15 mm、距V面10 mm、距W面25 mm，点B距V面20 mm、距H面5 mm、距W面15 mm。求作点A、B的三面投影，判断相对位置，并填空。

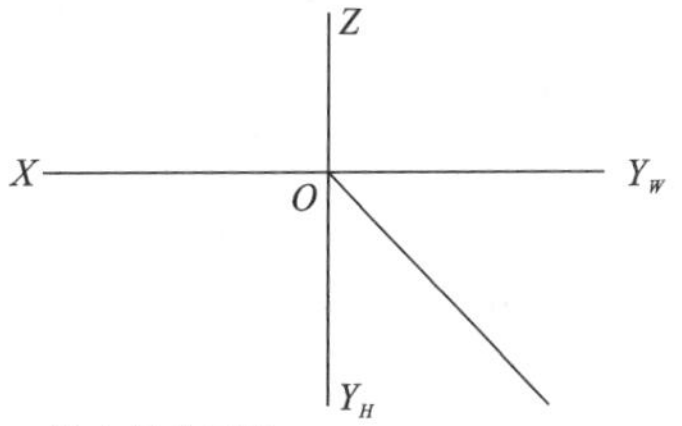

点A、B的坐标分别为：
A（　，　，　）；B（　，　，　）。
点A在点B之____、____、____。

5. 已知点A、B的一个投影和点A距W面20 mm，点B距H面5 mm。求作点A、B的另两面投影，判断相对位置，并填空。

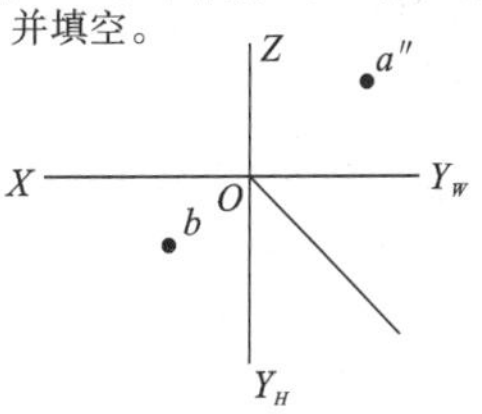

点A在点B之左____mm，点A在点B之前____mm，点A和点B的高度差为____mm。

图 **1-2-16**

6. 根据点的坐标,作点的三面投影,并说明其空间位置。

点	坐标		
	x	y	z
A	15	20	10
B	30	0	15
C	25	30	0
D	0	25	20

点 A 在____; 点 B 在____;
点 C 在____; 点 D 在____;
点____最高, 点____最低;
点____最前, 点____最后;
点____最左, 点____最右。
点 A 在点____之左、在
点____之前、在点____
之上。

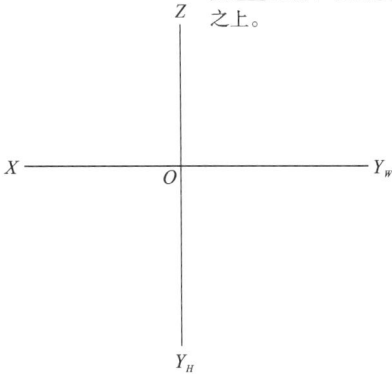

7. 已知点 A 的投影,且点 B 在点 A 之右 25 mm、之后 20 mm、之下 30 mm,求作点 B 的三面投影。

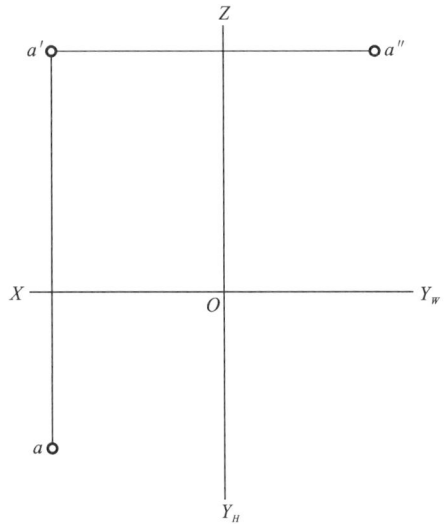

续图 1-2-16

7. 已知图 1-2-17 中点 A 的三面投影,并知点 B 在点 A 正上方 10 mm,点 C 在点 A 正右方 15 mm。求两点 B、C 的三面投影图。

8. 已知图 1-2-18 中各点的投影,试判断各点与点 A 的位置,并对投影图中的重影点判别可见性。

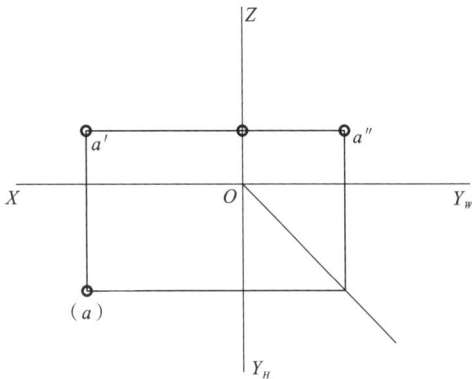

图 1-2-17

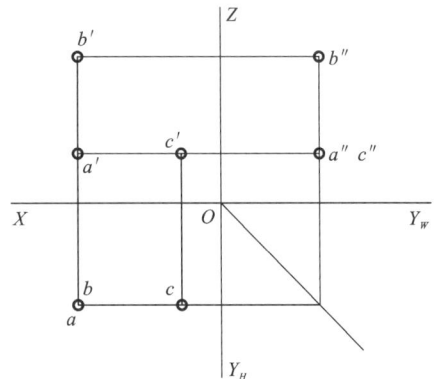

图 1-2-18

9. 已知图 1-2-19 中各点的三面投影,据此填写出各自的坐标值。

10. 作图 1-2-20 中直线的投影。

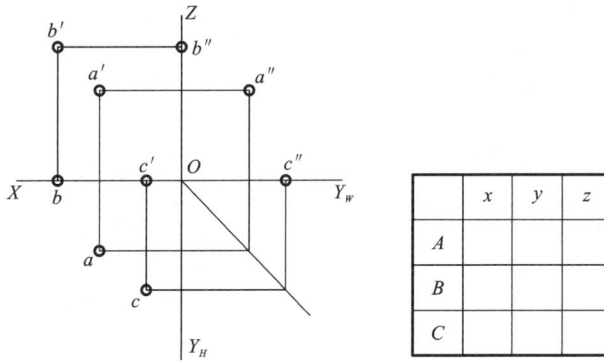

	x	y	z
A			
B			
C			

图 1-2-19

1.已知线段两端点 A (20,10,8)和 B (6,6,20)，求作 AB 的三面投影。	2.已知线段两端点 A (20,0,0)和 B (5,15,15)，求作 AB 的三面投影。
3.已知线段两端点 A (18,18,18)和 B (6,6,6)，求作 AB 的三面投影。	4.已知线段 AB 的端点 A 在 H 面上方 5 mm、V 面前方 5 mm、W 面左方 20 mm；端点 B 在端点 A 右面 12 mm、前面 10 mm，比端点 A 高 15 mm，求作 AB 的三面投影。

图 1-2-20

5. 填空

直线段对于一个投影面的投影特性：
当线段平行于投影面时，得到的投影 _____，
具有_____性；
当线段垂直于投影面时，得到的投影 _____，
具有_____性；
当线段倾斜于投影面时，得到的投影 _____，
具有_____性。

6. 根据空间线段 AB 在直观图上的投影，完成其三面投影。

（1）

AB 为 _____ 线。

（2）

AB 为 _____ 线。

（3）

AB 为 _____ 线。

7. 判断线段 AB 对投影面的相对位置。

例：

AB 与 V 面 __倾斜__ ；
AB 与 H 面 __平行__ ；
AB 与 W 面 __倾斜__ ；
AB 是 __水平线__ ；
__ab__ 是实长。

（1）填空：
投影面的垂直线
铅垂线与 H 面___、与 V 面___、与 W 面___。
正垂线与 H 面___、与 V 面___、与 W 面___。
侧垂线与 H 面___、与 V 面___、与 W 面___。
其投影特性是：_____。
投影面的平行线
水平线与 H 面___、与 V 面___、与 W 面___。
正平线与 H 面___、与 V 面___、与 W 面___。
侧平线与 H 面___、与 V 面___、与 W 面___。
其投影特性是：_____。
一般位置直线与 H 面___、与 V 面___、与 W 面___。
其投影特性是：_____。

（2）

AB 与 V 面 _____ ；
AB 与 H 面 _____ ；
AB 与 W 面 _____ ；
AB 是 ___ 线；
_____ 是实长。

（3）

AB 与 V 面 _____ ；
AB 与 H 面 _____ ；
AB 与 W 面 _____ ；
AB 是 ___ 线；
_____ 是实长。

8.已知线段的两面投影，作其第三面投影，并判断直线 *AB* 对投影面的相对位置及哪一个投影反映实长。

（1）

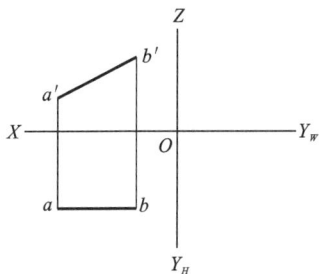

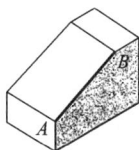

直线 *AB* 对 *V* 面____；
直线 *AB* 对 *H* 面____；
直线 *AB* 对 *W* 面____；
直线 *AB* 是____线；
____是实长。

（2）

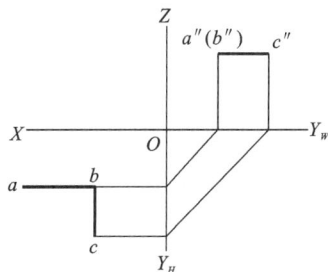

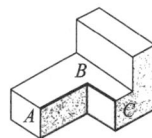

直线 *AB* 对 *V* 面____；
直线 *AB* 对 *H* 面____；
直线 *AB* 对 *W* 面____；
直线 *AB* 是____线；
____是实长。

（3）

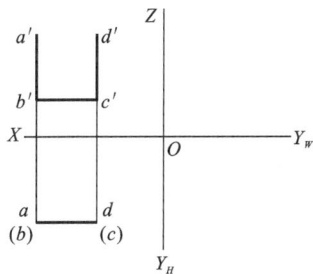

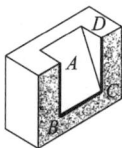

直线 *AB* 对 *V* 面____；
直线 *AB* 对 *H* 面____；
直线 *AB* 对 *W* 面____；
直线 *AB* 是____线；
____是实长。

*9.已知线段 *AB* 长 20 mm 和端点 *A* 的投影，按给定的条件作 *AB* 的三面投影，

（1）平行于 *V* 面，与 *H* 面的夹角为30°。

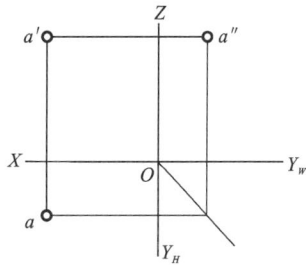

（2）垂直于 *W* 面。

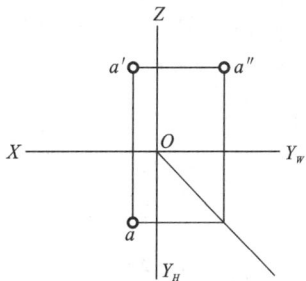

续图 1-2-20

11. 已知图 1-2-21 中直线上两端点 $A(30,25,6)$、$B(6,5,25)$,作出该直线的三面投影图。

12. 已知图 1-2-22 中直线 AB 上一点 C 距 H 面 20 mm,作点 C 的 V、H 面投影。

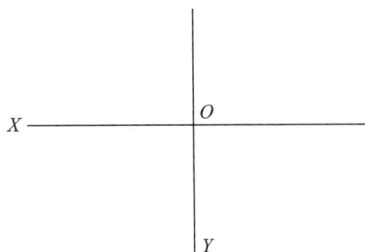

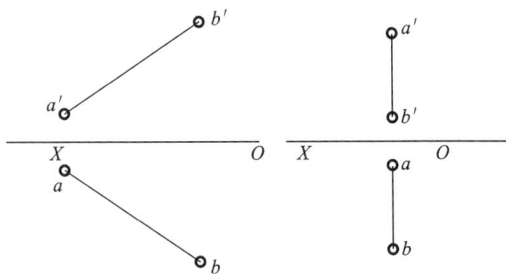

图 1-2-21　　　　　　　　　　　　　　图 1-2-22

13. 在图 1-2-23 中直线 AB 上有一点 C,且 $AC : CB=1 : 2$,作点 C 的两面投影。

14. 判别图 1-2-24 中各直线对投影面的相对位置,并补画第三面投影。

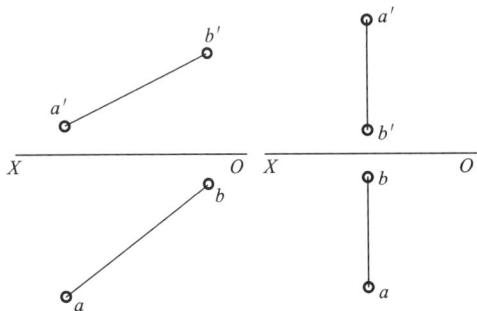

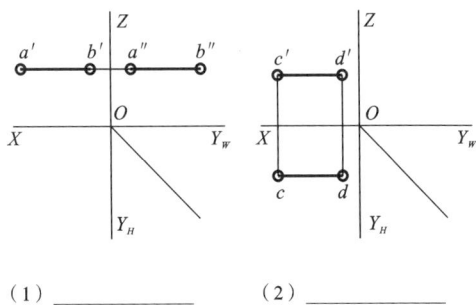

(1)＿＿＿＿＿　(2)＿＿＿＿＿

图 1-2-23　　　　　　　　　　　　　　图 1-2-24

15. 判别图 1-2-25 中各直线对投影面的相对位置,并补画第三面投影。

16. 求图 1-2-26 中线段 AB 的实长及对 3 个投影面的夹角 α、β、γ。

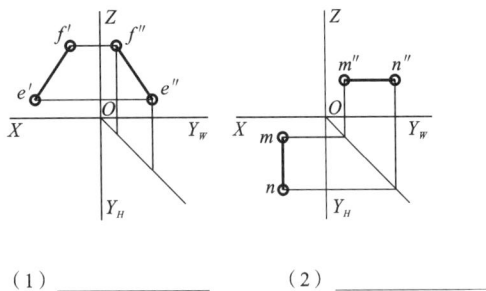

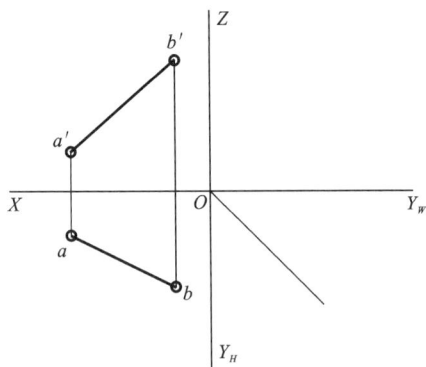

(1)＿＿＿＿＿　(2)＿＿＿＿＿

图 1-2-25　　　　　　　　　　　　　　图 1-2-26

17. 在图 1-2-27 中线段 AB 上取一点 C,令 $AC=20$ mm,确定点 C 的投影。

18. 已知图 1-2-28 中 B 点距 H 面 30 mm,求 AB 的正投影。

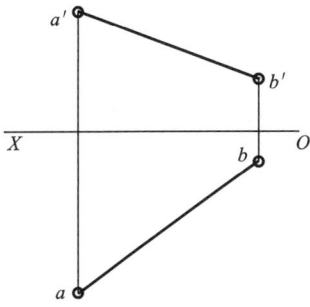

图 1-2-27

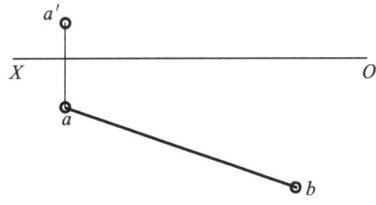

图 1-2-28

19. 判断图 1-2-29 中两直线的相对位置。

20. 判别图 1-2-30 中交叉两直线的重影点及可见性。

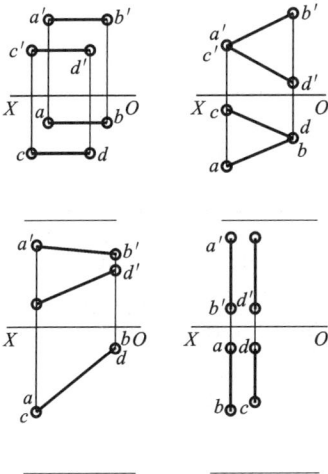

图 1-2-29

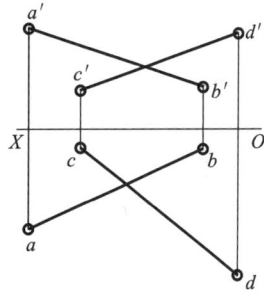

图 1-2-30

21. 已知图 1-2-31 所示平面内点 K 的一个投影，作另一投影。

22. 已知图 1-2-32 所示平面内点 K 的一个投影，作另一个投影。

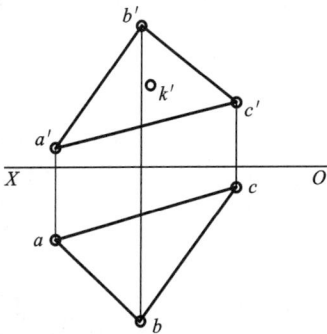

图 1-2-31

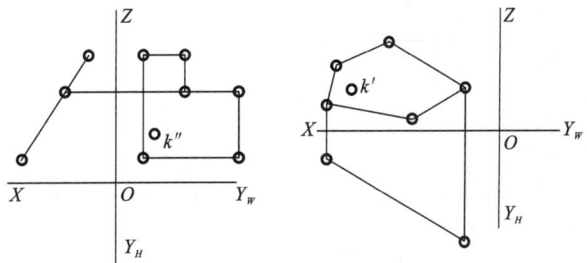

图 1-2-32

23. 完成图 1-2-33 所示五边形的水平投影。

24. 判别图 1-2-34 中点 A、B、C、D 是否在同一平面内。

25. 在图 1-2-35 中，ABC 内过点 A 作一条水平线，过点 C 作一条正平线。

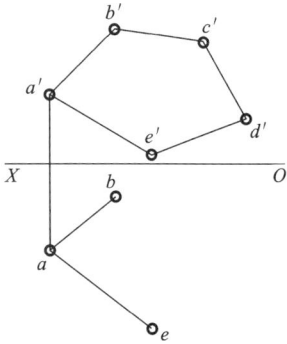

图 1-2-33

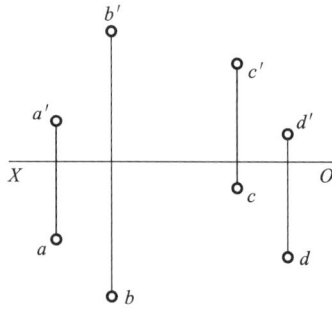

图 1-2-34

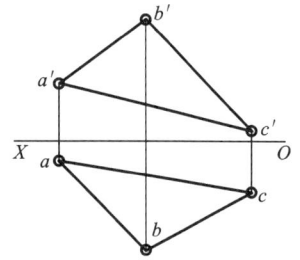

图 1-2-35

26. 作图 1-2-36 所示平面的投影。

1.填空 　平面投影的特性： 　　当空间平面平行于投影面时，其投影 _____， 这种性质称为 _____ ； 　　当空间平面倾斜于投影面时，其投影 _____， 这种性质称为 _____ ； 　　当空间平面垂直于投影面时，其投影 _____， 这种性质称为 _____ 。	2.已知△ABC 三个顶点为 $A(15,5,2)$，$B(5,12,20)$，$C(30,20,15)$，作其三面投影。
3.已知△ABC 三个顶点为 $A(25,5,20)$，$B(5,5,20)$，$C(10,15,20)$，作其三面投影。	4.已知四边形 $ABCD$ 四个顶点为 $A(30,20,10)$，$B(30,5,20)$，$C(10,15,20)$，$D(5,20,10)$，作其三面投影。

图 1-2-36

5. 根据平面的三面投影，判断其空间位置及三面投影中有无实形。

例:

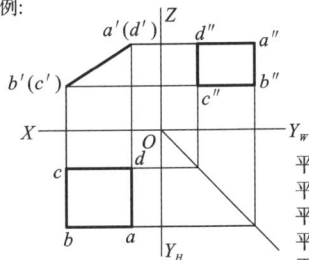

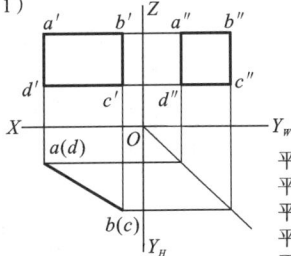

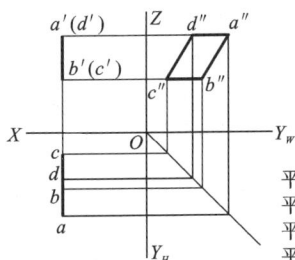

平面 ABCD 与 V 面 垂直;
平面 ABCD 与 H 面 倾斜;
平面 ABCD 与 W 面 倾斜;
平面 ABCD 是 正垂 面;
平面 ABCD 的三面投影中 无 实形。

（1）

平面 ABCD 与 V 面 ____;
平面 ABCD 与 H 面 ____;
平面 ABCD 与 W 面 ____;
平面 ABCD 是 ____ 面;
平面 ABCD 的三面投影中 ____ 实形。

（2）

平面 ABCD 与 V 面 ____;
平面 ABCD 与 H 面 ____;
平面 ABCD 与 W 面 ____;
平面 ABCD 是 ____ 面;
平面 ABCD 的三面投影中 ____ 实形。

（3）

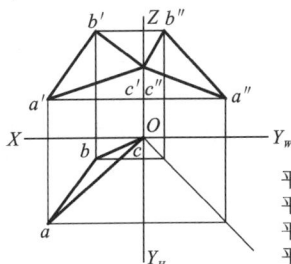

平面 ABC 与 V 面 ____;
平面 ABC 与 H 面 ____;
平面 ABC 与 W 面 ____;
平面 ABC 是 ____ 面;
平面 ABC 的三面投影中 ____ 实形。

6. 已知平面的两面投影，作平面的第三面投影，并判断其空间位置及三面投影中有无实形。

（1）

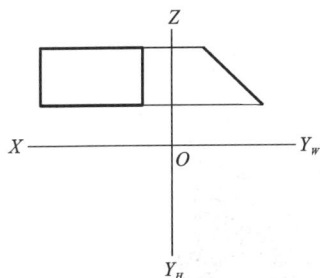

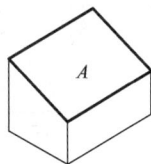

平面 A 与 V 面 _____;
平面 A 与 H 面 _____;
平面 A 与 W 面 _____;
平面 A 是 _____ 面;
平面 A 的三面投影中 _____ 实形。

（2）

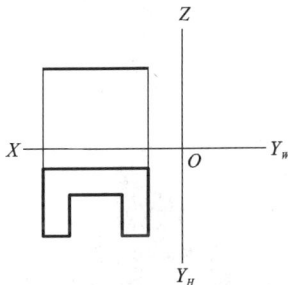

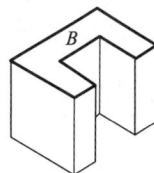

平面 B 与 V 面 _____;
平面 B 与 H 面 _____;
平面 B 与 W 面 _____;
平面 B 是 _____ 面;
平面 B 的三面投影中 _____ 实形。

27. 看懂图 1-2-37 所示底座的三视图。

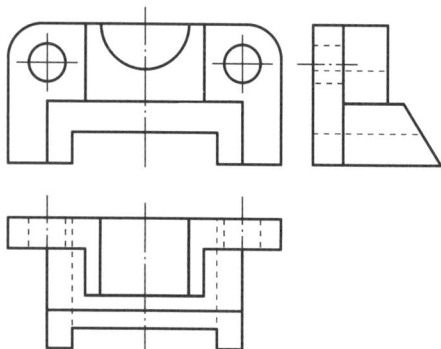

图 1-2-37

28. 参照图 1-2-38 中的立体图,在三视图中填写视图的名称,并填空。

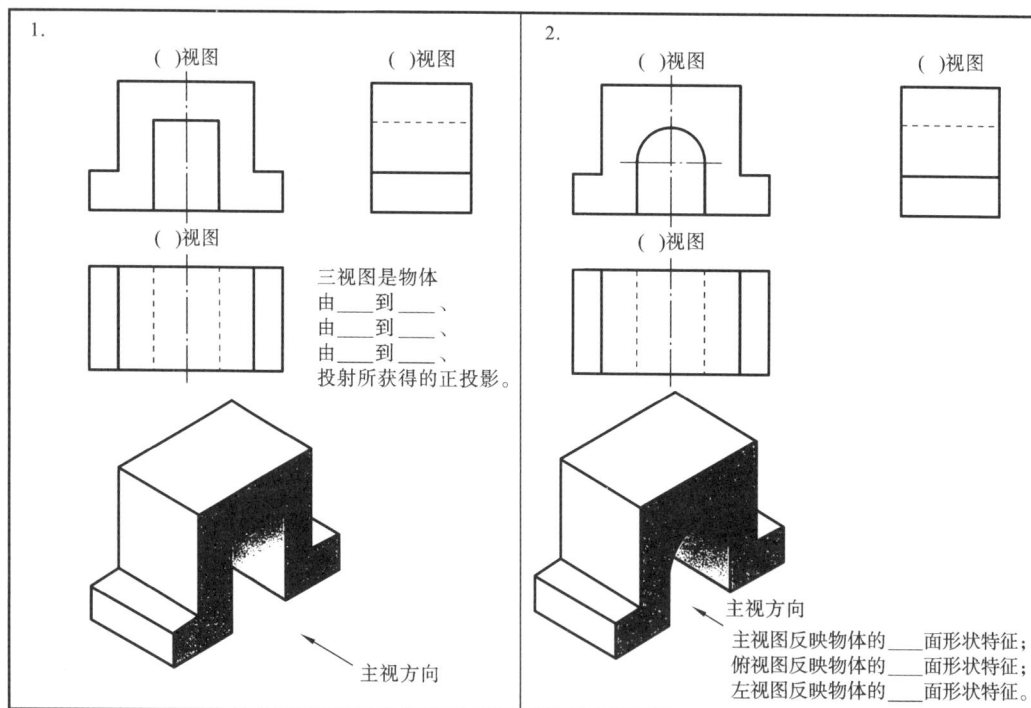

1.

( )视图   ( )视图

( )视图

三视图是物体
由___到___、
由___到___、
由___到___、
投射所获得的正投影。

主视方向

2.

( )视图   ( )视图

( )视图

主视方向

主视图反映物体的___面形状特征;
俯视图反映物体的___面形状特征;
左视图反映物体的___面形状特征。

图 1-2-38

29. 参照图 1-2-39 中的立体图,在三视图的尺寸线上填写长、宽、高尺寸(尺寸数值从图中量出,取整数)并填空。

30. 参照图 1-2-40 中的立体示意图,在三视图中填写物体的方位,并填空(尺寸从图中量出,取整数)。

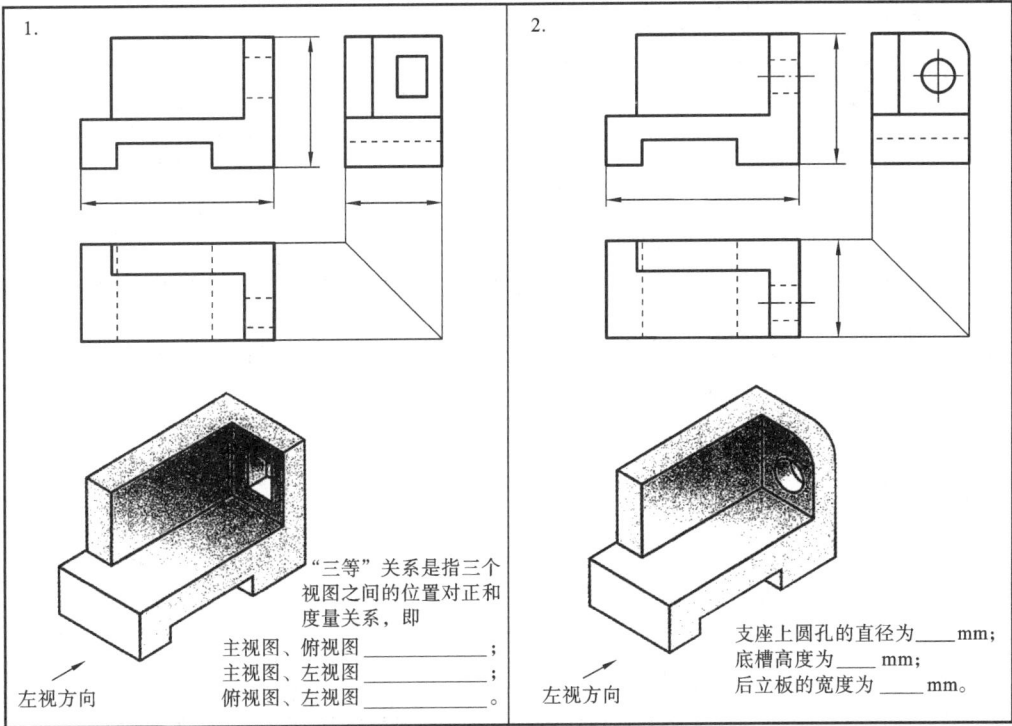

图 1-2-39

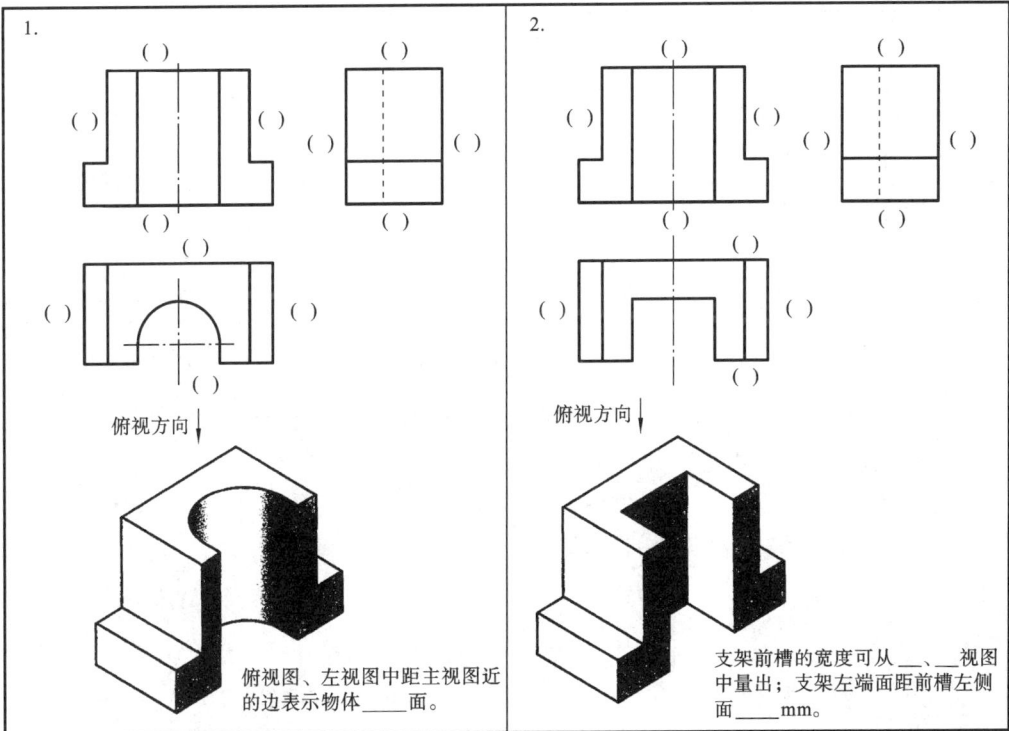

图 1-2-40

31. 补全图 1-2-41 中基本几何体的三视图。

补全基本几何体的三视图，标注尺寸，并求表面点的投影（尺寸数据从图中量出，取整数）。

1.

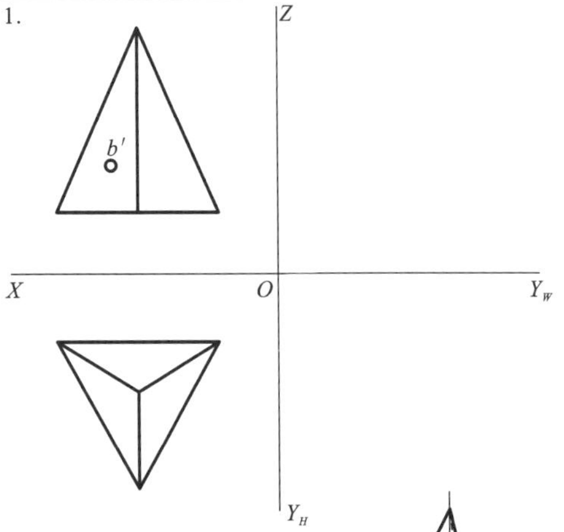

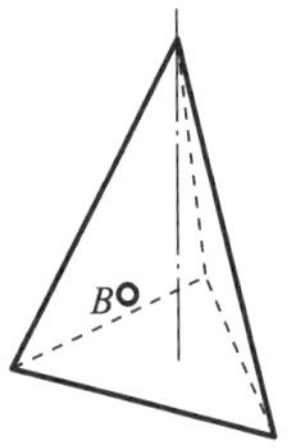

点 B 所在面为＿＿＿面。

2.

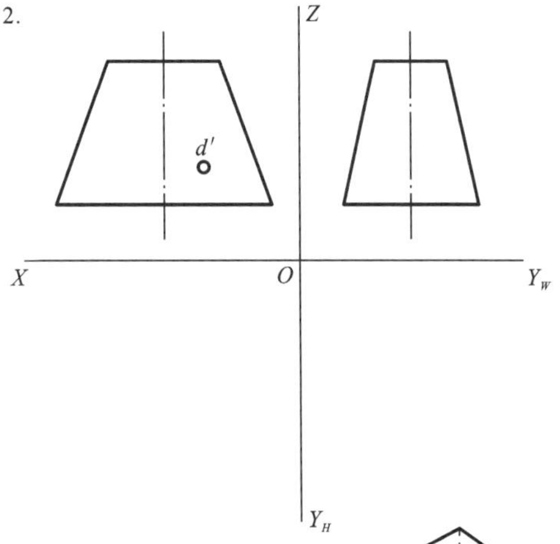

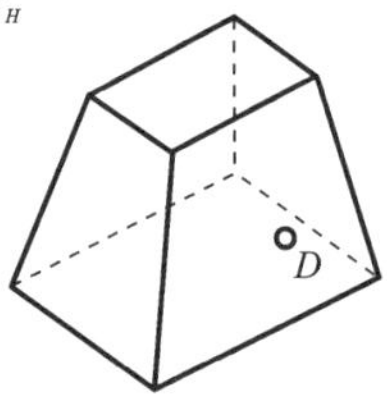

点 D 所在面为＿＿＿面，该面在俯视图中的投影为原形的＿＿＿＿＿。

3.

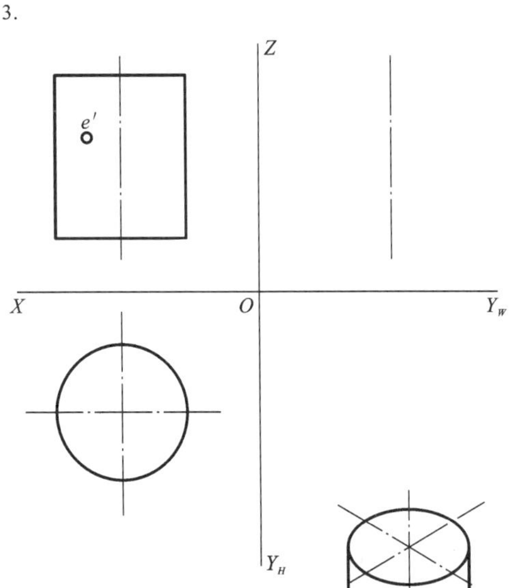

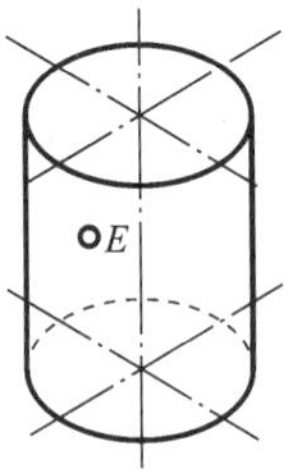

圆柱面具有＿＿＿性。
点 E 所在面为＿＿＿面。

4.

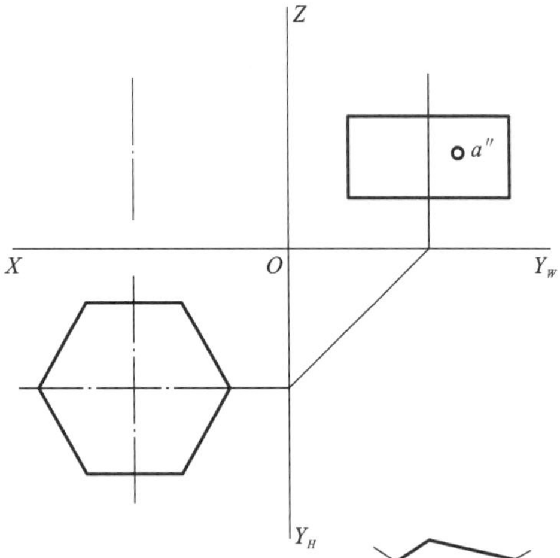

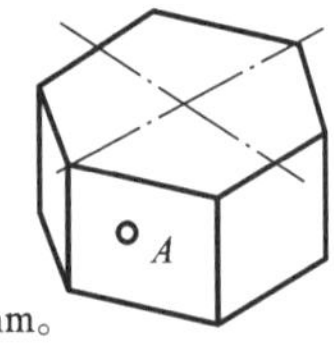

点 A 所在面为＿＿＿＿面；
点 A 距正六棱柱水平对称线＿＿＿mm。

图 1-2-41

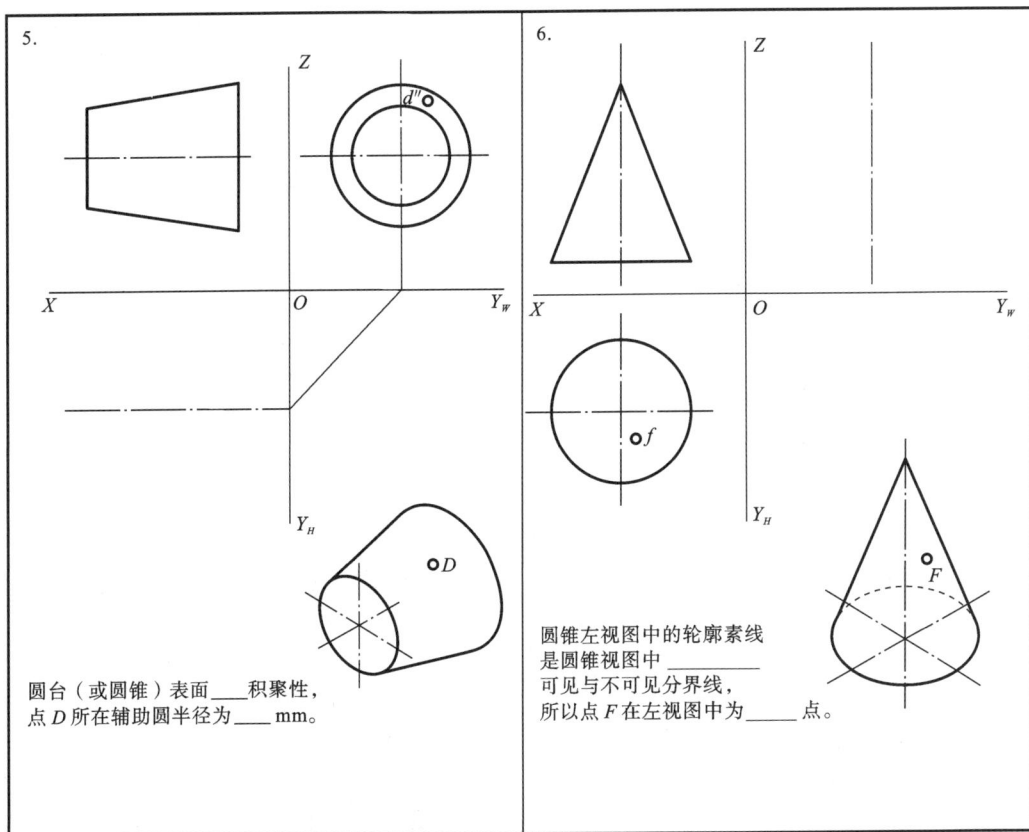

5.

Z

d''○○

X —————— O —————— Y_W

Y_H

○D

圆台（或圆锥）表面＿＿＿积聚性，
点 D 所在辅助圆半径为＿＿＿ mm。

6.

Z

X —————— O —————— Y_W

○f

Y_H

○F

圆锥左视图中的轮廓素线
是圆锥视图中＿＿＿＿＿＿＿
可见与不可见分界线，
所以点 F 在左视图中为＿＿＿点。

续图 1-2-41

32. 分析图 1-2-42 中错误的尺寸标注，在右边图上作正确的尺寸标注。

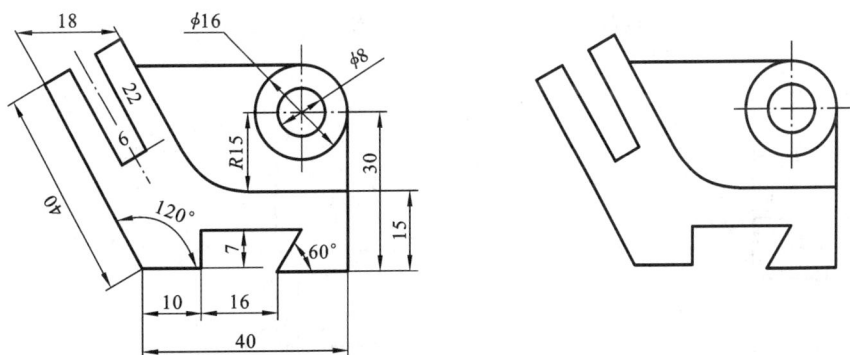

18　　　$\phi16$

22　　　$\phi8$

6

$R15$

40　　　30

120°

7　　　15

60°

10　16

40

图 1-2-42

33. 按 1：2 的比例画出图 1-2-43 所示的图形。

34. 已知图 1-2-44 中线段 AB 是正平线，AB 长度为 20 mm，与水平面成 45°，点 B 在点 A 右侧，完成 AB 的三面投影。

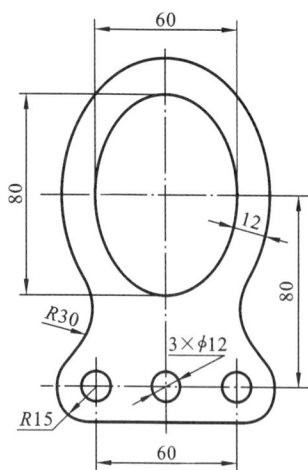

图 1-2-43

35. 根据图 1-2-45 中立体的两面投影补画第三面投影,并求立体表面上点的其余投影。

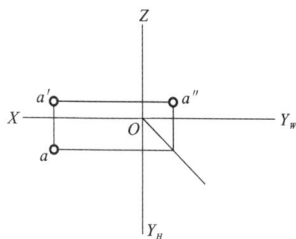

图 1-2-44

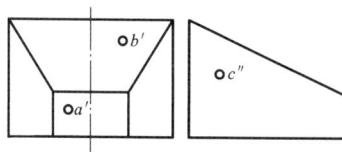

图 1-2-45

36. 如图 1-2-46 所示,已知支架的主、俯两视图,想象出它的结构形状,补画左视图。

37. 已知机座的主、俯两视图(见图 1-2-47),想象出它的形状,补画左视图。

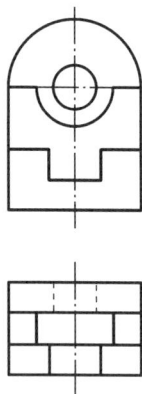

图 1-2-46

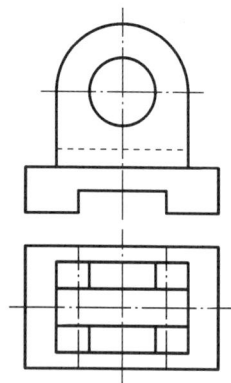

图 1-2-47

38. 对照图 1-2-48 中的立体图,补画第三视图。

39. 对照图 1-2-49 中的立体图,补画第三视图。

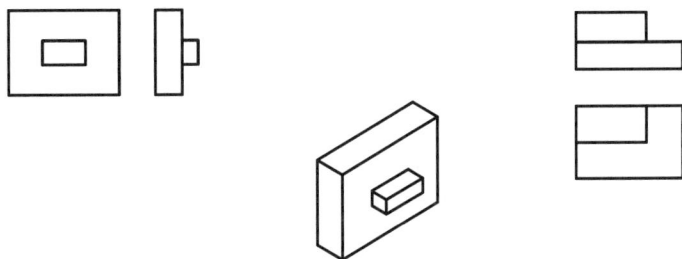

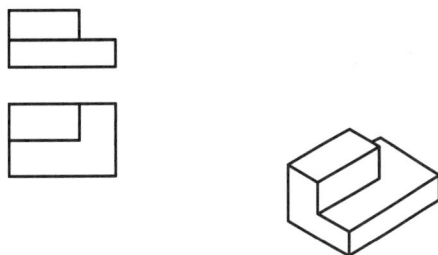

图 1-2-48   图 1-2-49

40. 对照图 1-2-50 中的立体图,补画第三视图。

41. 对照图 1-2-51 中的立体图,补画第三视图。

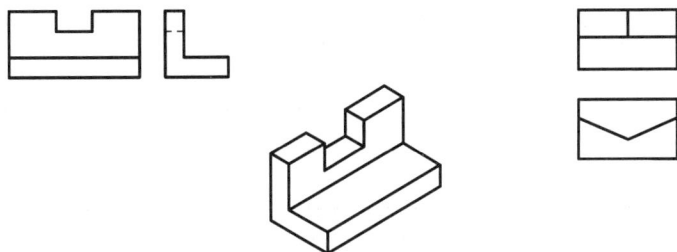

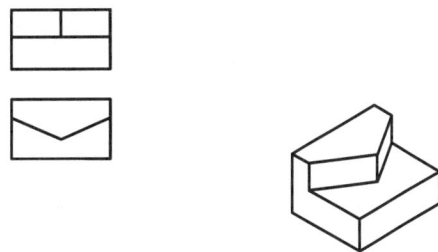

图 1-2-50   图 1-2-51

42. 补画图 1-2-52 中主、左视图中缺漏的图线。

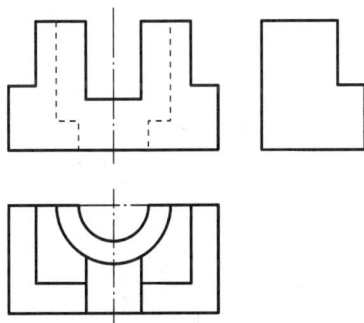

图 1-2-52

43. 由图 1-2-53 给定视图,画正等轴测图。

44. 根据图 1-2-54 所示物体的三视图,画出正等轴测图。

45. 根据图 1-2-55 所示物体的视图,画出正等轴测图。

46. 根据图 1-2-56 所示正六棱柱的两视图,画出其正等轴测图。

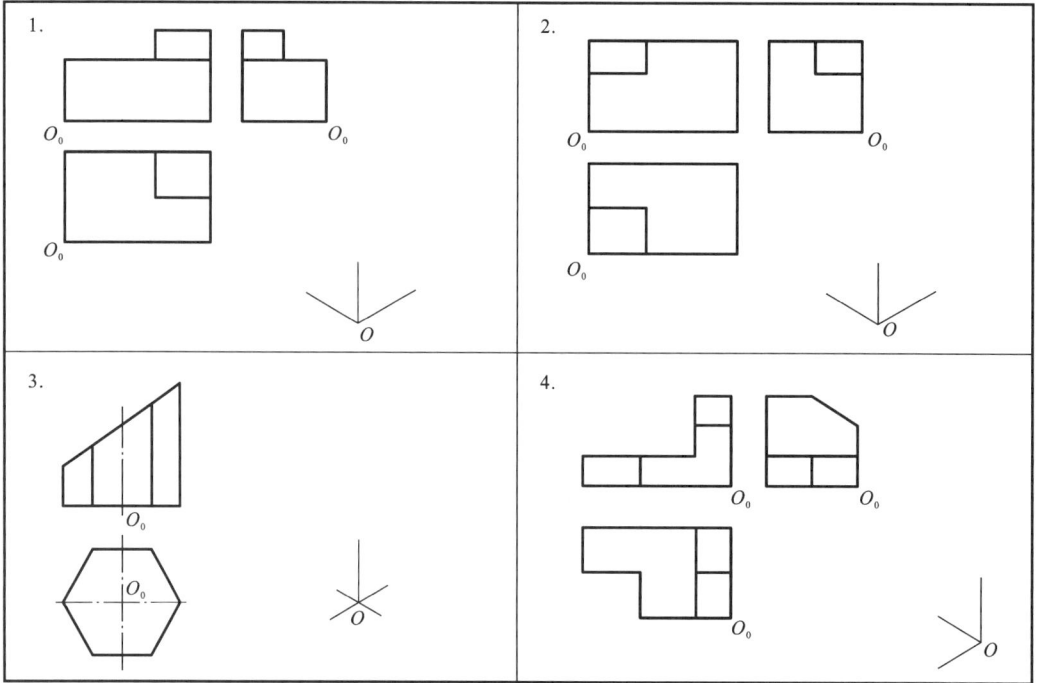

图 1-2-53

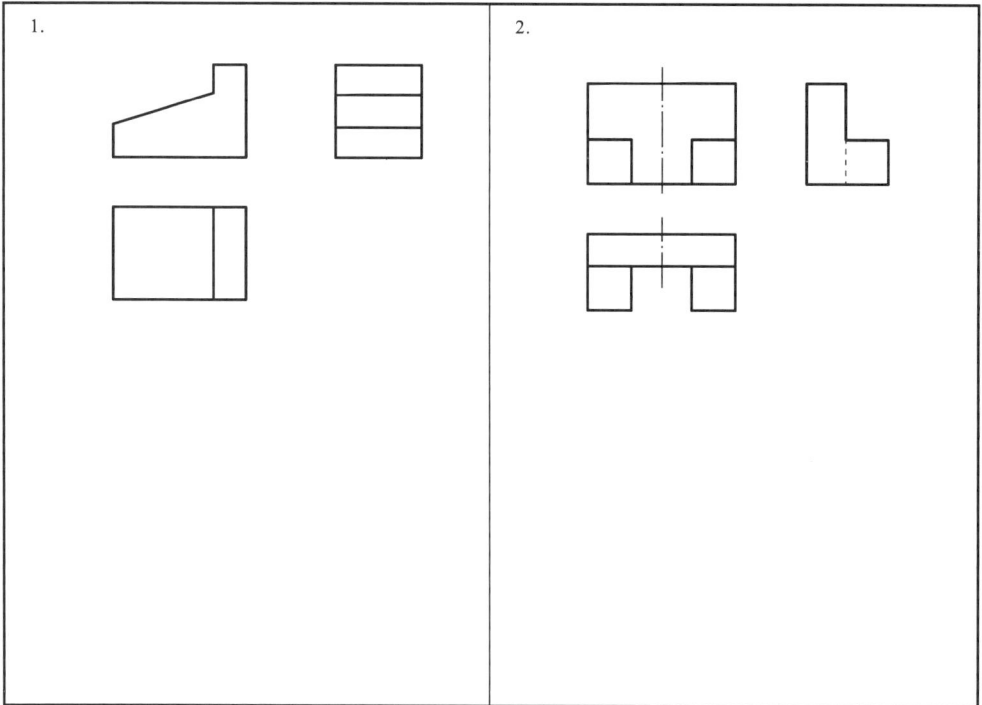

图 1-2-54

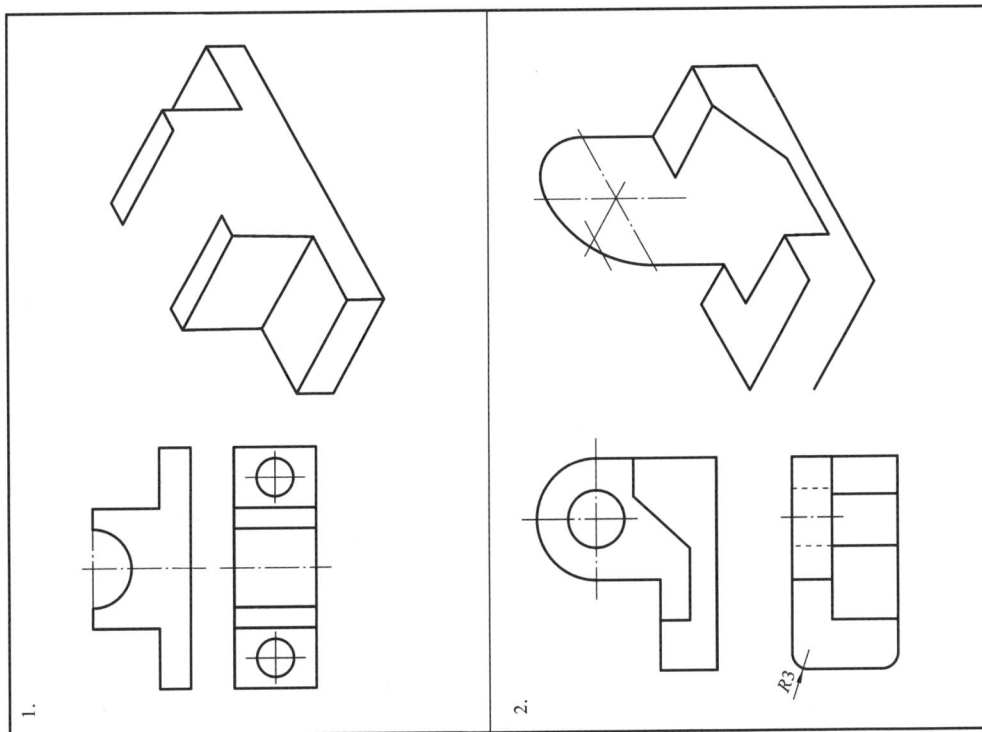

图 1-2-55

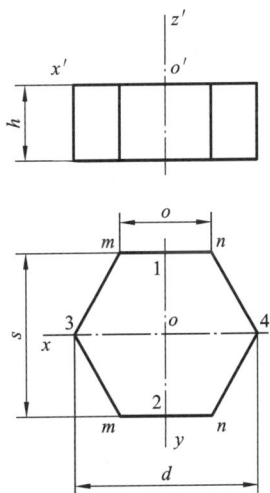

图 1-2-56

47. 根据图 1-2-57 所示楔形块的两视图,画出其正等轴测图。

48. 根据图 1-2-58 所示四棱锥的两视图,画出其正等轴测图。

49. 根据图 1-2-59 所示开槽四棱台的两视图,画出其正等轴测图。

50. 根据图 1-2-60 所示圆柱的视图,画出其正等轴测图。

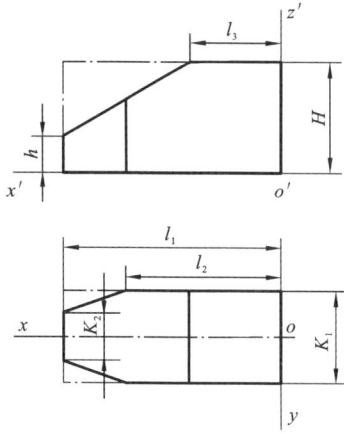

图 1-2-57

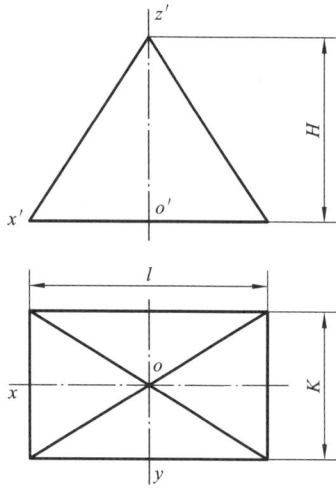

图 1-2-58

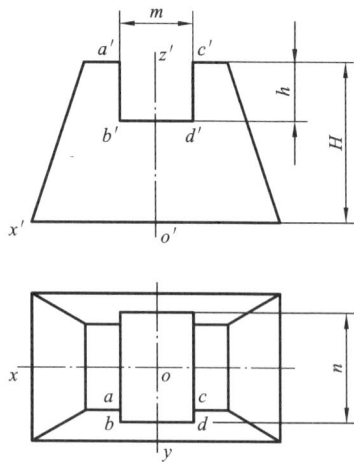

图 1-2-59

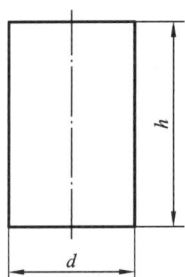

图 1-2-60

51. 根据图 1-2-61 所示圆锥的视图,画出其正等轴测图。

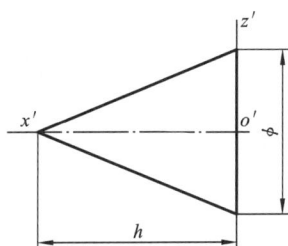

图 1-2-61

52. 根据图 1-2-62 所示带圆角平板的两视图,画出其正等轴测图。

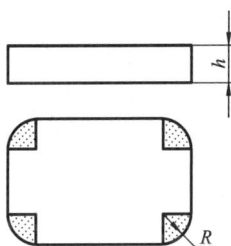

图 1-2-62

53. 根据图 1-2-63 所示的三视图,画出其正等轴测图。

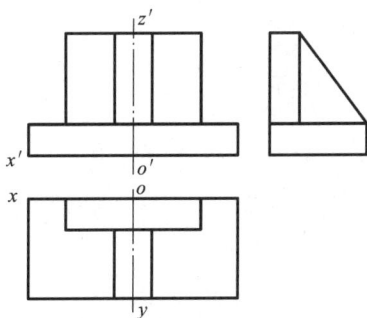

图 1-2-63

54. 根据图 1-2-64 所示支架的两视图,画出其正等轴测图。

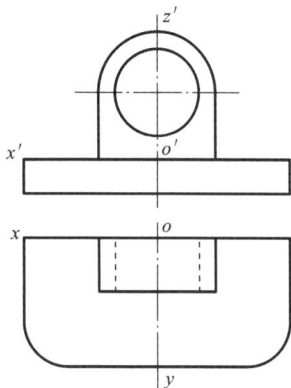

图 1-2-64

55. 根据图 1-2-65 所示组合体的两视图,画出其正等测剖视图。

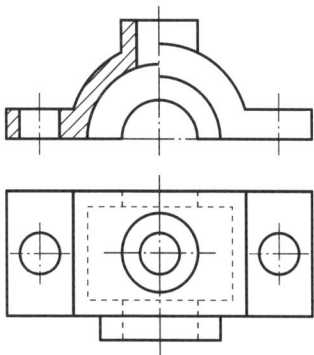

图 1-2-65

56. 根据图 1-2-66 所示组合体的视图,画出其正等测剖视图。

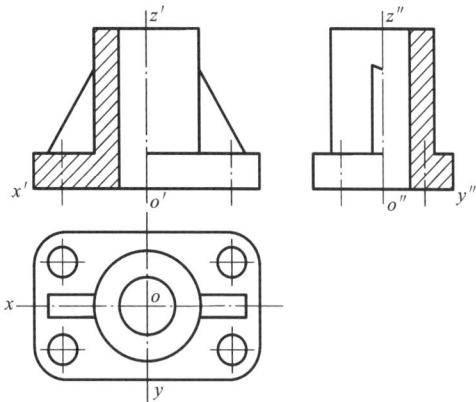

图 1-2-66

57. 由图 1-2-67 给定视图画斜二等轴测图。

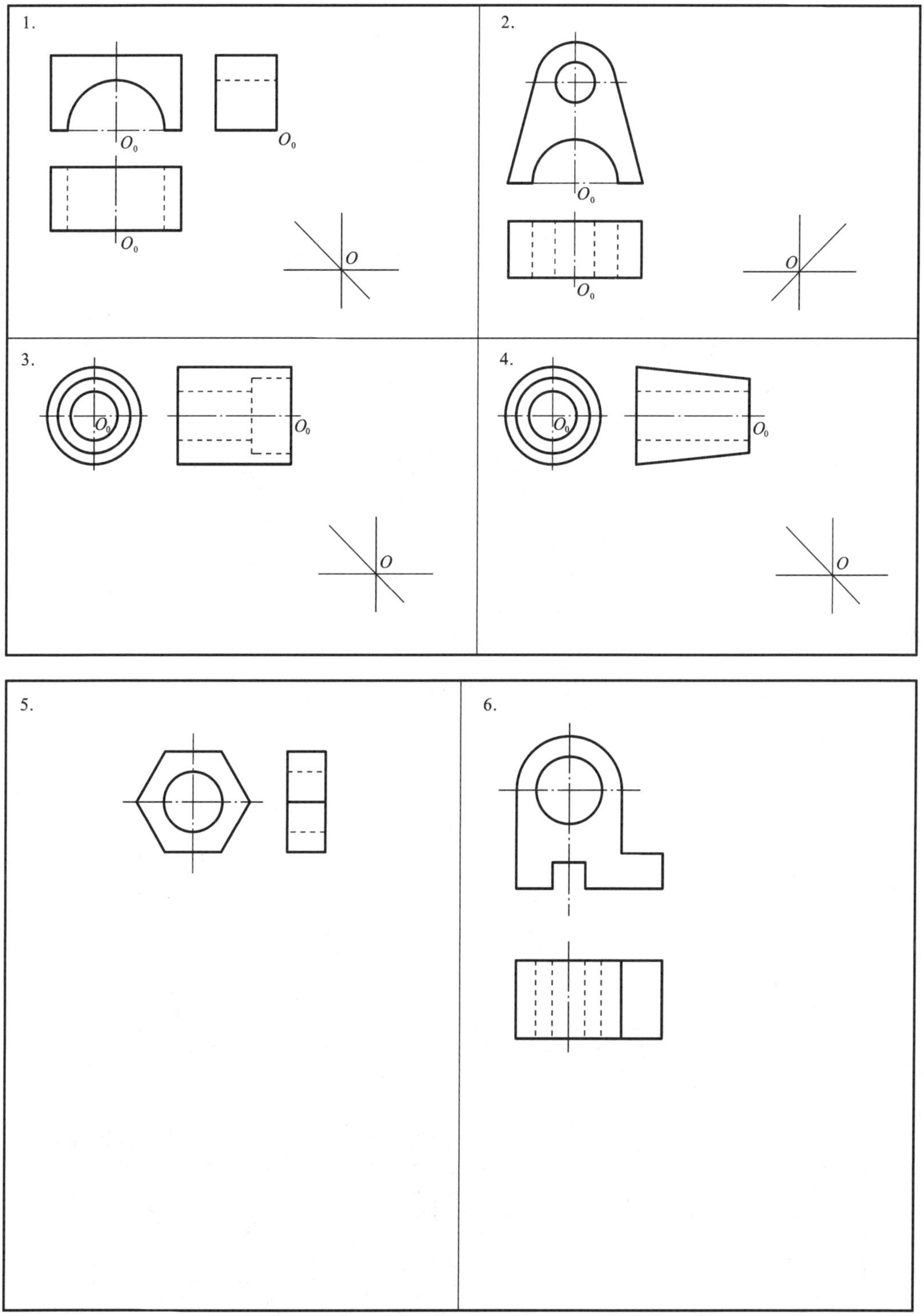

图 1-2-67

58. 根据图 1-2-68 所示的视图徒手作轴测图(斜格内作正等轴测图,方格内作斜二等轴测图)。

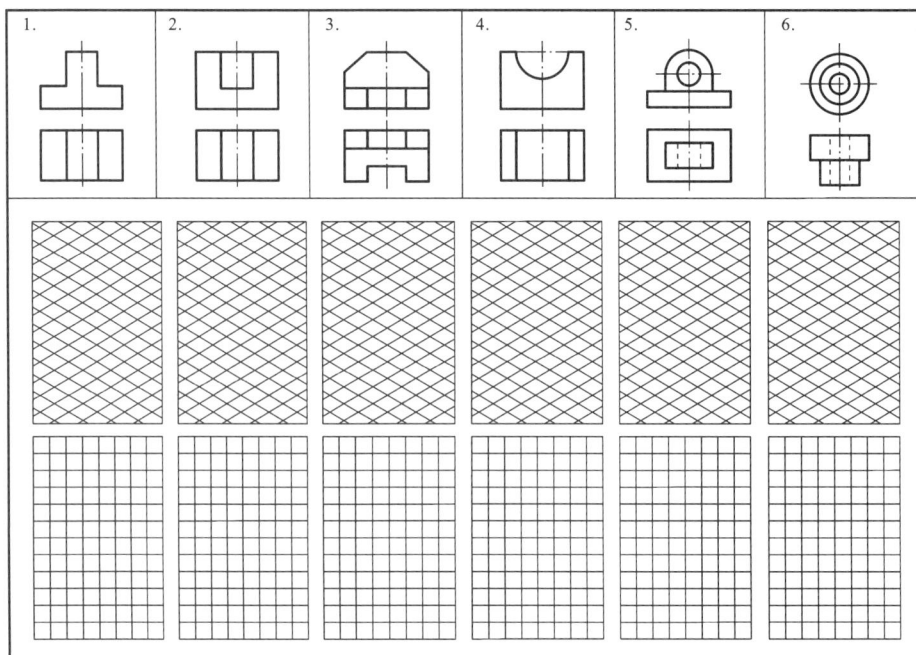

图 1-2-68

59. 根据图 1-2-69 所示的三视图,用 1∶1 的比例画轴测图。

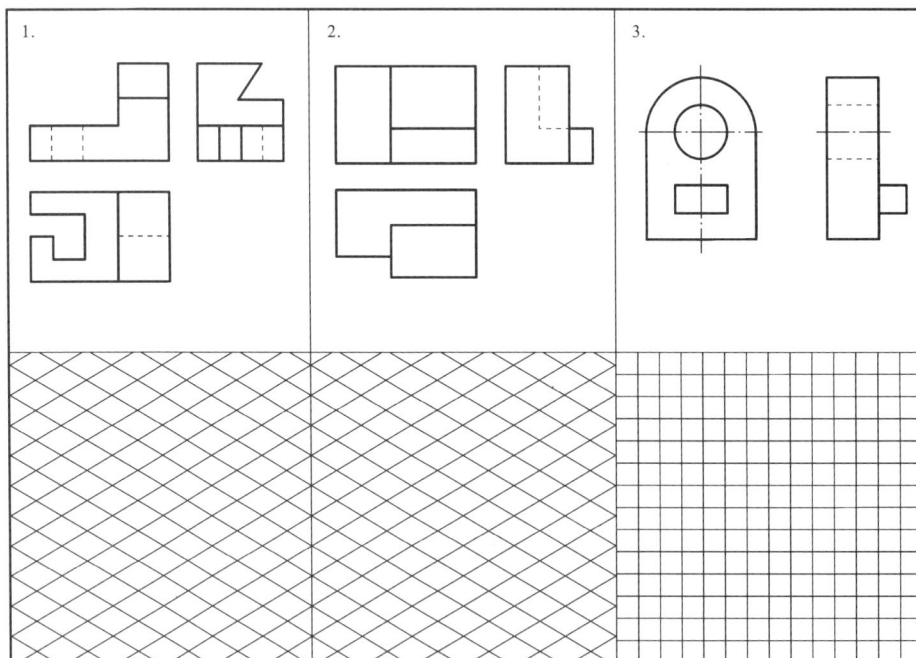

图 1-2-69

60. 如图 1-2-70 所示的组合体视图,分析形体表面间的连接关系,选择正确的俯视图。

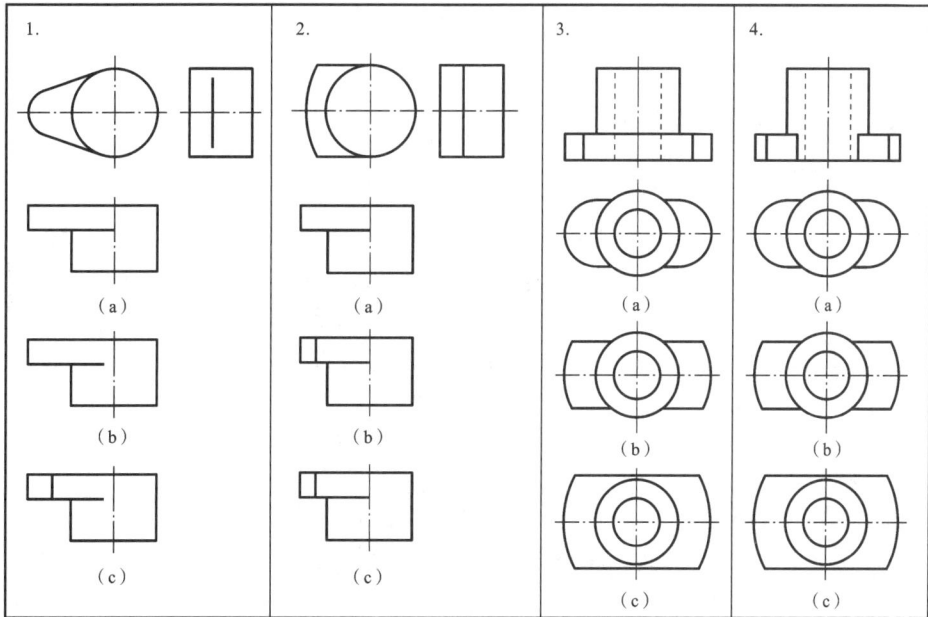

图 1-2-70

61. 参照图 1-2-71 所示的立体示意图,完成下列平面立体被切割后的三视图。

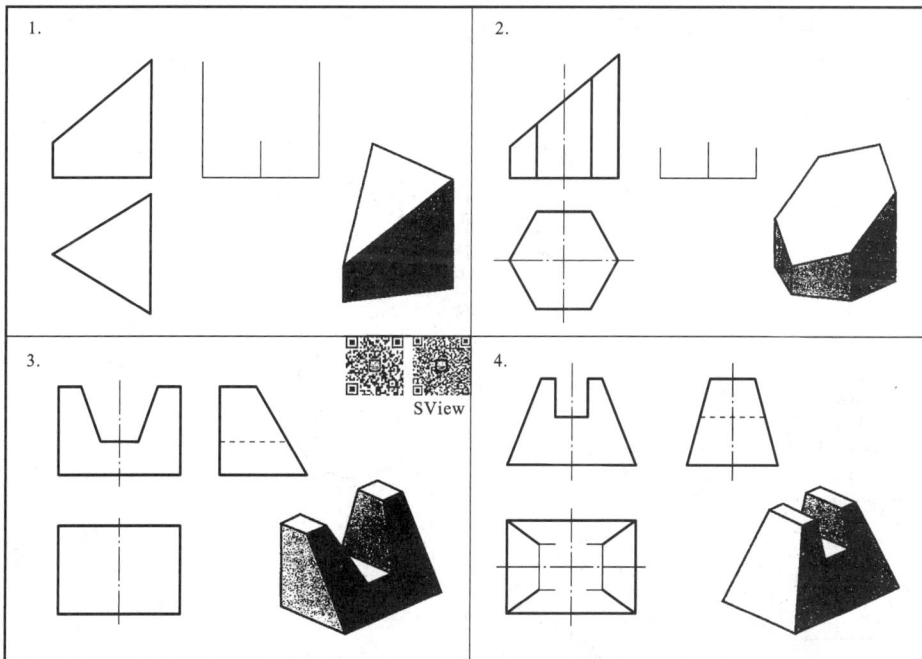

图 1-2-71

62. 根据图 1-2-72 所示的视图,想象截交线形状,补画视图。

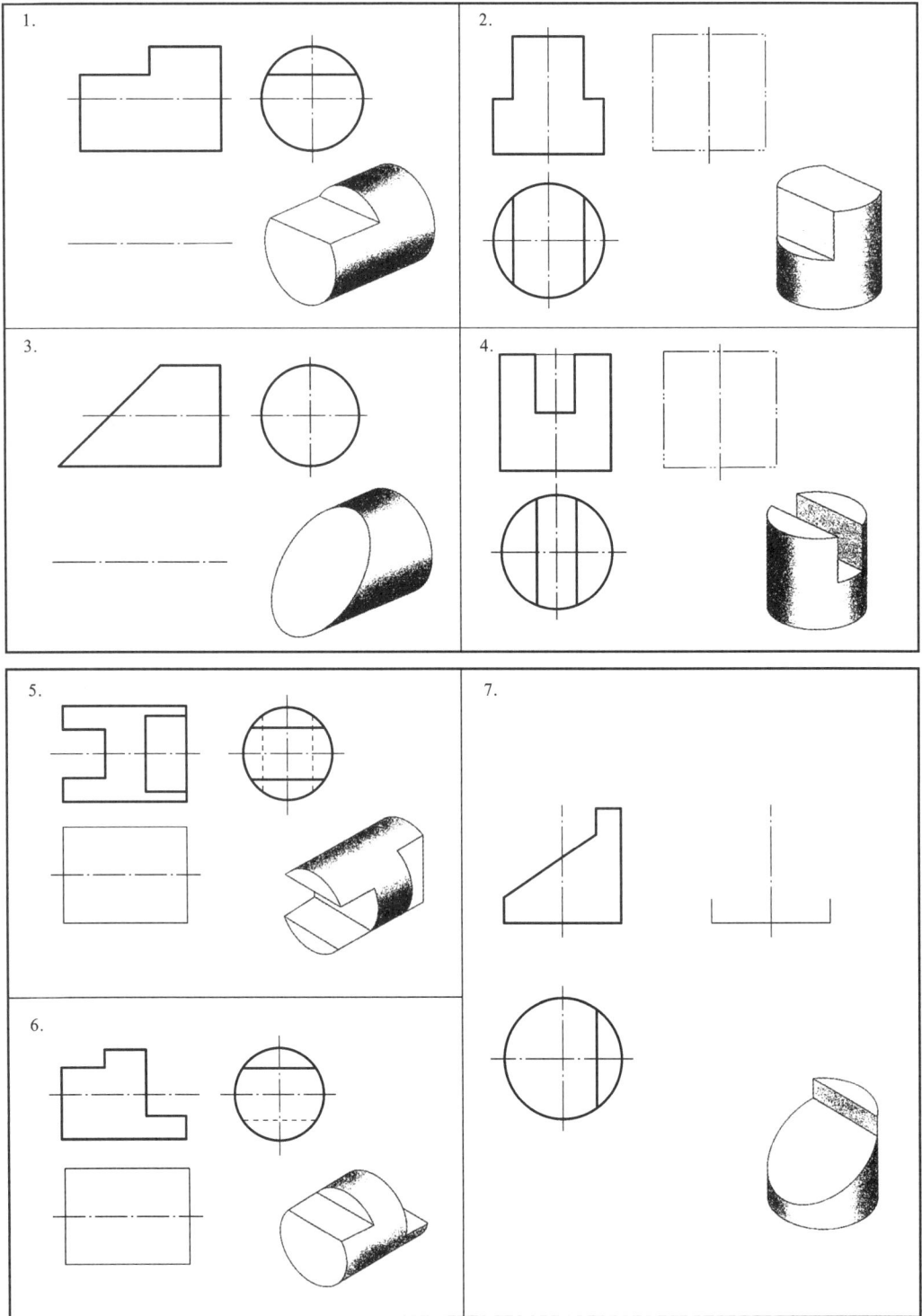

图 1-2-72

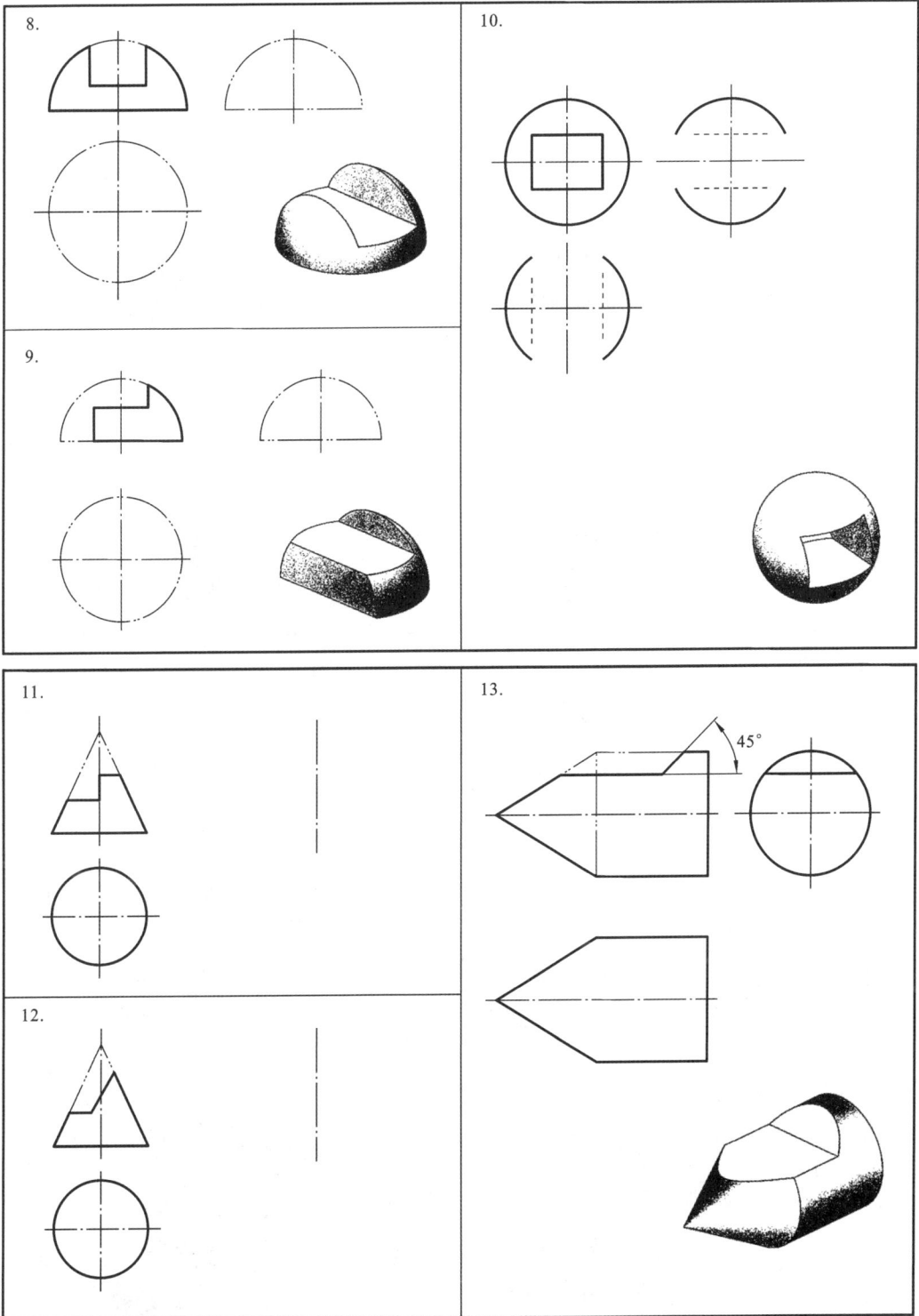

8.

9.

10.

11.

12.

13.

45°

续图 1-2-72

63. 根据图 1-2-73 所示的视图,用简化画法画出主视图中的相贯线投影,并补画俯视图。

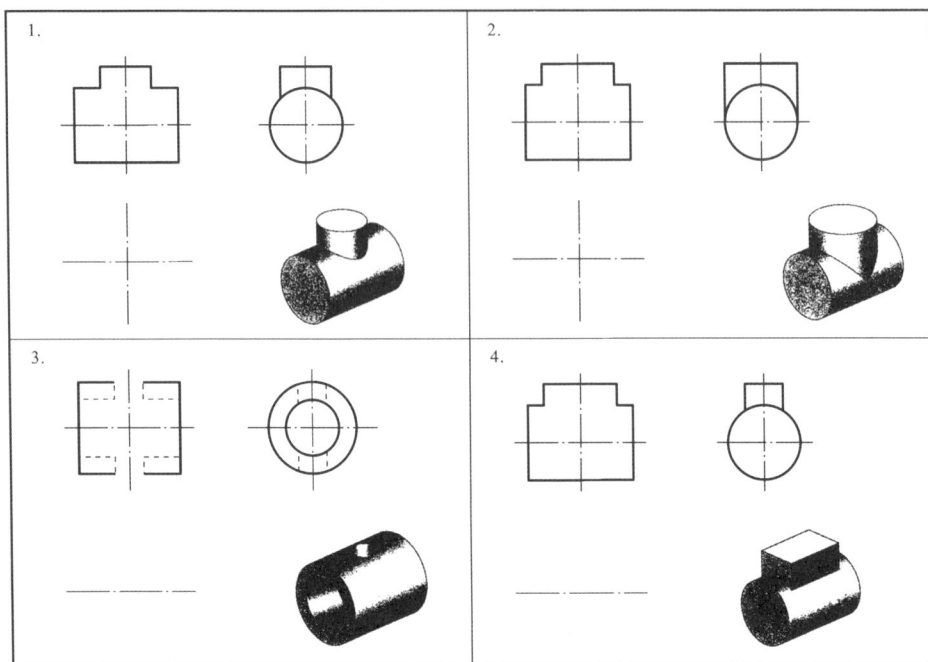

图 1-2-73

64. 分析图 1-2-74 所示相贯线的投影,补画视图中所缺的图线。

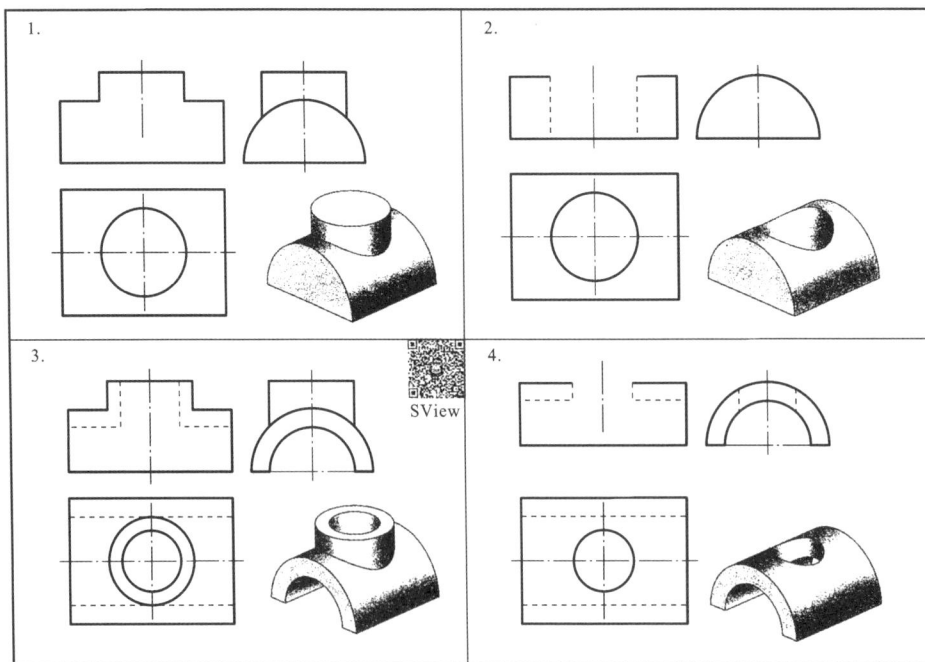

图 1-2-74

65. 根据图 1-2-75 所示的视图, 补画视图中所缺图线。

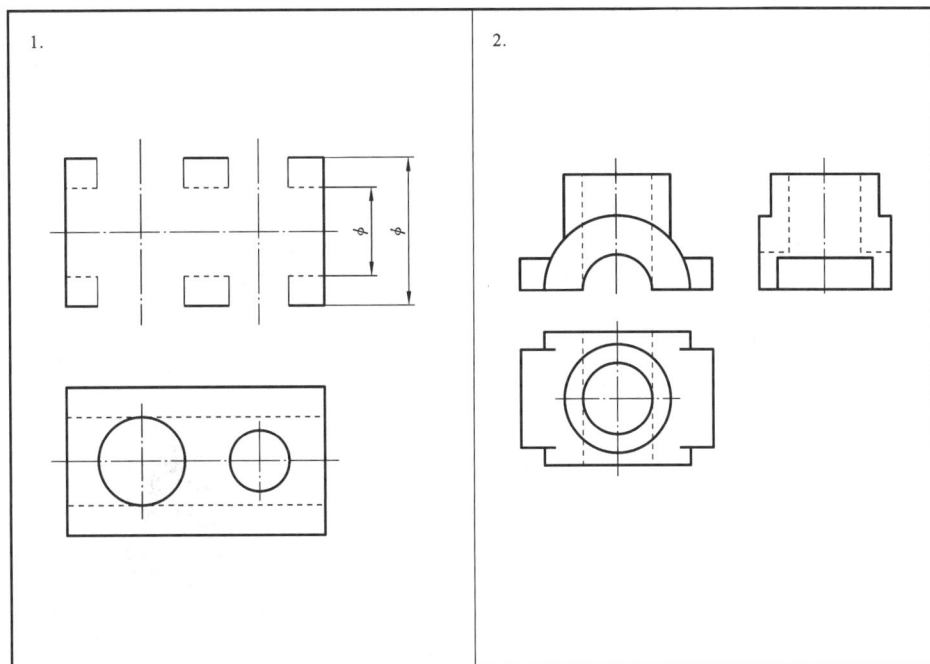

图 1-2-75

66. 画出图 1-2-76 所示组合体的三视图。

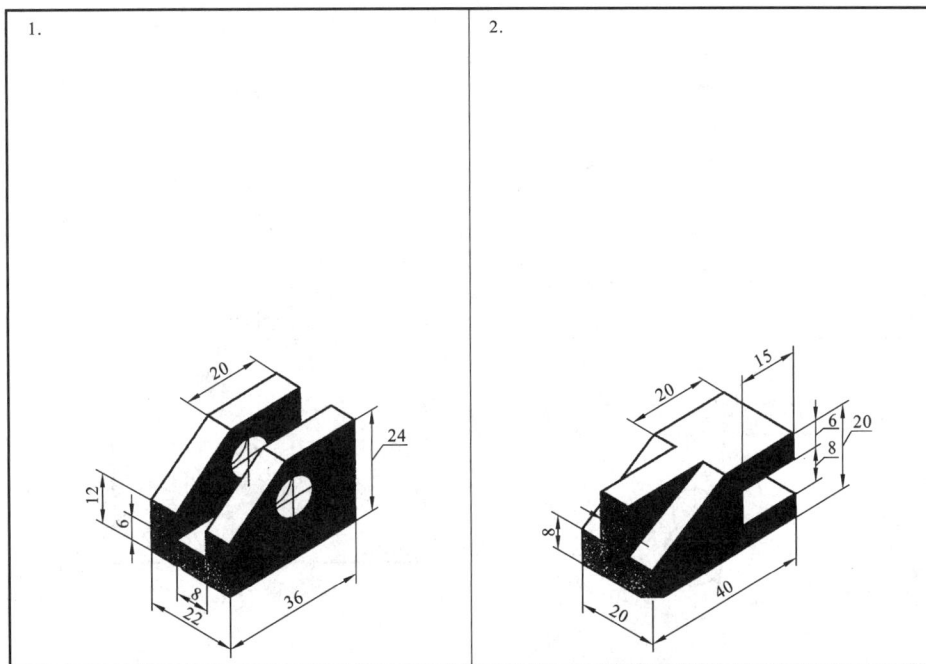

图 1-2-76

67. 根据图 1-2-77 所示的轴测图,在视图中标注尺寸。

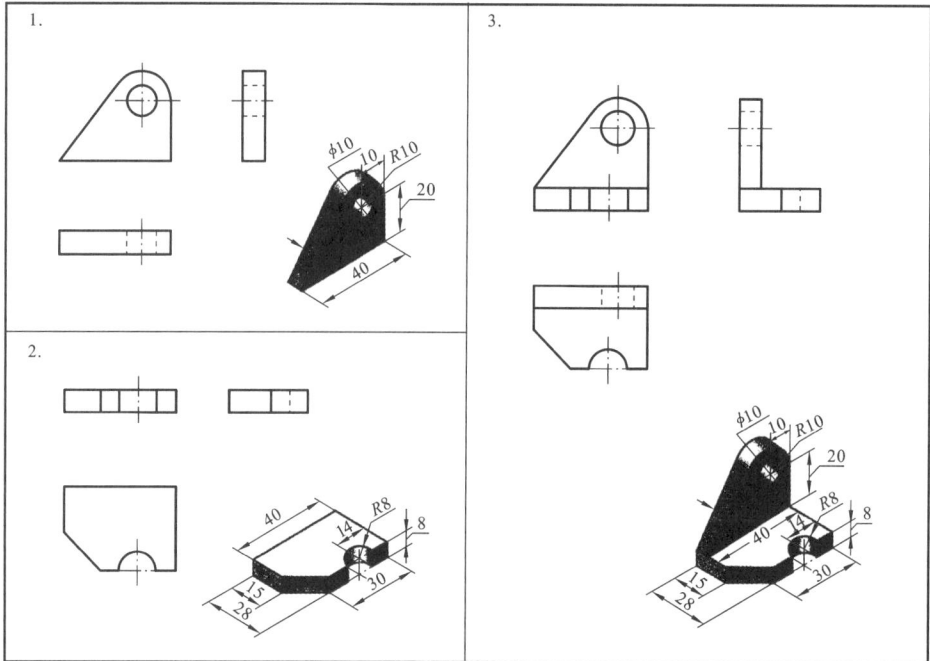

图 1-2-77

68. 标注如图 1-2-78 所示组合体的尺寸(尺寸数值从图中量取,取整数)。

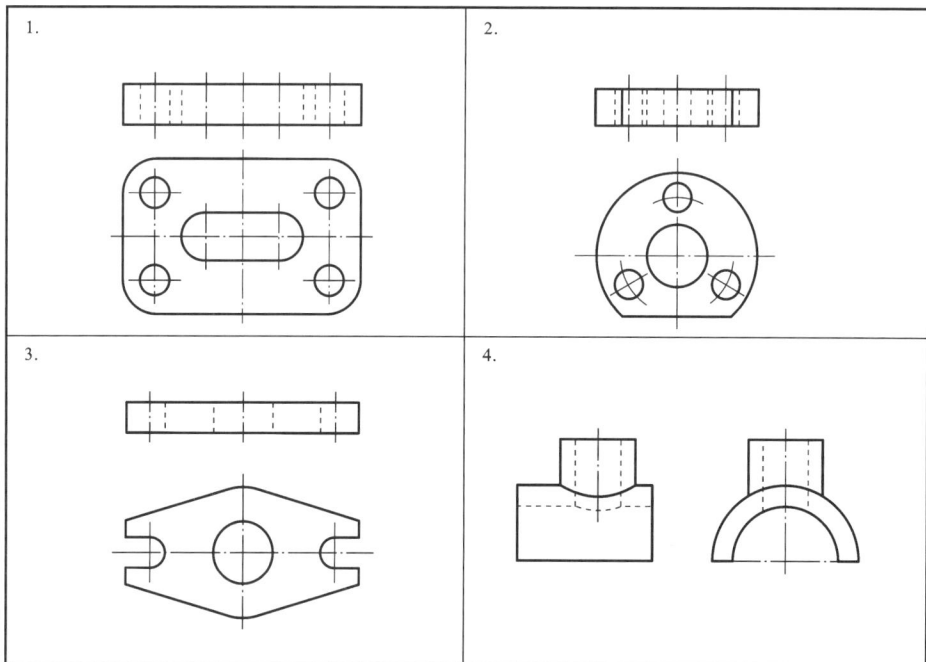

图 1-2-78

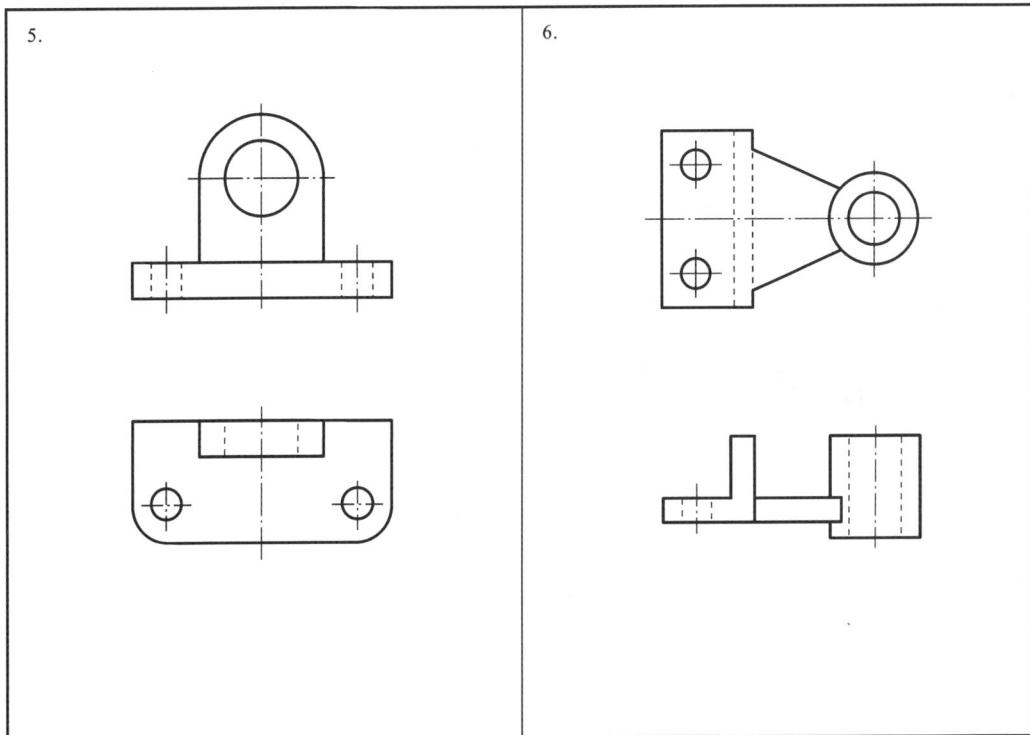

续图 1-2-78

69. 在右侧空白处按图 1-2-79 所示组合体绘三视图。

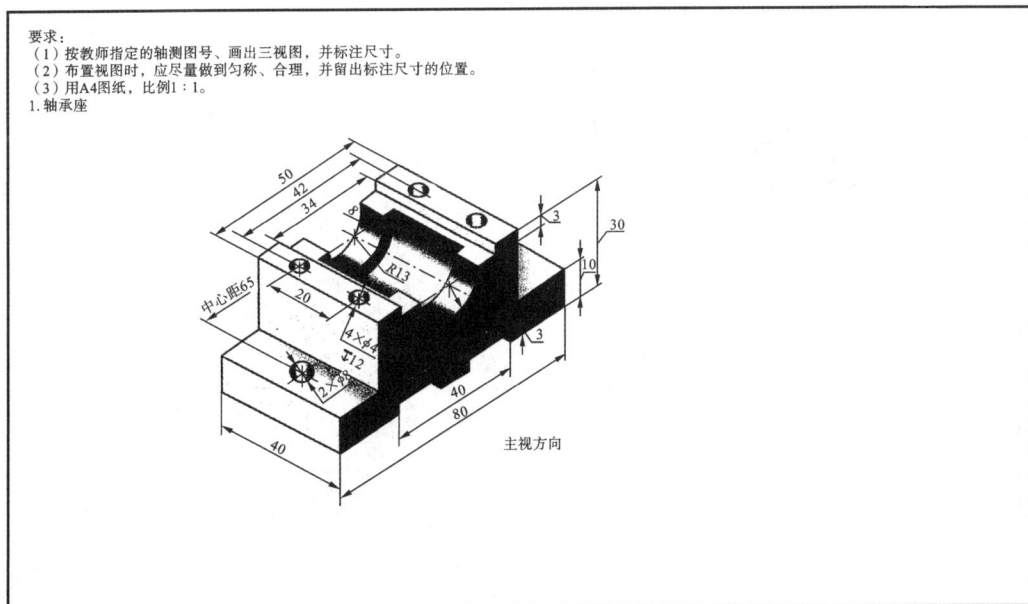

要求：
（1）按教师指定的轴测图号、画出三视图，并标注尺寸。
（2）布置视图时，应尽量做到匀称、合理，并留出标注尺寸的位置。
（3）用A4图纸，比例1:1。
1.轴承座

图 1-2-79

2. 底座

3. 托架

主视方向

70. 根据图 1-2-80 给出的主视图补画俯视图、左视图(首先自主思考,然后再参照轴测图)。

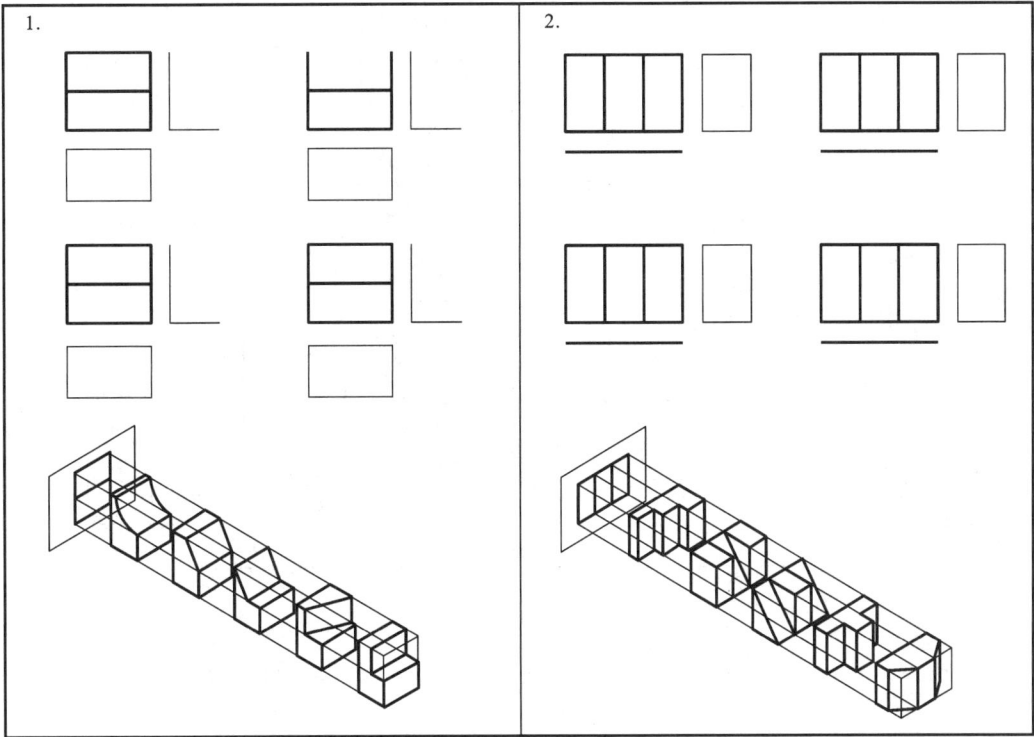

图 1-2-80

71. 根据图 1-2-81 所示的主视图、俯视图,构思出两个不同的形体,并画出左视图。

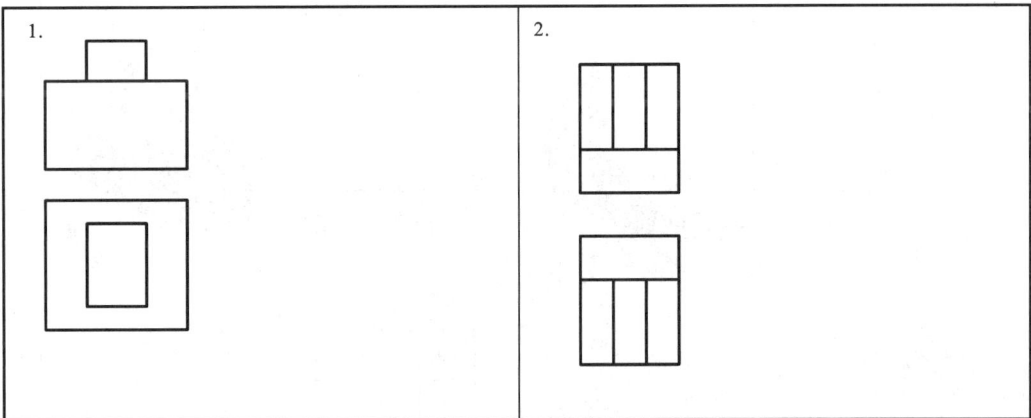

图 1-2-81

72. 组合体视图分析。

(1) 对照图 1-2-82 所示的轴测图,将对应的俯、左视图图号填入表中。

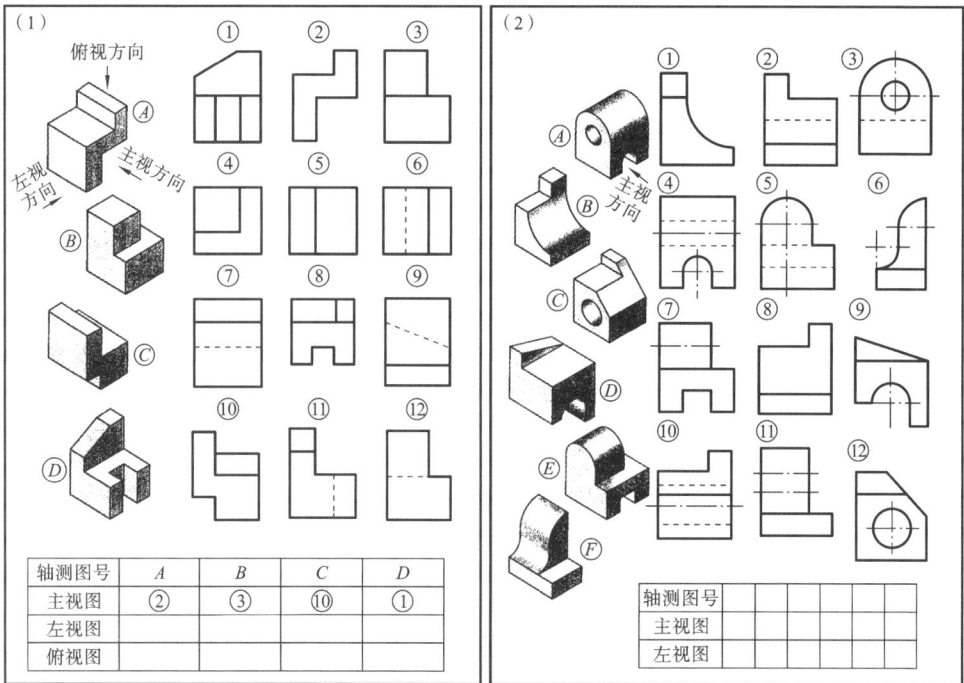

图 1-2-82

（2）将图 1-2-83 所示轴测图上标有字母的各表面，在三视图中找出相应数字，填写在表格内。

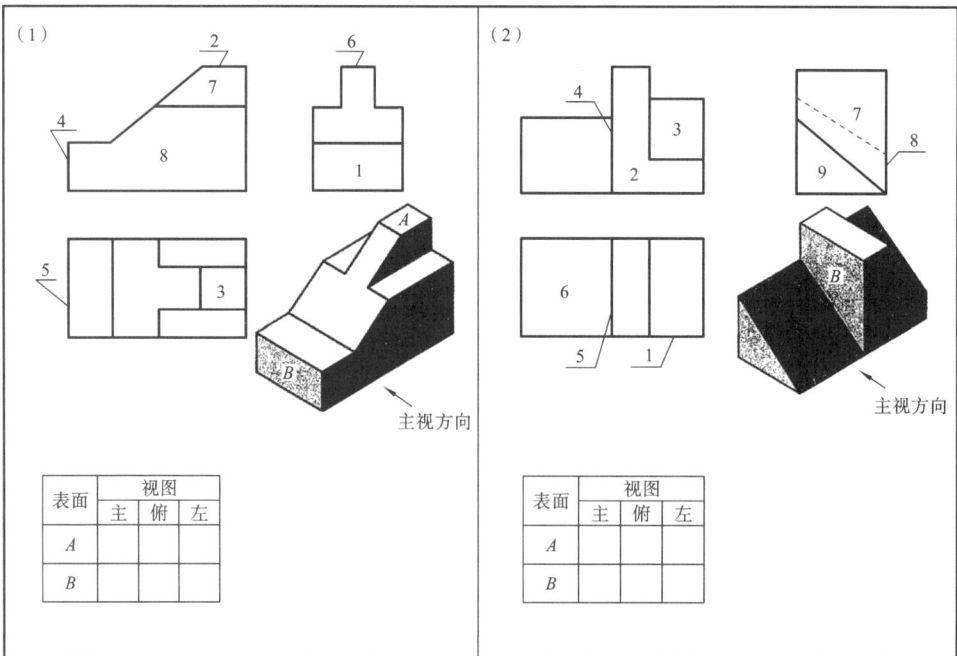

图 1-2-83

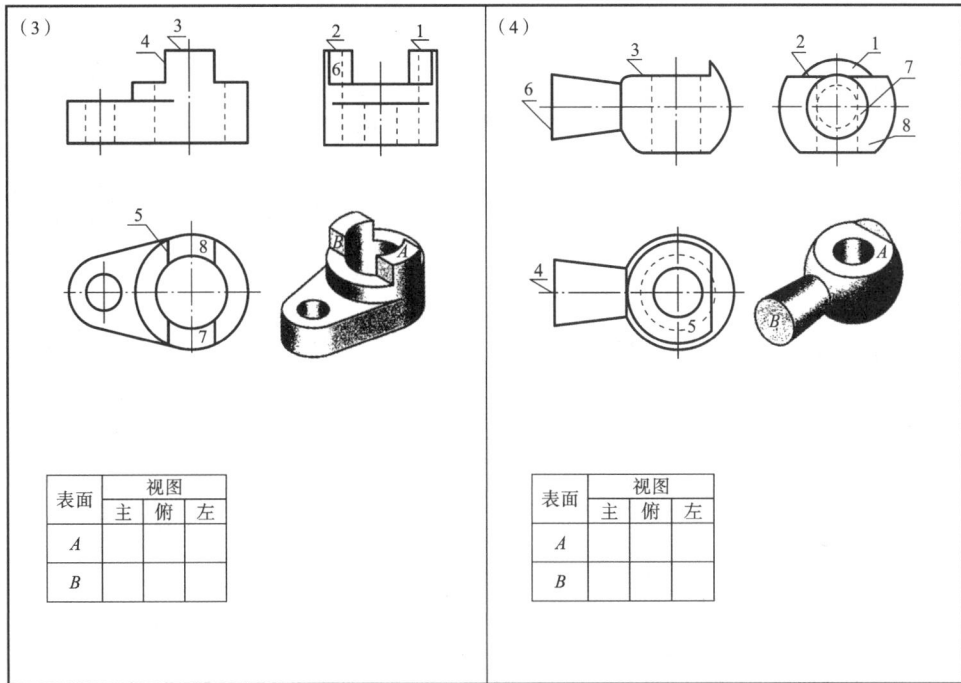

（3）

表面	视图		
	主	俯	左
A			
B			

（4）

表面	视图		
	主	俯	左
A			
B			

续图 **1-2-83**

（3）根据图 1-2-84 所示的三视图，利用投影原理对线条，找图框，想形体，判别几何体的相对位置，并在圆圈内写出对应数字。

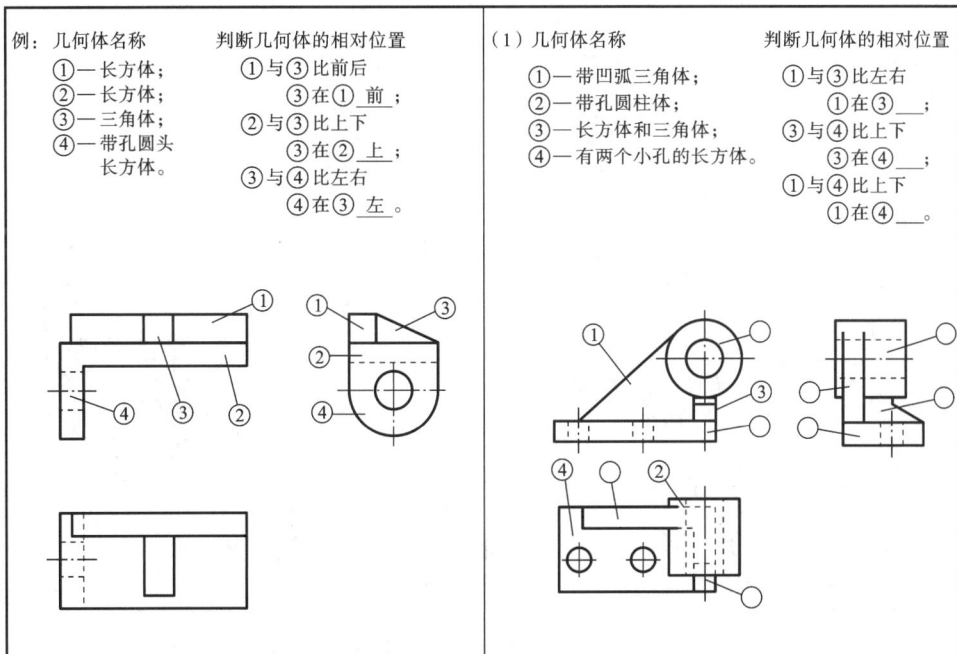

例：几何体名称
①—长方体；
②—长方体；
③—三角体；
④—带孔圆头长方体。

判断几何体的相对位置
①与③比前后
　　③在①前
②与③比上下
　　③在②上
③与④比左右
　　④在③左

（1）几何体名称
①—带凹弧三角体；
②—带孔圆柱体；
③—长方体和三角体；
④—有两个小孔的长方体。

判断几何体的相对位置
①与③比左右
　　①在③＿；
③与④比上下
　　③在④＿；
①与④比上下
　　①在④＿。

图 **1-2-84**

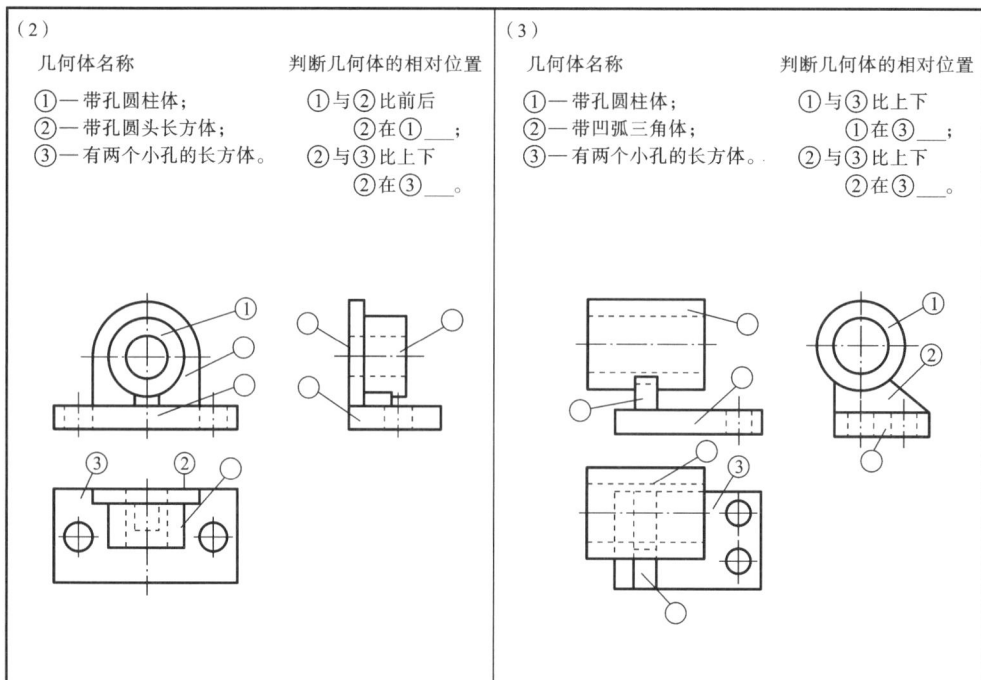

（2）

几何体名称　　　　　　　判断几何体的相对位置

①—带孔圆柱体；

②—带孔圆头长方体；

③—有两个小孔的长方体。

①与②比前后

②在①___；

②与③比上下

②在③___。

（3）

几何体名称　　　　　　　判断几何体的相对位置

①—带孔圆柱体；

②—带凹弧三角体；

③—有两个小孔的长方体。

①与③比上下

①在③___；

②与③比上下

②在③___。

续图 1-2-84

（4）根据图 1-2-85 所示的三视图,利用投影原理对线条,找图框,想形体,分析表面相切或相交(包括相贯线)的情况,并加以说明。

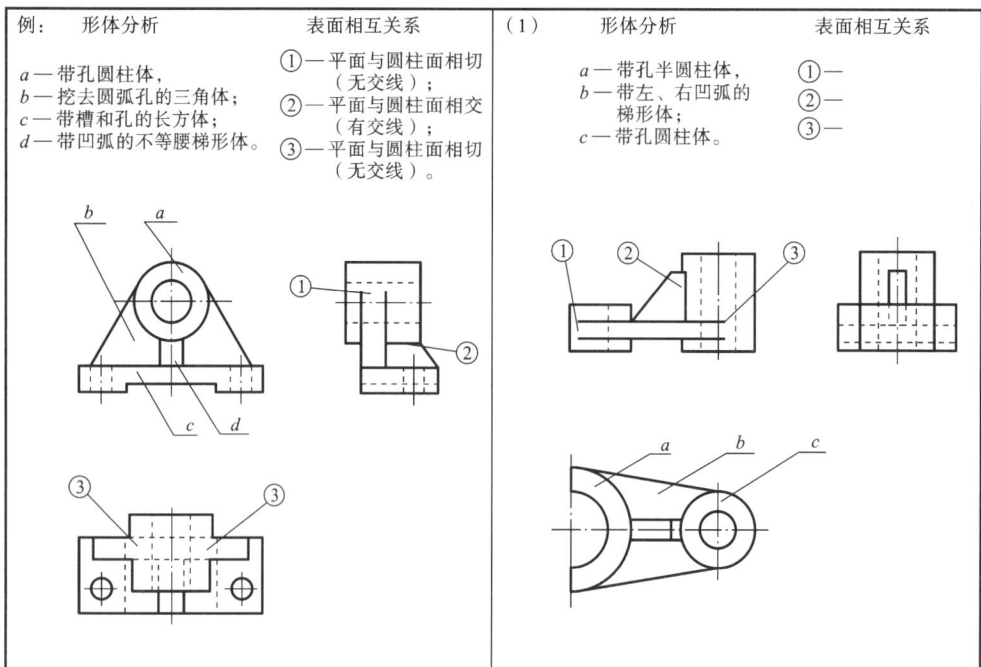

例：　形体分析　　　　　　　表面相互关系

a—带孔圆柱体,

b—挖去圆弧孔的三角体；

c—带槽和孔的长方体；

d—带凹弧的不等腰梯形体。

①—平面与圆柱面相切（无交线）；

②—平面与圆柱面相交（有交线）；

③—平面与圆柱面相切（无交线）。

（1）　形体分析　　　　　　　表面相互关系

a—带孔半圆柱体,

b—带左、右凹弧的梯形体；

c—带孔圆柱体。

①—

②—

③—

图 1-2-85

（2）

形体分析   表面相互关系

a — 带孔半圆柱体，
b — 带孔圆柱体；
c — 带两个小孔、一个大孔
    的圆角棱形体。

① —
② —
③ —

（3）

形体分析   表面相互关系

a — 带孔圆柱体，
    上前方开槽后钻孔；
b — 三角体；
c — 带孔长方体，左、右各
    切去一块三角体。

① —
② —
③ —
④ —

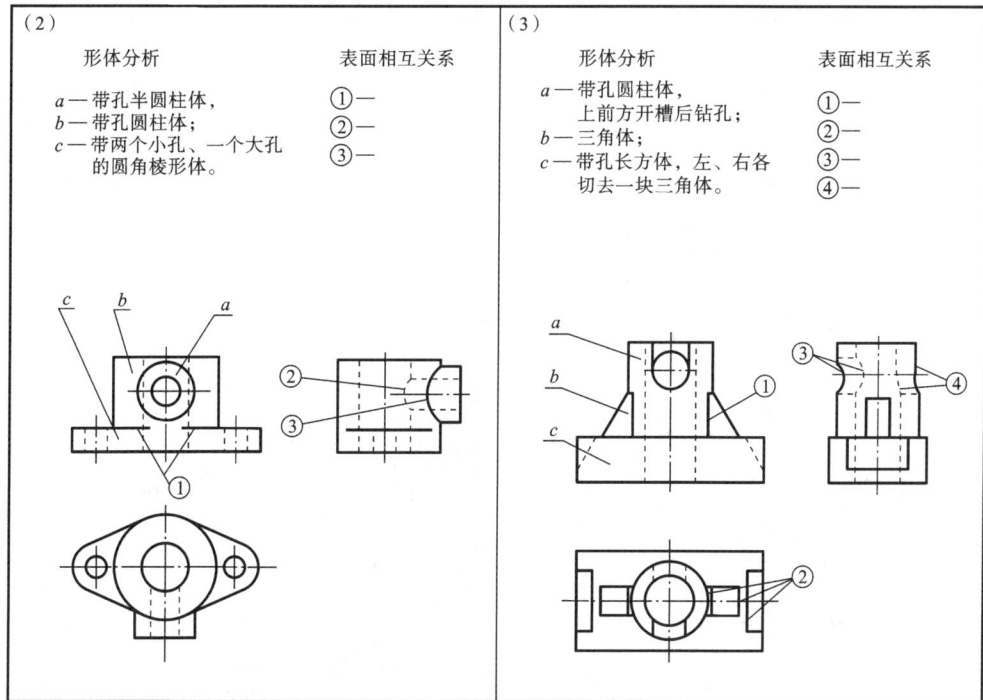

续图 1-2-85

73. 根据图 1-2-86 所示的投影分析三视图，进行尺寸分析并填空。

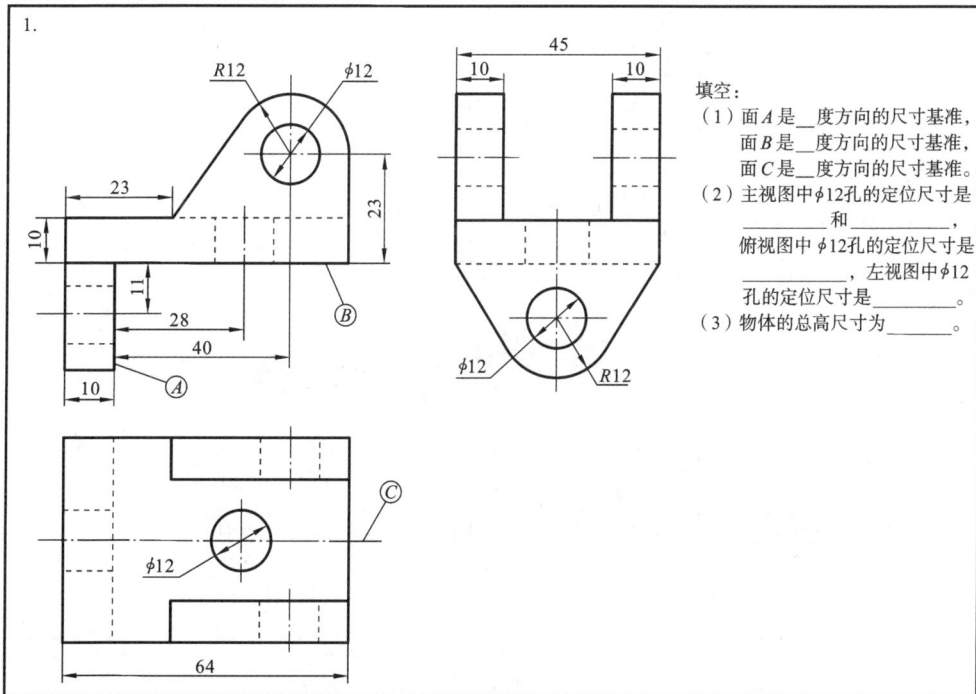

填空：
（1）面 A 是__度方向的尺寸基准，
    面 B 是__度方向的尺寸基准，
    面 C 是__度方向的尺寸基准。
（2）主视图中 $\phi12$ 孔的定位尺寸是
    _____ 和 _____，
    俯视图中 $\phi12$ 孔的定位尺寸是
    _____，左视图中 $\phi12$
    孔的定位尺寸是 _____。
（3）物体的总高尺寸为 _____。

图 1-2-86

2.

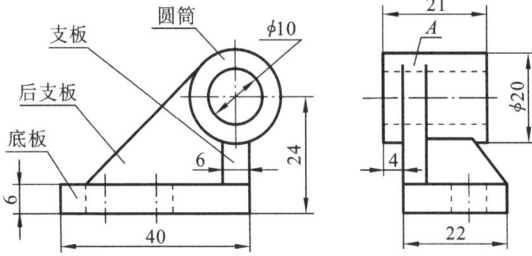

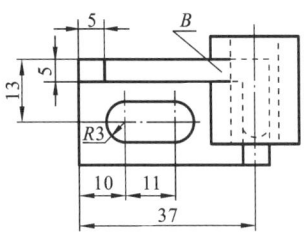

填空:

(1)圆筒与底板,___在____的上面。
(2)支板与后支板,___在____的后面。
(3)支板与后支板,___在___的左面。
(4)A与B两处因为是_____而线框不封闭。
(5)圆筒的定形尺寸为___、____和___。
(6)底板的长为_____,宽为_____,高为_____。
(7)物体的底面是_____方向的尺寸基准。
(8)物体的左侧面是____方向的尺寸基准。
(9)后支板和底板的后面是共面的,这个面是_____方向的尺寸基准。
(10)圆筒高度方向的定位尺寸是_____,宽度方向的定位尺寸是_____,长度方向的定位尺寸是_____。
(11)底板上长腰圆孔的定位尺寸是_____和_____。

3.

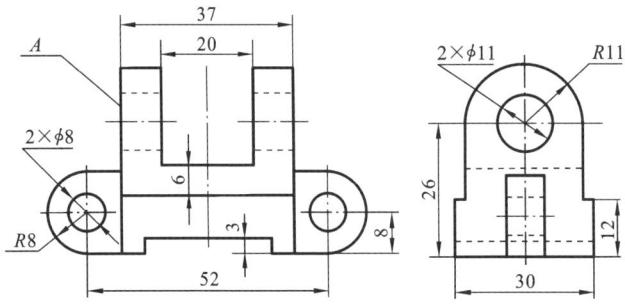

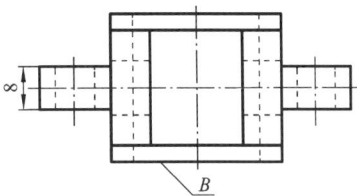

填空:

(1)将面A的三个投影涂红色。
(2)将面B的三个投影涂蓝色。
(3)高度方向的尺寸基准是_____;
宽度方向的尺寸基准是_____;
长度方向的尺寸基准是_____。
(4)尺寸检查
高度方向漏注一个尺寸,请在图中补注,其尺寸为_____;
宽度方向漏注一个尺寸,请在图中补注,其尺寸为_____;
长度方向漏注一个尺寸,请在图中补注,其尺寸为_____。

74．补视图和补缺图线。

（1）看懂图 1-2-87 所示的轴测图，找出对应的投影图，标出号码，并画出其第三视图。

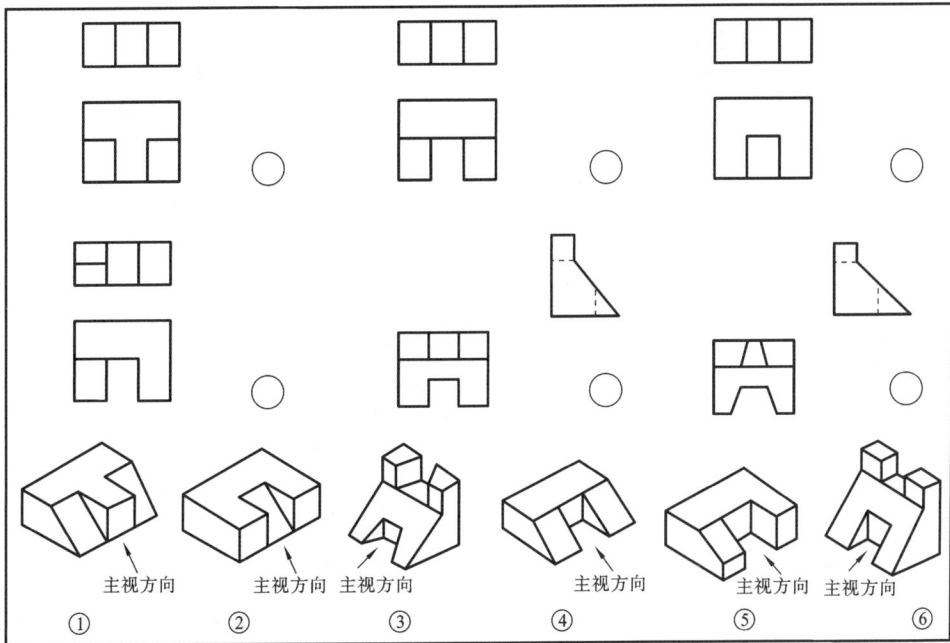

图 1-2-87

（2）根据图 1-2-88 所示三个形体的轴测图，分别补画其左视图。

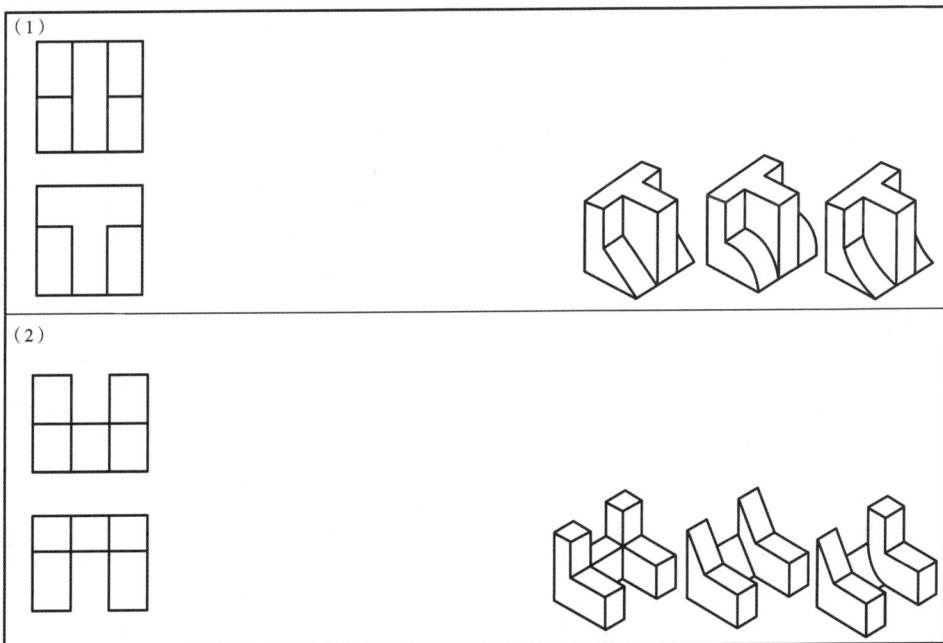

图 1-2-88

（3）根据图 1-2-89 想象物体形状,勾勒轴测图,补画第三视图。

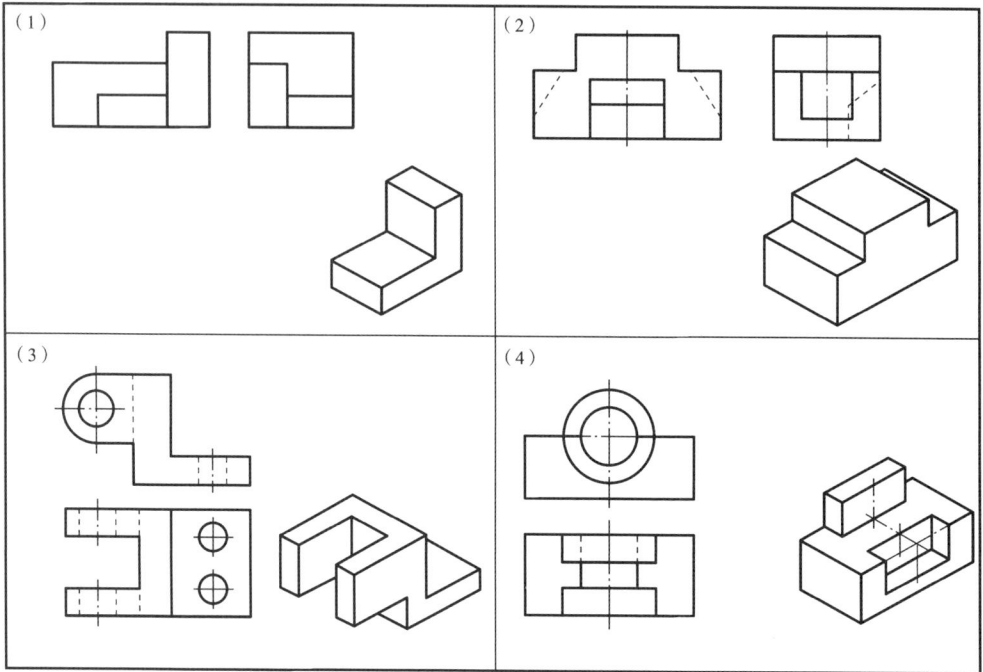

图 1-2-89

（4）看懂图 1-2-90 所示的两视图,补画第三视图。

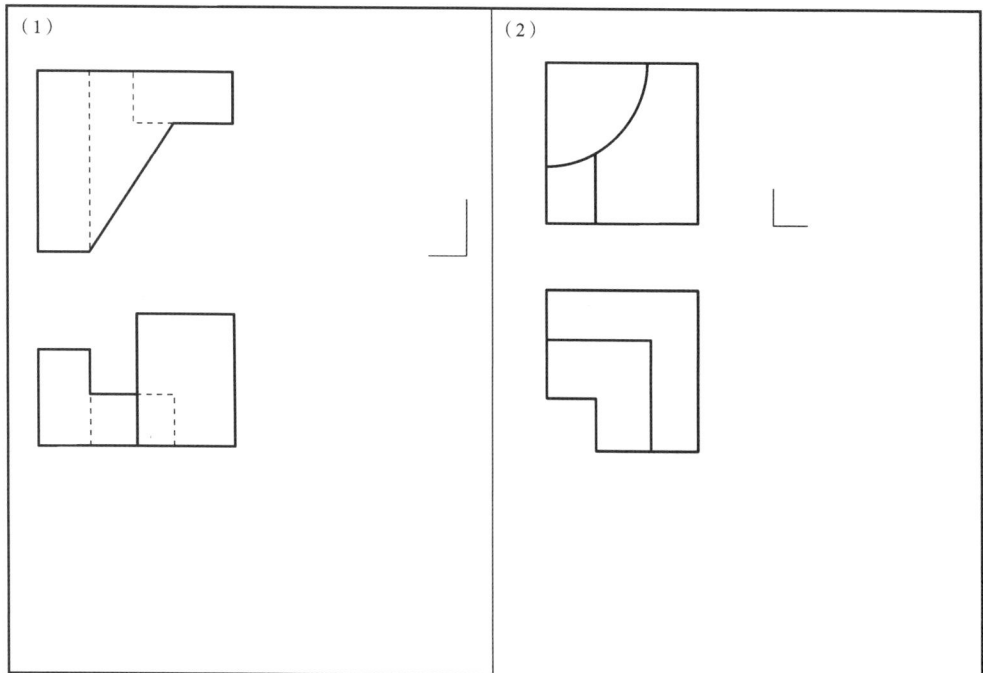

图 1-2-90

（5）看懂图 1-2-91 所示的两视图，补画第三视图。

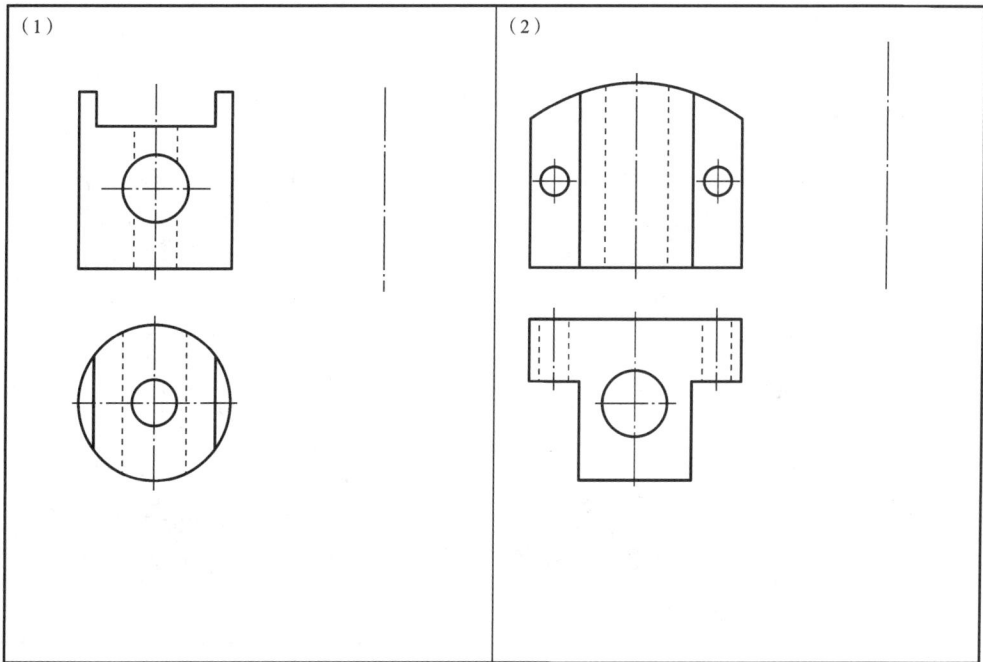

图 1-2-91

（6）根据图 1-2-92 所示的轴测图，补画三视图中所缺图线。

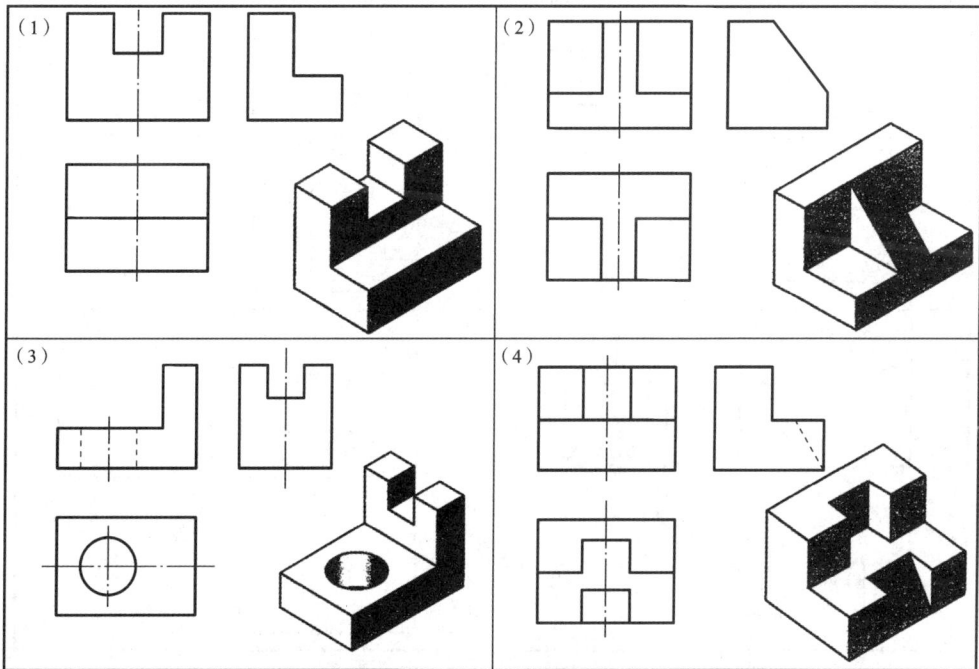

图 1-2-92

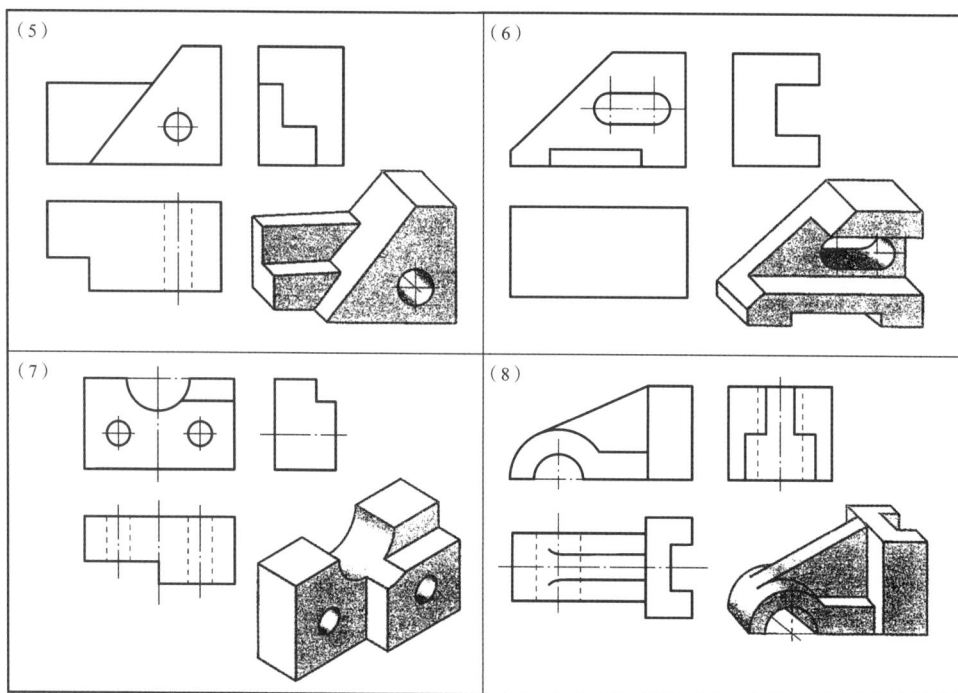

续图 1-2-92

（7）根据图 1-2-93 所示的视图想象物体形状,补全视图中遗漏的图线(主视图不补图线)。

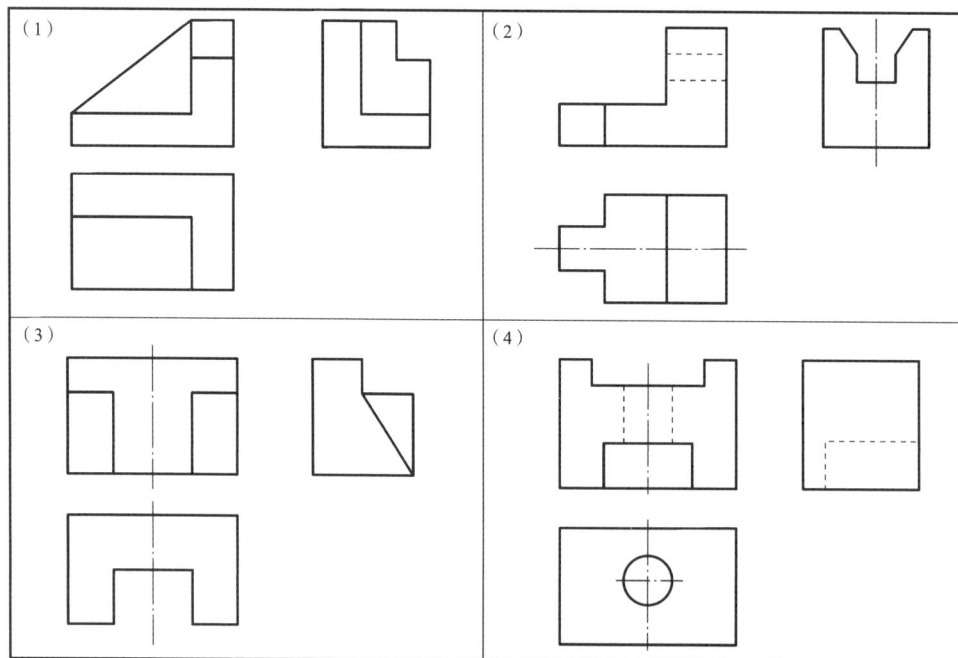

图 1-2-93

75. 分析图 1-2-94 所示的线面,判断图(a)、(b)、(c)、(d)、(e)、(f)中的线、面与三投影面的相对位置,并填空。

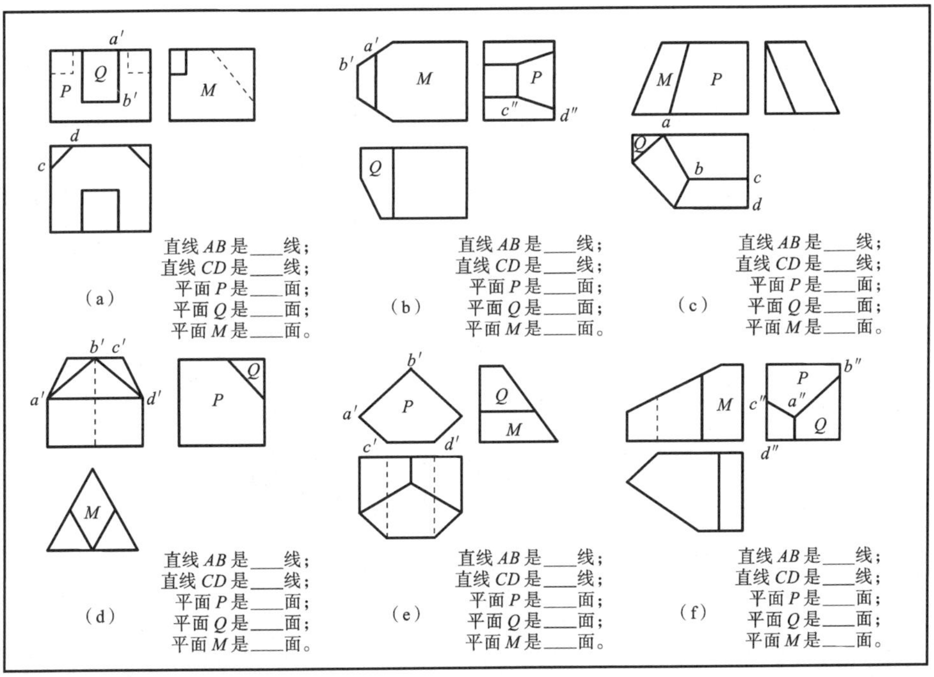

(a)
直线 AB 是___线;
直线 CD 是___线;
平面 P 是___面;
平面 Q 是___面;
平面 M 是___面。

(b)
直线 AB 是___线;
直线 CD 是___线;
平面 P 是___面;
平面 Q 是___面;
平面 M 是___面。

(c)
直线 AB 是___线;
直线 CD 是___线;
平面 P 是___面;
平面 Q 是___面;
平面 M 是___面。

(d)
直线 AB 是___线;
直线 CD 是___线;
平面 P 是___面;
平面 Q 是___面;
平面 M 是___面。

(e)
直线 AB 是___线;
直线 CD 是___线;
平面 P 是___面;
平面 Q 是___面;
平面 M 是___面。

(f)
直线 AB 是___线;
直线 CD 是___线;
平面 P 是___面;
平面 Q 是___面;
平面 M 是___面。

图 1-2-94

76. 如图 1-2-95 所示,补画第三视图。

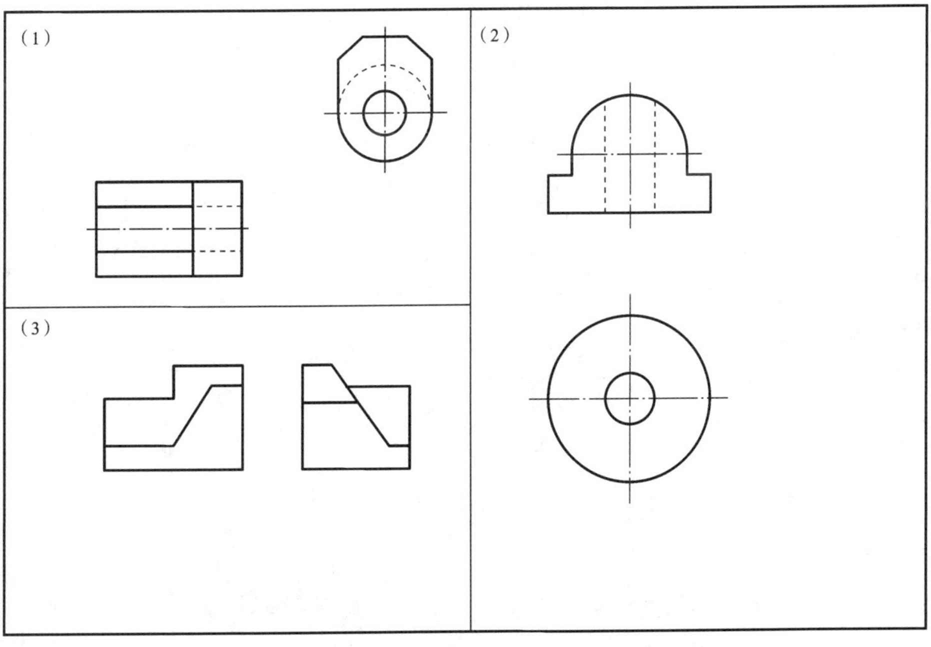

(1)

(2)

(3)

图 1-2-95

77. 补全 1-2-96 中视图所缺的图线。

78. 补全 1-2-97 中视图所缺的图线。

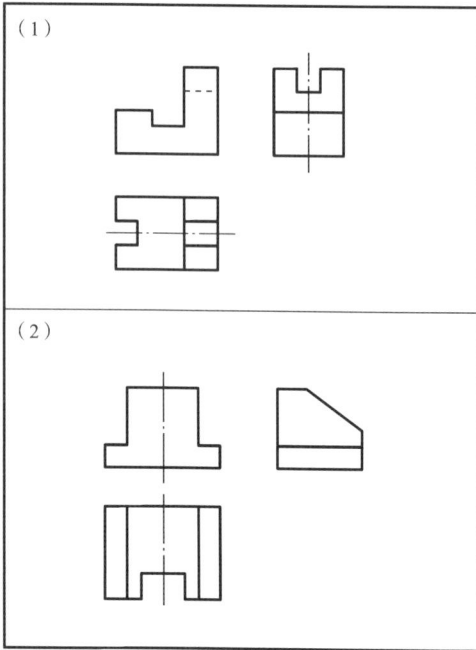

图 1-2-96

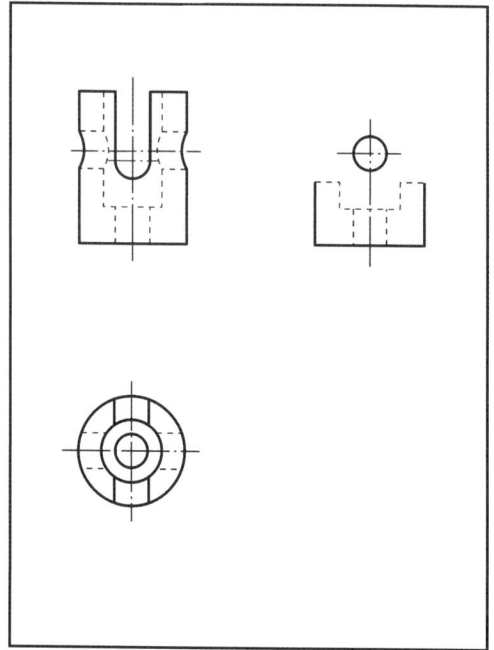

图 1-2-97

79. 作出图 1-2-98 所示平面立体表面点的另两个投影。

80. 作出图 1-2-99 所示平面立体表面点的另两个投影。

81. 作出图 1-2-100 所示平面立体表面点的另两个投影。

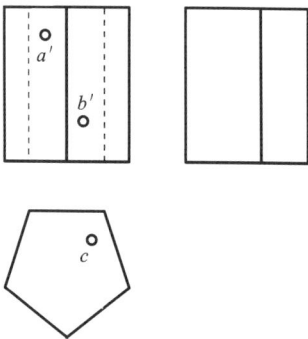

图 1-2-98

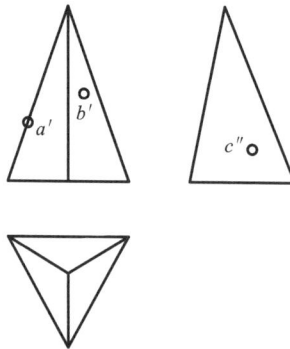

图 1-2-99

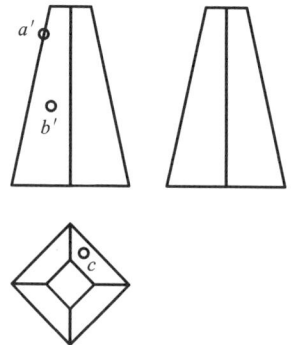

图 1-2-100

82. 作出图 1-2-101 所示平面立体表面点的另两个投影。

83. 作出图 1-2-102 所示曲面立体表面点的另两个投影。

84. 作出图 1-2-103 所示曲面立体表面点的另两个投影。

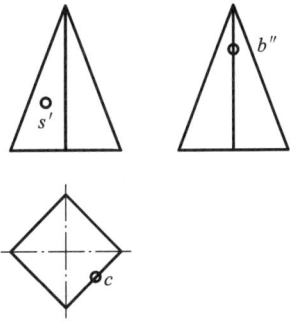

图 1-2-101

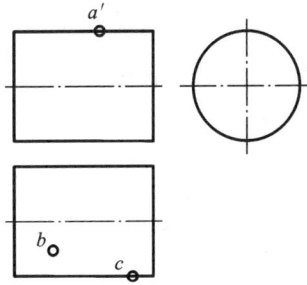

图 1-2-102

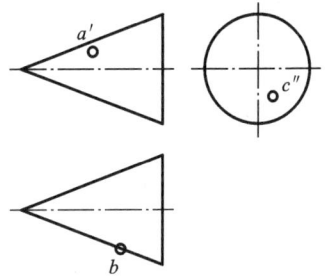

图 1-2-103

85. 作出图 1-2-104 所示曲面立体表面点的另两个投影。

86. 作出图 1-2-105 所示曲面立体表面点的另两个投影。

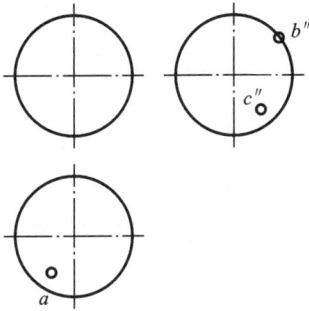

图 1-2-104

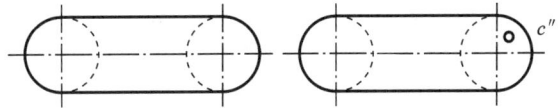

图 1-2-105

87. 已知图 1-2-106 所示车床顶尖截切后三通管的几何体,在图下空白处作截切后的三面投影。

88. 已知图 1-2-107 所示车床顶尖截切后三通管的几何体,在图下空白处作截切后的三面投影。

89. 已知图 1-2-108 所示车床顶尖截切后三通管的几何体,在图下空白处作截切后的三面投影。

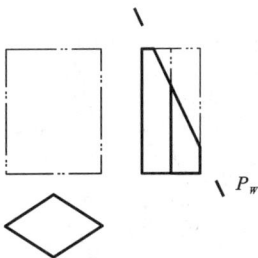

图 1-2-106

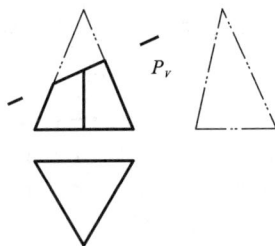

图 1-2-107

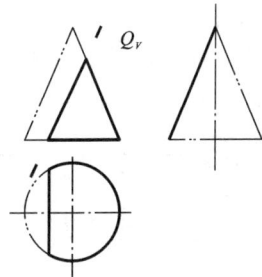

图 1-2-108

90. 已知图 1-2-109 所示车床顶尖截切后三通管的几何体,在图下空白处作截切后的三面投影。

91. 已知图 1-2-110 所示平面截切几何体,在图下空白处作截切后的三面投影。

92. 已知图 1-2-111 所示平面截切几何体,在图下空白处作截切后的三面投影。

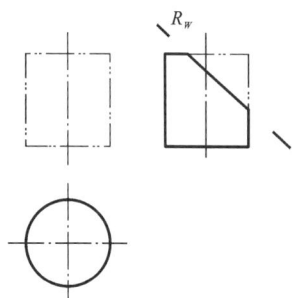 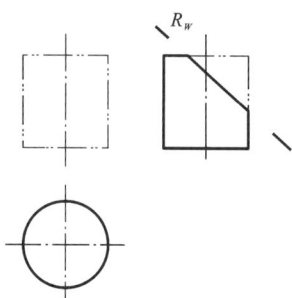 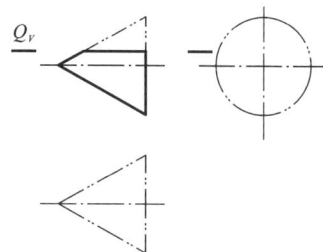

图 1-2-109　　　　　　图 1-2-110　　　　　　图 1-2-111

93. 已知图 1-2-112 所示平面截切几何体,在图下空白处作截切后的三面投影。

94. 已知图 1-2-113 所示平面截切几何体,在图下空白处作截切后的三面投影。

95. 已知图 1-2-114 所示平面截切几何体,在图下空白处作截切后的三面投影。

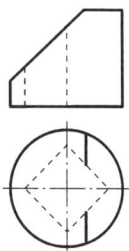 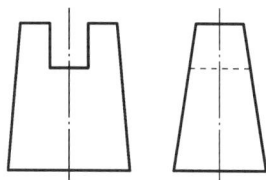 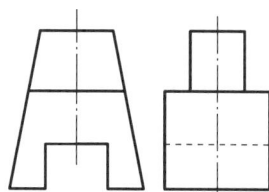

图 1-2-112　　　　　　图 1-2-113　　　　　　图 1-2-114

96. 已知图 1-2-115 所示平面截切几何体,在图下空白处作截切后的三面投影。

97. 已知图 1-2-116 所示平面截切几何体,在图下空白处作截切后的三面投影。

98. 已知图 1-2-117 所示平面截切几何体,在图下空白处作截切后的三面投影。

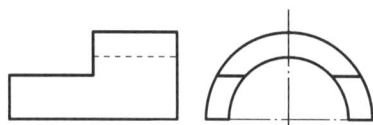  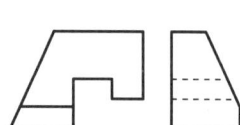

图 1-2-115　　　　　　图 1-2-116　　　　　　图 1-2-117

99. 补画图 1-2-118 所示各三视图及两回转体间的相贯线,并将已知的两面投影加深。

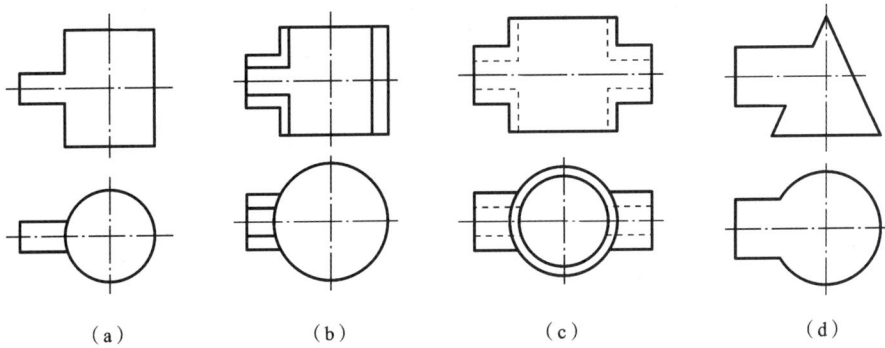

（a）　　　　　（b）　　　　　（c）　　　　　（d）

图 1-2-118

100. 补画图 1-2-119 所示各轴承座三视图的缺线。

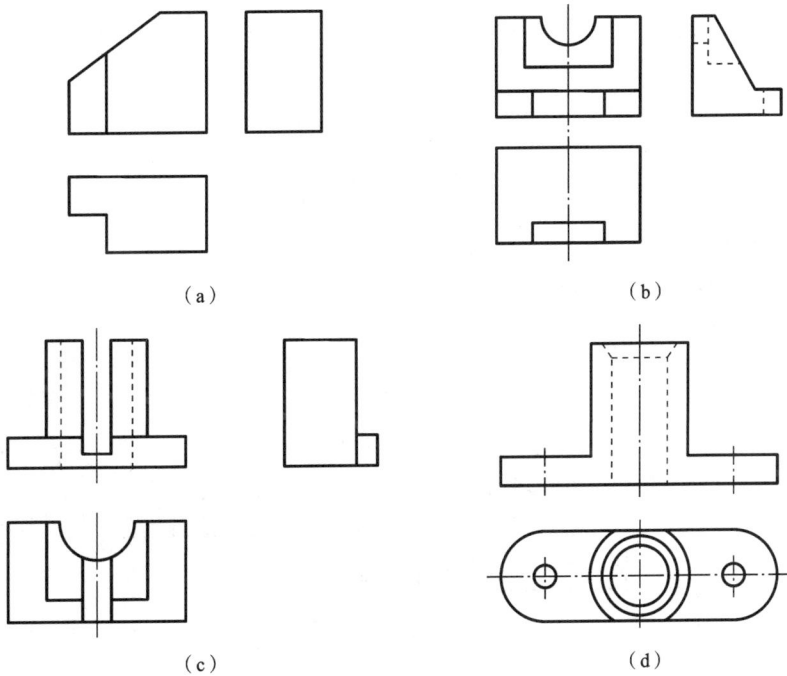

（a）　　　　　　　　　　　（b）

（c）　　　　　　　　　　　（d）

图 1-2-119

101. 组合体画图练习。

(1) 根据图 1-2-120 所示的两视图,选择正确的第三视图。

(2) 根据图 1-2-121 所示的两视图,选择正确的第三视图。

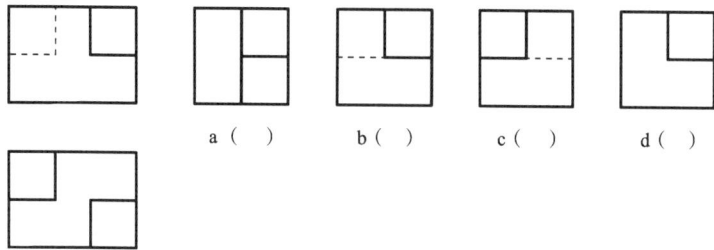

a ( )   b ( )   c ( )   d ( )

图 1-2-120

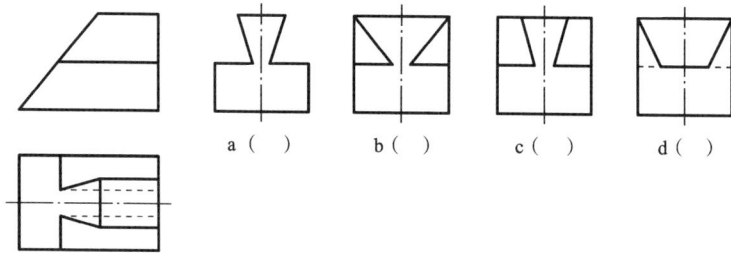

a ( )   b ( )   c ( )   d ( )

图 1-2-121

（3）用形体分析法分析组合体的两视图,先根据图 1-2-122 所示形体Ⅰ、Ⅱ、Ⅲ的主视图画出其俯视图、左视图,再画出组合体的俯视图。

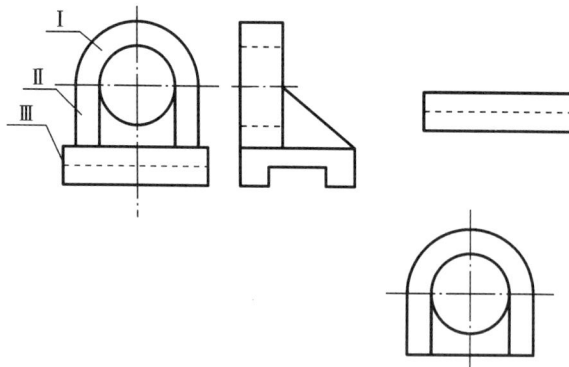

图 1-2-122

102. 补画图 1-2-123 所示的各三视图。

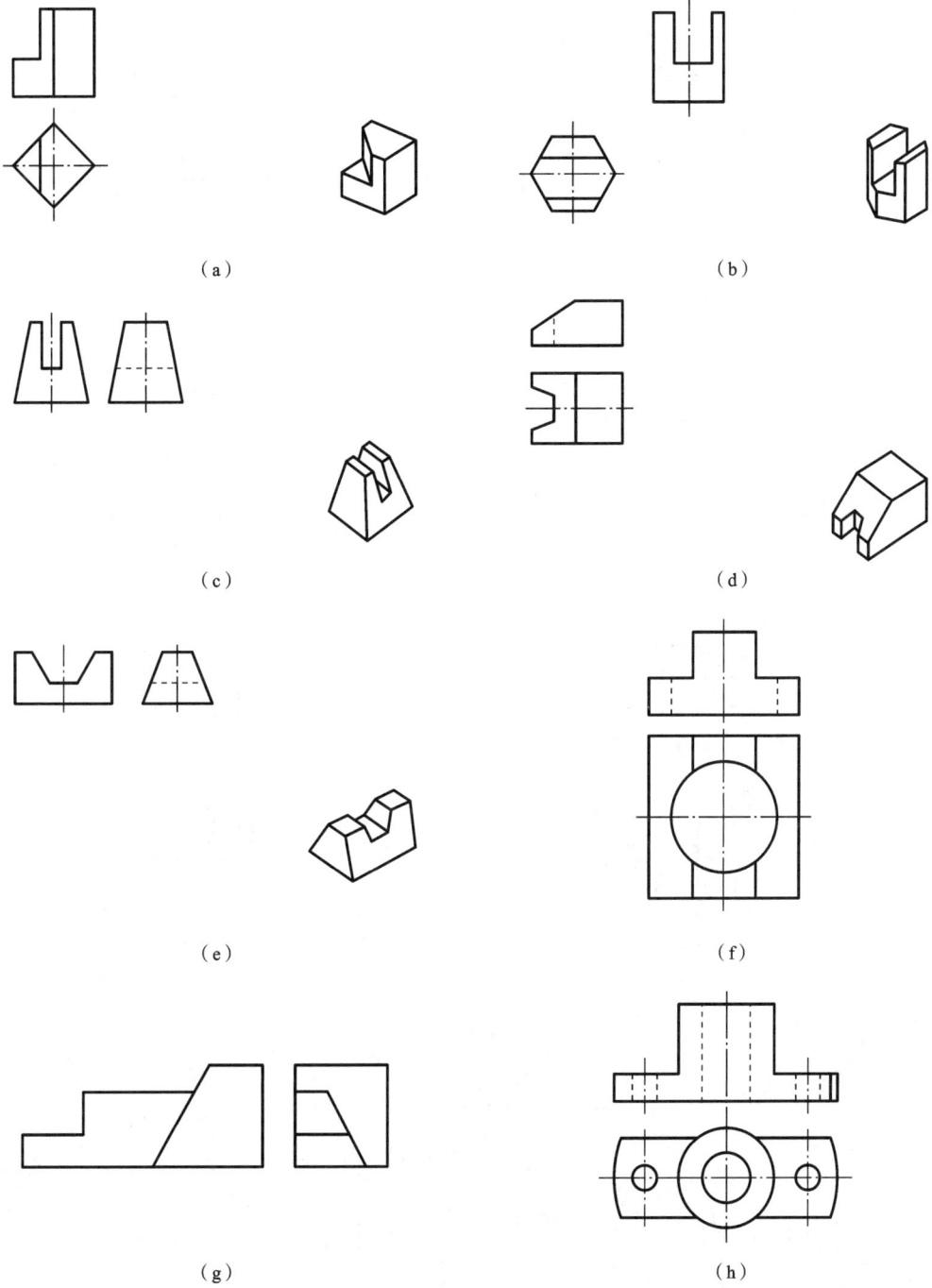

（a）

（b）

（c）

（d）

（e）

（f）

（g）

（h）

图 1-2-123

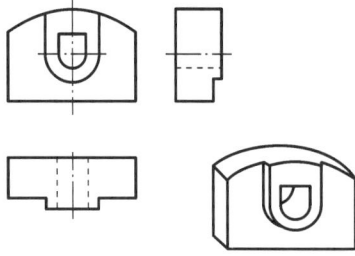

（i）

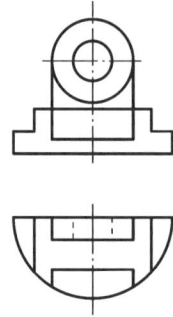

（j）

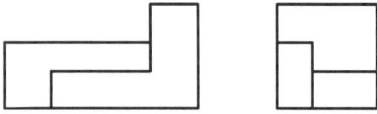

（k）

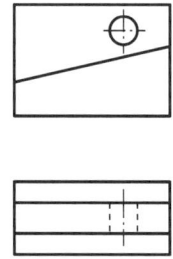

（l）

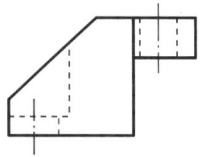

（m）

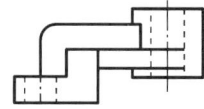

（n）

续图 1-2-123

103. 标注图 1-2-124 所示各组合体的尺寸(尺寸数值在图中量取,按 1:1 的比例取整数)。

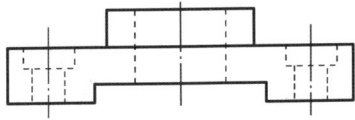

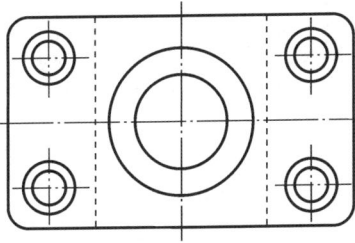

（a）

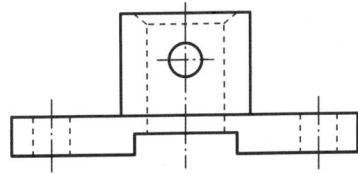

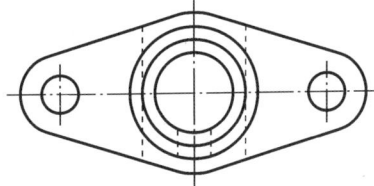

（b）

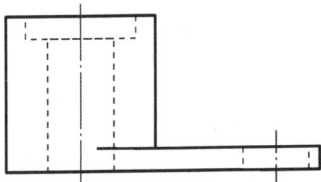

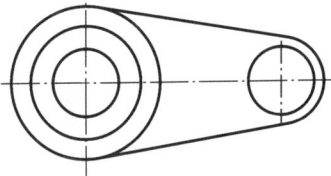

（c）

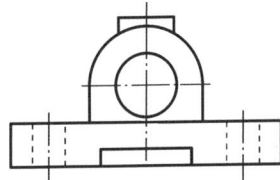

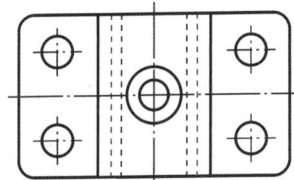

（d）

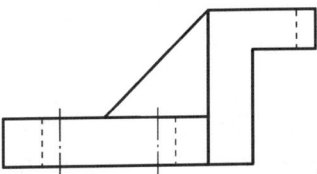

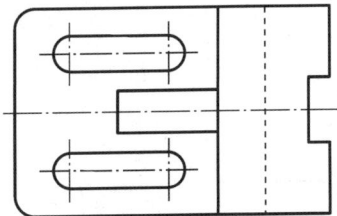

（e）

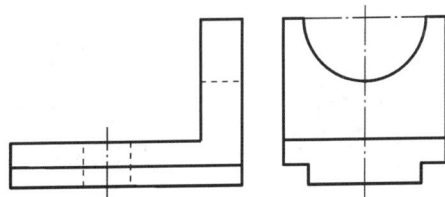

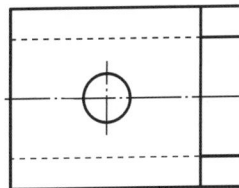

（f）

图 1-2-124

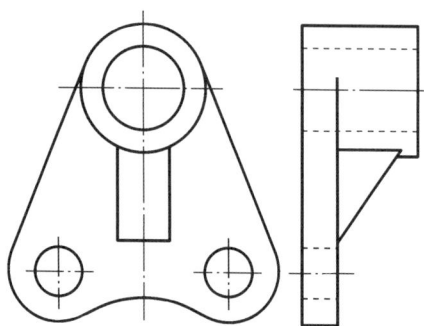 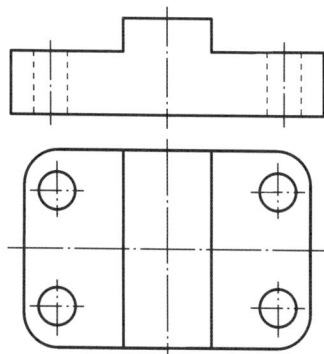

（g） （h）

续图 1-2-124

104. 审读图 1-2-125 所示各组合体的两视图,并补画第三视图。

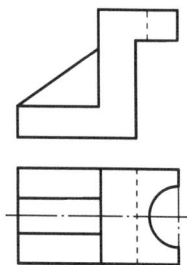 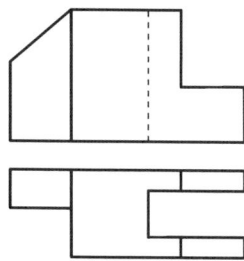

（a） （b）

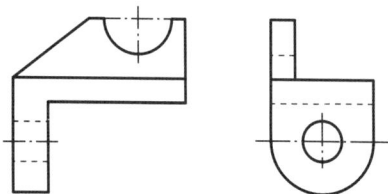 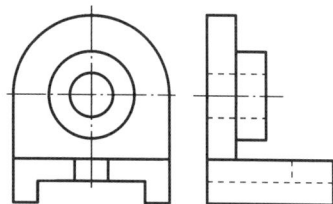

（c） （d）

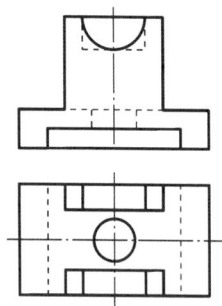 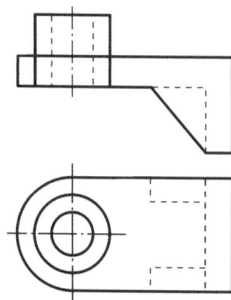

（e） （f）

图 1-2-125

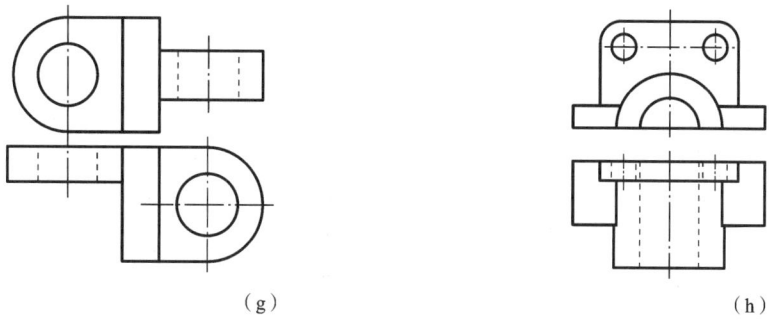

（g）

（h）

续图 1-2-125

105. 画出图 1-2-126 中线框 1 的正面投影及水平投影。线框 1 是（　　　　）面的投影。

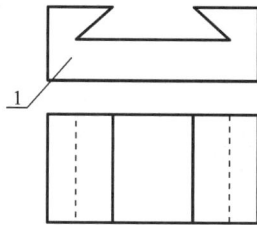

图 1-2-126

106. 审读图 1-2-127 所示各组合体的两视图,并补画三视图。

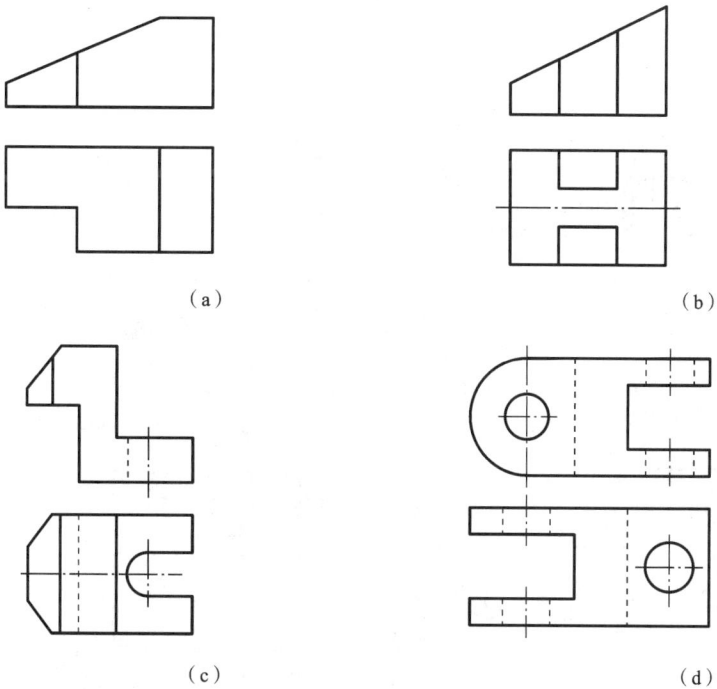

（a）

（b）

（c）

（d）

图 1-2-127

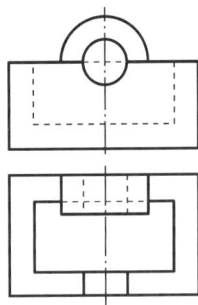

（e）

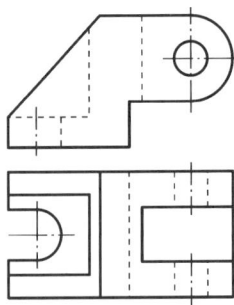

（f）

续图 1-2-127

107. 按形体分析法画出图 1-2-128、图 1-2-129 所示组合体的三视图。

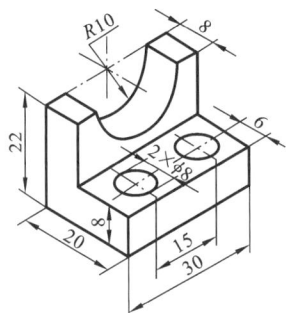

图 1-2-128

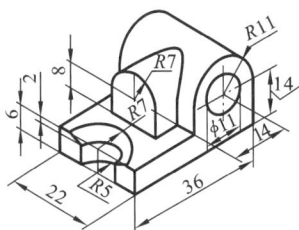

图 1-2-129

108. 根据图 1-2-130 所示立体的三面投影，画出立体的正等轴测图。

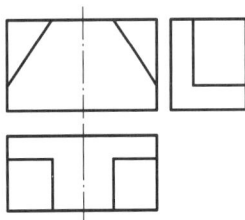

（a）

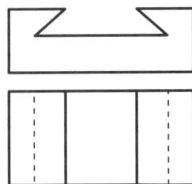

（b）

图 1-2-130

109. 根据图 1-2-131 所示的投影,画出立体的正等轴测图。

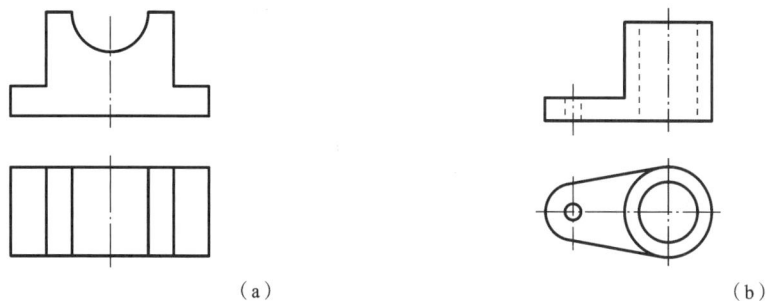

（a）   （b）

图 1-2-131

110. 根据图 1-2-132 所示投影的尺寸,补画出第三面投影,并画出立体的正等轴测图。

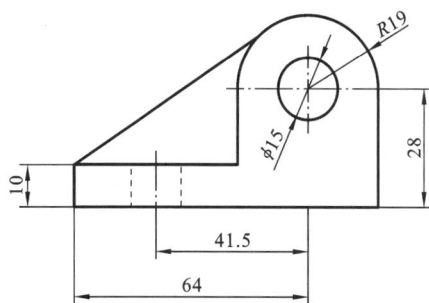

图 1-2-132

111. 根据图 1-2-133 所示各视图,绘制物体的正等轴测图。

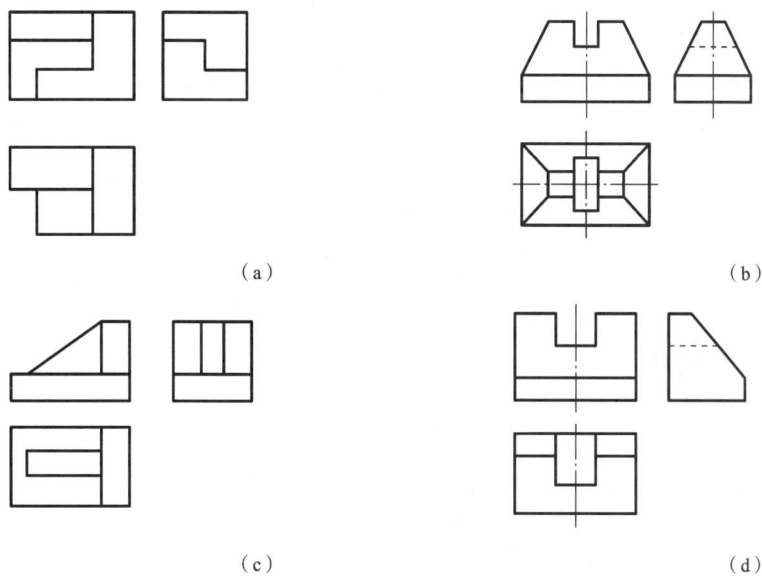

（a）   （b）

（c）   （d）

图 1-2-133

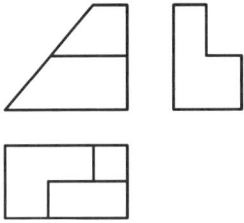

(e)

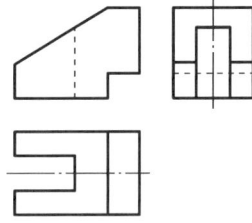

(f)

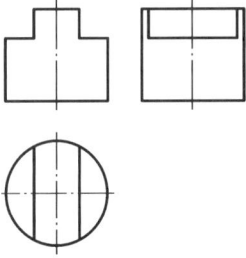

(g)

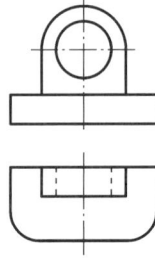

(h)

续图 1-2-133

练习 1-3　图样的基本表示法

一、单项选择题

1. 视图通常包括(　　)。

A. 基本视图、向视图、局部视图和断面图　　B. 基本视图、向视图、局部视图和剖视图

C. 基本视图、向视图、局部视图和斜视图　　D. 剖视图、断面图、局部放大图和斜视图

2. 根据有关标准和规定,视图是用(　　)所绘制出物体的图形。

A. 基本投影　　　　B. 正投影法　　　　C. 向视图　　　　D. 斜视图

3. 基本视图包括(　　)。

A. 前视图、左视图、俯视图、右视图、仰视图、后视图

B. 主视图、左视图、俯视图、右视图、仰视图、后视图

C. 主视图、左视图、俯视图、右视图、仰视图、背视图

D. 前视图、左视图、俯视图、右视图、仰视图、背视图

4. 主视图是由(　　)。

A. 前向后投射所得的视图　　　　　　B. 左向右投射所得的视图

C. 上向下投射所得的视图　　　　　　D. 右向左投射所得的视图

5. 左视图是由(　　)。

A. 前向后投射所得的视图　　　　　　B. 下向上投射所得的视图

C. 左向右投射所得的视图　　　　　　D. 右向左投射所得的视图

6. 俯视图是由(　　)。

A. 前向后投射所得的视图　　　　　　B. 下向上投射所得的视图

C. 左向右投射所得的视图　　　　　　D. 上向下投射所得的视图

7. 右视图是由(　　)。

A. 右向左投射所得的视图　　　　　　B. 后向前投射所得的视图

C. 左向右投射所得的视图　　　　　　D. 上向下投射所得的视图

8. 仰视图是由(　　)。

A. 右向左投射所得的视图　　　　　　B. 后向前投射所得的视图

C. 上向下投射所得的视图　　　　　　D. 下向上投射所得的视图

9. 后视图是由(　　)。

A. 前向后投射所得的视图　　　　　　B. 后向前投射所得的视图

C. 左向右投射所得的视图　　　　　　D. 右向左投射所得的视图

10. 除后视图外,其他视图靠近主视图的一边是物体的后面,远离主视图的一边是物体的(　　)。

A. 上面　　　　　　B. 下面　　　　　　C. 后面　　　　　　D. 前面

11. 在绘制机械图样时,一般并不需要将物体的六个基本视图全部画出,优先采用( )。

A. 主、右、俯视图　　　　　　　　　　B. 主、左、俯视图

C. 左、仰、俯视图　　　　　　　　　　D. 主、左、右视图

12. 局部视图的断裂边界通常用( )。

A. 波浪线或点画线表示　　　　　　　　B. 虚线或双折线表示

C. 点画线或双折线表示　　　　　　　　D. 波浪线或双折线表示

13. 斜视图一般只画出倾斜部分的局部形状,其断裂边界用( )。

A. 虚线表示　　　B. 双折线表示　　　C. 点画线表示　　　D. 波浪线表示

14. 不是剖视图剖面符号的作用的是( )。

A. 明显地区分切到与未切到部分,增强剖视的层次感

B. 识别相邻零件的形状结构及其装配关系

C. 区分材料的类别

D. 区分结构

15. 剖面符号用通用剖面线表示。通用剖面线是与图形的主要轮廓线或剖面区域的对称中心线成( )。

A. 15°　　　　　　B. 30°　　　　　　C. 45°　　　　　　D. 60°

16. 通用剖面线间距约为( )。

A. 2 mm　　　　　B. 3 mm　　　　　C. 4 mm　　　　　D. 5 mm

17. 通用剖面线用( )。

A. 相等的粗实线　　B. 相等的细实线　　C. 相等的粗虚线　　D. 相等的细虚线

18. 非金属材料的剖面符号为( )。

A. ▨　　　　　　B. ▨　　　　　　C. ▨　　　　　　D. ▨

19. 剖视图标注的内容有( )。

A. 剖切符号、投影面、剖视图的名称　　B. 剖切符号、投射方向、剖视图的名称

C. 剖切面、投射方向、剖视图的名称　　D. 剖切符号、投影关系、剖视图的名称

20. 在剖视图的上方标注剖视图的名称( )。

A. 用大小写拉丁字母"X—x"　　　　　B. 用大写拉丁字母"X—X"

C. 用小写拉丁字母"x—x"　　　　　　D. 用小大写拉丁字母"x—X"

21. 剖视图中省略或简化标注的条件是( )。

A. 当单一剖切面通过物体的对称面或基本对称面,且剖视图按投影关系配置,中间又有其他图形隔开时

B. 当剖视图按投影关系配置,中间又没有其他图形隔开时

C. 当剖视图按投影关系配置,中间又有其他图形隔开时

D. 当单一剖切面通过物体的对称面或基本对称面,且剖视图按投影关系配置,中间又没有其他图形隔开时

22. 在半剖视图中,剖视部分的位置在主视图中,位于对称中心线的(　　)。

A. 上侧　　　　　　B. 下侧　　　　　　C. 左侧　　　　　　D. 右侧

23. 在半剖视图中,剖视部分的位置在俯视图中,位于对称中心线的(　　)。

A. 上侧　　　　　　B. 下侧　　　　　　C. 左侧　　　　　　D. 右侧

24. 在半剖视图中,剖视部分的位置在左视图中,位于对称中心线的(　　)。

A. 上侧　　　　　　B. 下侧　　　　　　C. 左侧　　　　　　D. 右侧

25. 由于物体的内部形状已在半剖视中表达清楚,所以半个视图中的_____通常可省略,但对孔、槽等结构需用_____表示其中心位置。(　　)

A. 粗虚线　粗点画线　　　　　　　　　B. 粗虚线　细点画线

C. 细虚线　粗点画线　　　　　　　　　D. 细虚线　细点画线

26. 对于那些在半剖视中不易表达的部分,可在视图中以(　　)的方式表达。

A. 全剖　　　　　　B. 半剖　　　　　　C. 局部剖视　　　　D. 斜剖视

27. 当物体基本上对称,且不对称部分已在其他视图中表达清楚时,也可画成(　　)。

A. 全剖　　　　　　B. 半剖　　　　　　C. 局部剖视　　　　D. 斜剖视

28. 当物体只有局部内形需要表示,而又不宜采用全剖视时,可采用(　　)。

A. 全剖　　　　　　B. 半剖　　　　　　C. 局部剖视　　　　D. 斜剖视

29. 当对称物体的内部(或外部)轮廓线与对称中心线重合而不宜采用半剖视时,可采用(　　)。

A. 全剖　　　　　　B. 半剖　　　　　　C. 局部剖视　　　　D. 斜剖视

30. 用几个平行的剖切平面或几个相交的剖切平面也可以获得(　　)。

A. 全剖图　　　　　B. 半剖图　　　　　C. 局部剖视图　　　D. 斜剖视图

31. 标注剖视图的名称时,一般应在剖视图上方用(　　)注出剖视图的名称。

A. 大写拉丁字母或阿拉伯数字　　　　　B. 小写拉丁字母或阿拉伯数字

C. 大写拉丁字母或阿拉伯字母　　　　　D. 小写拉丁数字或阿拉伯数字

32. 剖面线应以适当角度的细实线,最好与主要轮廓线或剖面区域的对称线成(　　)。

A. 15°　　　　　　　B. 30°　　　　　　C. 45°　　　　　　D. 60°

33. 在不致引起误解时,对称物体的视图可只画(　　),并在对称中心线的两端画出对称符号。

A. 一半或五分之一　　　　　　　　　　B. 一半或三分之一

C. 一半或四分之一　　　　　　　　　　D. 三分之一或四分之一

34. 在需要表示位于剖切面前的结构时,这些结构可假想地用(　　)绘制。

A. 波浪线　　　　　B. 双折线　　　　　C. 细双点画线　　　D. 细点画线

35. 第一角画法的左视图在主视图的(　　)。

A. 上方　　　　　B. 下方　　　　　C. 左方　　　　　D. 右方

36. 第一角画法的俯视图在主视图的(　　)。

A. 上方　　　　　B. 下方　　　　　C. 左方　　　　　D. 右方

37. 第一角画法的右视图在主视图的(　　)。

A. 上方　　　　　B. 下方　　　　　C. 左方　　　　　D. 右方

38. 第一角画法的仰视图在主视图的(　　)。

A. 上方　　　　　B. 下方　　　　　C. 左方　　　　　D. 右方

39. 第一角画法的后视图在左视图的(　　)。

A. 上方　　　　　B. 下方　　　　　C. 左方　　　　　D. 右方

40. 第三角画法的主、后视图,与第一角画法的主、后视图位置(　　)。

A. 一致　　　　　B. 前后对调　　　　　C. 上下对调　　　　　D. 左右颠倒

41. 第三角画法与第一角画法的主要区别是视图的配置关系不同。第三角画法的左视图、俯视图、右视图、仰视图靠近主视图的一边(里边),均表示物体的(　　)。

A. 前面　　　　　B. 后面　　　　　C. 上面　　　　　D. 下面

42. 第一角画法的投射顺序是(　　)。

A. 人→图→物　　　B. 人→物→图　　　C. 物→人→图　　　D. 物→图→人

43. 第三角画法的投射顺序是(　　)。

A. 人→图→物　　　B. 人→物→图　　　C. 物→人→图　　　D. 物→图→人

二、判断题

1. 当物体的结构形状比较复杂时,仅用三视图是难以把它们的内、外形状完整、清晰地表达出来时。国家标准规定了视图、剖视图、断面图、局部放大图及简化画法等基本表示法。

(　　)

2. 视图通常包括基本视图、向视图、局部视图和斜视图。　　　　　　　(　　)

3. 将物体向基本投影面投射所得的视图,称为基本视图。　　　　　　　(　　)

4. 右视图是由左向右投射所得的视图。　　　　　　　　　　　　　　(　　)

5. 仰视图是由上向下投射所得的视图。　　　　　　　　　　　　　　(　　)

6. 后视图是由前向后投射所得的视图。　　　　　　　　　　　　　　(　　)

7. 六个基本视图一律注图名。六个基本视图仍符合"长对正、高平齐、宽相等"的投影规律。　　　　　　　　　　　　　　　　　　　　　　　　　　　(　　)

8. 除后视图外,其他视图靠近主视图的一边是物体的后面,远离主视图的一边是物体的前面。　　　　　　　　　　　　　　　　　　　　　　　　　　　(　　)

9. 当绘制机械图样时,一般并不需要将物体的六个基本视图全部画出,而是根据物体的结构特点和复杂程度,选择适当的基本视图。优先采用主、右、俯视图。　　(　　)

10. 向视图是不可以自由配置的基本视图。　　　　　　　　　　　　(　　)

11. 向视图是基本视图的一种表达形式。向视图与基本视图的主要区别在于视图的配

置形式不同。　　　　　　　　　　　　　　　　　　　　　　　（　　）

12. 将物体的某一部分向基本投影面投射所得的视图,称为局部视图。　　　（　　）

13. 画局部视图时,局部视图的断裂边界通常以波浪线或双折线表示。　　　（　　）

14. 局部视图可按基本视图的位置配置,也可按向视图的配置形式配置并标注,即在局部视图上方标出视图的名称"X"(大写拉丁字母),在相应的视图附近用箭头指明投射方向,并注上同样的字母。　　　　　　　　　　　　　　　　　　　　　　　　　　（　　）

15. 当所表示的局部结构是完整的,且外轮廓又封闭时,波浪线可省略不画。　（　　）

16. 当局部视图按基本视图的形式配置,中间又无其他图形隔开时,可省略标注。

　　　　　　　　　　　　　　　　　　　　　　　　　　　　　　　　　（　　）

17. 将物体向平行于基本投影面的平面投射所得的视图,称为斜视图。　　　（　　）

18. 斜视图通常用于表达物体上的倾斜部分。　　　　　　　　　　　　　　（　　）

19. 斜视图一般只画出倾斜部分的局部形状,其断裂边界用波浪线表示,并通常按向视图的配置形式配置并标注。　　　　　　　　　　　　　　　　　　　　　（　　）

20. 允许将斜视图旋转配置,但这时表示该视图名称的大写拉丁字母要靠近旋转符号的箭头端,也允许将旋转角度标注在字母之后。　　　　　　　　　　　　　　（　　）

21. 斜视图旋转配置,旋转符号的箭头指向应与实际旋转方向一致。　　　　（　　）

22. 旋转符号是一个半圆,其半径应大于字体高度。　　　　　　　　　　　（　　）

23. 当物体的内部结构比较复杂时,视图中就会有较多的虚线。这些虚线与虚线、虚线与实线相互交错重叠,既不利于画图,也不利于看图和标注尺寸。　　　　　　　（　　）

24. 假想用剖切面剖开物体,将处在观察者和剖切面之间的部分移去,而将其余部分向投影面投射所得的图形,称为剖视图。　　　　　　　　　　　　　　　　　　　（　　）

25. 主视图采用了剖视图的画法,原来不可见的部分变成了可见,但视图中的细虚线在剖视图中仍然应画成细虚线。　　　　　　　　　　　　　　　　　　　　　（　　）

26. 主视图采用了剖视图的画法,原来不可见的部分变成了可见,但视图中的细虚线在剖视图中可以画成粗实线,但要在剖面区域内画出规定的剖面符号。　　　　　　　（　　）

27. 剖面符号的作用是明显地区分切到与未切到部分,增强剖视的层次感。　（　　）

28. 剖面符号的作用是识别相邻零件的尺寸、形状结构及其装配关系。　　　（　　）

29. 剖面符号的作用是区分材料的类别。　　　　　　　　　　　　　　　　（　　）

30. 剖面符号用通用剖面线表示。通用剖面线是与图形的主要轮廓线或剖面区域的对称中心线成 30°,且间距(约 3 mm)相等的细实线,向左或向右倾斜均可。　　　（　　）

31. 剖面符号用通用剖面线表示。通用剖面线是与图形的主要轮廓线或剖面区域的对称中心线成 45°,且间距(约 5 mm)相等的细实线,向左或向右倾斜均可。　　　（　　）

32. 剖面符号用通用剖面线表示。通用剖面线是与图形的主要轮廓线或剖面区域的对称中心线成 45°,且间距(约 3 mm)相等的细实线,但不能倾斜。　　　　　（　　）

33. 同一物体的各个剖面区域,其剖面线的方向及间隔应一致。　　　　　（　　）

34. 当要在剖面区域中表示物体的材料类别时,应根据国家标准《机械制图 剖面区域的表示法》(GB/T 4457.5—2013)的规定绘制,金属材料的剖面符号与通用剖面线一致。
（   ）

35. 剖面符号仅表示材料的类别,材料的名称和代号需在机械图样中另行注明。（   ）

36. 剖面符号   为金属材料剖面。   （   ）

37. 剖面符号   为金属材料剖面。   （   ）

38. 剖面符号   为型砂、填砂、粉末冶金、砂轮、陶瓷刀片、硬质合金刀片等材料的剖面。   （   ）

39. 在画剖视图时,应将剖切位置、剖切后的投射方向和剖视图名称标注在相应的视图上。   （   ）

40. 在画剖视图时,标注的内容有剖切符号、投射方向和剖视图的名称三项。（   ）

41. 当标注剖视图时,剖切符号是指示剖切面的起、迄和转折位置的符号(线长 5～8 mm 的细实线),并尽可能不与图形的轮廓线相交。   （   ）

42. 当标注剖视图时,投射方向是指在剖切符号的两端外侧,用箭头指明剖切后的投射方向。   （   ）

43. 当标注剖视图时,剖视图的名称是指在剖视图的上方用小写拉丁字母标注剖视图的名称"×—×",并在剖切符号的一侧注上同样的字母。   （   ）

44. 当单一剖切平面通过物体的对称面或基本对称面,且剖视图按投影关系配置,中间又没有其他图形隔开时,可以省略标注。   （   ）

45. 当剖视图按投影关系配置,中间又没有其他图形隔开时,可以省略箭头。（   ）

46. 因为剖视图是物体被剖切后剩余部分的完整投影,所以凡是剖切面后面的可见轮廓线应全部画出,不得遗漏。   （   ）

47. 在剖视图中,表示物体不可见部分的粗实线,一般情况下省略不画;在其他视图中,若不可见部分已表达清楚,细虚线也可省略不画。   （   ）

48. 剖切面一般应通过物体的对称面、基本对称面或内部孔、槽的轴线,并与投影面平行。剖切面通过物体的前后对称面,且平行于正面。   （   ）

49. 由于剖视图是一种假想画法,并不是真的将物体切去一部分,因此当物体的一个视图画成剖视图后,其他视图应该完整地画出。   （   ）

50. 根据剖开物体的范围,剖视图可分为全剖视图、半剖视图、局部剖视图和斜剖视图。
（   ）

51. 国家标准规定,剖切面可以是平面,也可以是曲面,还可以是立体的;可以是单一的剖切面,也可以是组合的剖切面。   （   ）

52. 绘剖视图时,应根据物体的结构特点,恰当地选用单一剖切面、几个平行的剖切面或几个相交的剖切面(交线垂直于某一投影面),绘制物体的全剖视图、半剖视图或局部剖视图。
(　　)

53. 用剖切面完全地剖开物体所得的剖视图,称为全剖视图,简称全剖视。全剖视主要用于表达外形简单、内部结构比较复杂而又对称的物体。　(　　)

54. 单一剖切面通常指平面或柱面。　(　　)

55. 用单一斜剖切面完全地剖开物体得到的全剖视图,主要用于表达物体上倾斜部分的结构形状。　(　　)

56. 用单一斜剖切面获得的剖视图,一般按投影关系配置,也可将剖视图旋转到适当位置。　(　　)

57. 用单一斜剖切面获得的剖视图,必要时允许将图形旋转配置,但必须标注旋转符号。对此类剖视图必须进行标注,不能省略。　(　　)

58. 当物体有若干不在同一平面上而又需要表达的内部结构时,可采用几个平行的剖切面剖开物体。剖切面必须是某一投影面的平行面,各剖切面的转折处成直角。　(　　)

59. 用几个平行的剖切面剖切时,在剖视图的上方,用大写拉丁字母标注图名"X—X",在剖切面的起、迄和转折处画出剖切符号,并标注上相同的字母。　(　　)

60. 用几个平行的剖切面剖切时,当剖视图按投影关系配置,中间又没有其他图形隔开时,允许省略箭头。　(　　)

61. 用几个平行的剖切面剖切时,在剖视图中可以出现不完整的结构要素。在剖视图中不应画出剖切面转折处的界线,且剖切面的转折处也不应与视图中的轮廓线重合。　(　　)

62. 几个相交剖切面(包括平面或柱面)的交线,必须垂直于某一基本投影面。　(　　)

63. 用几个相交的剖切面剖切时,先旋转,再切开。　(　　)

64. 用几个相交的剖切面剖切时,剖切面后的其他结构,一般仍按原来的位置进行投射。
(　　)

65. 用几个相交的剖切面剖切时,剖切平面的交线应与物体的回转轴线平行。　(　　)

66. 用几个相交的剖切面剖切时,必须对剖视图进行标注,其标注形式及内容,与几个平行平面剖切的剖视图相同。　(　　)

67. 当物体具有垂直于投影面的对称平面时,在该投影面上投射所得的图形,可以对称中心线为界,一半画成剖视图,另一半画成视图,这种组合的图形称为半剖视图,简称半剖视。
(　　)

68. 半剖视图主要用于内、外形状都需要表达的对称物体。　(　　)

69. 画半剖视时,视图部分和剖视图部分必须以细点画线为界。　(　　)

70. 在半剖视主视图中,剖视部分位于对称中心线的左侧。　(　　)

71. 在半剖视俯视图中,剖视部分位于对称中心线的上方。　(　　)

72. 在半剖视左视图中,剖视部分位于对称中心线的左侧。　(　　)

73. 当画半剖视图时,由于物体的内部形状已在半剖视中表达清楚,所以半个视图中的

细实线通常可省略,但对孔、槽等结构需用细点画线表示其中心位置。 （　　）

74. 当画半剖视图时,对于那些在半剖视中不易表达的部分,可在视图中以局部剖视的方式表达。 （　　）

75. 当画半剖视图时,半剖视图的标注方法与全剖视图的相同,但剖切符号应画在图形轮廓线内。 （　　）

76. 当半剖视图中标注对称结构的尺寸时,由于结构形状未能完整显示,尺寸线应略超过对称中心线,并只在另一端画出箭头。 （　　）

77. 当物体基本上对称,且不对称部分已在其他视图中表达清楚时,也可画成半剖视图。 （　　）

78. 用几个平行的剖切面或几个相交的剖切面也可以获得半剖视图。 （　　）

79. 用剖切面局部地剖开物体所得的剖视图,称为局部剖视图,简称局部剖视。 （　　）

80. 当物体只有局部内形需要表示,而又不宜采用全剖视时,可采用局部剖视表达。 （　　）

81. 画局部剖视时,当被剖结构为回转体时,不允许将该结构的轴线作为局部剖视与视图的分界线。 （　　）

82. 画局部剖视时,当对称物体的内部或外部轮廓线与对称中心线重合而不宜采用半剖视时,可采用局部剖视。 （　　）

83. 画局部剖视时,局部剖视的视图部分和剖视部分以波浪线分界。波浪线可以与其他图线重合。波浪线要画在物体的实体部分轮廓内,不应超出视图的轮廓线。 （　　）

84. 画局部剖视时,对于剖切位置明显的局部剖视,一般应予标注。必要时,可按全剖视的标注方法标注。 （　　）

85. 用几个平行的剖切面或几个相交的剖切面也可以获得局部剖视图。 （　　）

86. 斜剖视图是一种特殊的剖视图,它使用平行于任何基本投影面的剖切平面来剖开机件,从而得到的视图。 （　　）

87. 斜剖视图主要用于表达机件上倾斜部分的真实形状。 （　　）

88. 当画斜剖视图确定剖切面的位置时,剖面应通过倾斜的内部结构的中心线,且平行于某基本投影面。 （　　）

89. 当画斜剖视图画出剖切后的剖面区域时,选择与某一个基本投影面垂直的辅助平面将机件假想剖开。 （　　）

90. 当画斜剖视图画出剖切面后面的可见轮廓线时,在剖切面后面,画出不可见部分的轮廓线。 （　　）

91. 当画斜剖视图时,在剖面区域内应画上剖面符号以表示物体的材料,并完成其他视图。 （　　）

92. 在标注斜剖视图的名称时,一般应在剖视图上方注出剖视图的名称"X—X"(X为大写拉丁字母或阿拉伯数字,如"A—A")。 （　　）

93. 在标注斜剖视图的剖切符号和投射方向时,剖切符号尽可能与图形轮廓线相交。当剖视图按投影关系配置,中间没有其他图形隔开时,可省略箭头。 （ ）

94. 当画斜剖视图的剖面线时,剖面线应以适当角度的细虚线,最好与主要轮廓线或剖面区域的对称线成 45°。对于同一物体,各视图中的剖面线应画成方向相同、间隔相等。

（ ）

95. 斜剖视图主要用于表达机件上的倾斜部分,特别是在基本视图中不易表达清楚的倾斜结构。 （ ）

96. 通过斜剖视图,可以更清晰地展示这些倾斜部分的真实结构和尺寸。 （ ）

97. 通过斜剖视图,可以更加直观地理解和表达复杂机件的形状特点。 （ ）

98. 画各种剖视图时,对于物体上的肋板、轮辐及薄壁等结构,若纵向剖切,则这些结构都要画剖面符号,而用粗实线将它们与邻接部分分开。 （ ）

99. 回转体上均匀分布的肋板、孔等结构不处于剖切面上时,可假想将这些结构旋转到剖切平面上画出;对均匀分布的孔,可只画出一个,用对称中心线表示其他孔的位置即可。

（ ）

100. 当剖切面通过辐条的基本轴线(即纵向剖切)时,剖视图中辐条部分要画剖面符号,且不论辐条数量是奇数还是偶数,在剖视图中都要画成对称的。 （ ）

101. 国家标准规定的剖切面有:单一剖切面、几个平行的剖切面、几个相交的剖切面(交线垂直于某一投影面)。（ ）

102. 单一剖切面包括平行于基本投影面的单一剖切面和不平行于基本投影面的单一剖切面两种。 （ ）

103. 全剖视图、半剖视图、局部剖视图和斜剖视图都是用平行于基本投影面的单一剖切面剖开机件而得到的剖视图。 （ ）

104. 绘制用不平行于基本投影面的单一斜剖切面剖切的全剖视图一般应与倾斜部分保持投影关系。 （ ）

105. 当机件上具有几种不同的结构要素(如孔、槽等),且它们的中心线排列在相互平行的平面上时,宜采用几个平行的剖切面剖切。 （ ）

106. 几个平行的剖切面剖切适合用于表达外形较复杂、内形较简单且难以用单一剖切面表达的机件。 （ ）

107. 当采用几个平行的剖切面画剖视图时,两个剖切面的转折处必须是直角,且转折处应画出轮廓线。 （ ）

108. 当采用几个平行的剖切面画剖视图时,几个平行的剖切面得到的剖视图必须标注,即在剖切面的起讫和转折处,要用相同的字母及剖切符号表示剖切位置,并在起讫外侧画上箭头来表示投射方向。 （ ）

109. 当采用几个平行的剖切面画剖视图时,剖切面的转折处应与视图中的轮廓线重合。

（ ）

110. 当采用几个平行的剖切面画剖视图时,在剖视图中应出现不完整的结构要素。只有当两个要素在图形上具有对称中心线或轴线时,方可各画一半。　　　　　（　　）

111. 当机件的内部结构现状不能用单一剖切面完整表达时,可采用两个或两个以上相交的剖切面剖开机件,并将与投影面倾斜的剖切面剖开的结构及有关部分旋转到与投影面平行后再进行投射。　　　　　（　　）

112. 采用相交的剖切面剖切主要用于表达具有公共旋转轴线的机件内形和盘、轮、盖等机件的成辐射状均匀分布的孔、槽等外部结构。　　　　　（　　）

113. 当采用几个相交的剖切面画剖视图时,相交的剖切面的交线应与机件上旋转轴线重合,并垂直于某一基本投影面,以反映被剖切结构的真实形状。　　　　　（　　）

114. 当采用几个相交的剖切面画剖视图时,剖开的倾斜结构及其有关部分应旋转到与选定的投影面垂直后再投射画出,但在剖切面后的部分结构仍按原来的位置投射画出。　（　　）

115. 当采用几个相交的剖切面画剖视图时,当相交两剖切面剖到机件上的结构出现不完整要素时,则这部分结构做不剖处理。　　　　　（　　）

116. 采用相交的剖切面得到的剖视图必须标注,即在剖切面的起讫和转折处,要用相同的字母及剖切符号表示剖切位置,并在起讫外侧画上与剖切符号垂直相连的箭头表示投射方向。　　　　　（　　）

117. 断面图主要用于表达物体某一局部的断面形状,如物体上的肋板、轮辐、键槽、小孔,以及各种型材的断面形状等。　　　　　（　　）

118. 根据在图样中位置的不同,断面可分为移出断面图和重合断面图。　　　（　　）

119. 假想用剖切平面将物体的某处切断,仅画出该剖切面与物体接触部分的图形,称为断面图,简称断面。　　　　　（　　）

120. 断面图实际上就是使剖切面垂直于结构要素的轮廓线(轴线或主要轮廓线)进行剖切,然后将断面图形旋转 $90°$,使其与纸面重合而得到的。　　　　　（　　）

121. 断面图与剖视图的区别在于:断面图仅画出断面的形状,而剖视图除画出断面的形状外,还要画出剖切面后面物体的完整投影。　　　　　（　　）

122. 画在视图之外的断面图,称为移出断面图,简称移出断面。移出断面的轮廓线用细实线绘制。　　　　　（　　）

123. 画移出断面图时,移出断面应尽量配置在剖切符号或剖切线的延长线上;移出断面不可以配置在其他适当位置。　　　　　（　　）

124. 画移出断面图时,若剖切面通过回转而形成孔(或凹坑)的轴线,则这些结构按剖视图绘制。　　　　　（　　）

125. 画移出断面图时,若剖切面通过非圆孔,会导致出现完全分离的两个断面,则这些结构按剖视图绘制。　　　　　（　　）

126. 画移出断面图时,若断面图的图形对称,则可画在视图的中断处。若移出断面图是由两个或多个相交的剖切面剖切而形成时,则断面图的中间应连续。　　　（　　）

127. 移出断面的标注形式及内容可根据具体情况简化或省略。　　　　（　　）

128. 画在视图之内的断面图,称为重合断面图,简称重合断面。　　　　（　　）

129. 重合断面图的轮廓线用粗实线绘制。　　　　　　　　　　　　　（　　）

130. 画重合断面图时,若重合断面图与视图中的轮廓线重叠,则视图中的轮廓线可连续画出,也可间断。　　　　　　　　　　　　　　　　　　　　　（　　）

131. 重合断面图可省略标注。　　　　　　　　　　　　　　　　　　（　　）

132. 当物体上的细小结构在视图中表达不清楚,或不便于标注尺寸时,可采用局部放大图。　　　　　　　　　　　　　　　　　　　　　　　　　　　　（　　）

133. 将图样中所表示的物体部分结构,用大于原图形的比例所绘出的图形,称为局部放大图。　　　　　　　　　　　　　　　　　　　　　　　　　　　　（　　）

134. 局部放大图的比例,是指该图形中物体要素的线性尺寸与实际物体相应要素的线性尺寸之比,与原图形所采用的比例有关。　　　　　　　　　　　　　（　　）

135. 局部放大图可以画成视图、剖视图和断面图,与被放大部分的原表达方式有关。
　　　　　　　　　　　　　　　　　　　　　　　　　　　　　　　（　　）

136. 当画局部放大图时,局部放大图应尽量配置在被放大部位附近,用细虚线圈出被放大的部位。　　　　　　　　　　　　　　　　　　　　　　　　　　　（　　）

137. 当画局部放大图时,同一物体上有几处被放大的部位,必须用罗马数字依次标明被放大的部位,并在局部放大图的上方标注相应的罗马数字和所采用的比例。　（　　）

138. 当画局部放大图时,物体上只有一处被放大,在局部放大图的上方只需注明所采用的比例。　　　　　　　　　　　　　　　　　　　　　　　　　　　（　　）

139. 当画局部放大图时,同一物体上不同部位的局部放大图,其图形相同或对称时,应该全部画出。　　　　　　　　　　　　　　　　　　　　　　　　　　（　　）

140. 简化画法是包括规定画法、省略画法、示意画法等在内的图示方法。　（　　）

141. 规定画法就是对标准中规定的某些特定表达对象所采用的特殊图示方法。（　　）

142. 当采用简化画法,在不致引起误解时,对称物体的视图可只画一半或四分之一,并在对称中心线的两端画出对称符号(两条与其垂直的平行细实线)。　　　（　　）

143. 当采用简化画法时,为了避免增加视图或剖视,对回转体上的平面可用细虚线绘出对角线表示。　　　　　　　　　　　　　　　　　　　　　　　　　（　　）

144. 当采用简化画法,较长的零件(如轴、杆、型材、连杆等)沿长度方向的形状一致或按一定规律变化时,可断开后(缩短)绘制,其断裂边界可用波浪线绘制,也可用双折线或细单点画线绘制。但在标注尺寸时,要标注零件的实长。　　　　　　　（　　）

145. 当采用简化画法,在需要表示位于剖切面前的结构时,这些结构可假想地用细单点画线绘制。　　　　　　　　　　　　　　　　　　　　　　　　　（　　）

146. 当采用简化画法,在不致引起误解时,图形中的过渡线、相贯线可以简化,可用圆弧或直线代替非圆曲线;也可以采用模糊画法表示相贯线。　　　　　　　（　　）

147. 当采用省略画法时,零件中成规律分布的重复结构,允许只绘制出其中一个或几个完整的结构,但需反映其分布情况,并在零件图中注明重复结构的数量和类型。　　(　　)

148. 当采用省略画法时,对称的重复结构,用细实线表示各对称结构要素的位置。
　　(　　)

149. 当采用省略画法时,不对称的重复结构,用相连的细点画线代替。　　(　　)

150. 当采用省略画法时,若干直径相同且成规律分布的圆孔、螺孔、沉孔等,可以仅画一个或少量几个,其余只需用细双点画线表示其中心位置,但在零件图中要注明孔的总数。　　(　　)

151. 当采用省略画法,在不致引起误解时,零件图中的小圆角、倒角均可省略不画,但必须注明尺寸或在技术要求中加以说明。　　(　　)

152. 示意画法是用规定符号和(或)较形象的图线绘制图样的表意性图示方法。(　　)

153. 当采用示意画法时,零件上的滚花、槽沟等网状结构,应用细实线完全或部分地表示出来,并在图中按规定标注。　　(　　)

154. 用水平和铅垂的两投影面将空间分成四个区域,每个区域为一个分角,分别称为第一分角、第二分角、第三分角和第四分角。　　(　　)

155. 第一角画法是将物体置于第一分角内,并使其处于观察者与投影面之间而得到正投影的方法(即保持人→物体→投影面的位置关系)。　　(　　)

156. 第三角画法是将物体置于第三分角内,并使投影面处于观察者与物体之间而得到正投影的方法(假设投影面是透明的,并保持人→投影面→物体的位置关系)。　　(　　)

157. 采用第三角画法获得的三视图符合多面正投影的投影规律,即主俯视图长相等;主、右视图高平齐;俯、右视图宽对正。　　(　　)

158. 第三角画法的主、后视图,与第一角画法的主、仰视图一致。　　(　　)

159. 第三角画法的左视图和右视图,与第一角画法的左视图和右视图的位置上下对调。
　　(　　)

160. 第三角画法的俯视图和仰视图,与第一角画法的俯视图和仰视图的位置左右颠倒。
　　(　　)

161. 第一角画法与第三角画法都是将物体放在六面投影体系当中,向六个基本投影面进行投射,得到六个基本视图,其视图名称相同。由于六个基本投影面展开方式不同,其基本视图的配置关系不同。　　(　　)

162. 第三角画法的左视图、俯视图、右视图、仰视图靠近主视图的一边(里边),均表示物体的前面;远离主视图的一边(外边),均表示物体的后面,与第一角画法的"外前、里后"正好相反。　　(　　)

163. 为了识别第三角画法与第一角画法,国家标准规定了相应的投影识别符号,符号标在标题栏内(右下角)"名称及代号区"的最上方。　　(　　)

164. 当采用第一角画法时,在图样中一般画出第一角画法的投影识别符号。　　(　　)

165. 当采用第三角画法时,在图样中不必画出第三角画法的投影识别符号。　　(　　)

166. 第三角画法具有近侧配置、识读方便、易于想象空间形状、利于表达物体的细节、尺寸标注相对集中的特点。　　　　　　　　　　　　　　　　　　　　　　　　　（　　）

167. 第一角画法的投射顺序是：人→图→物，这符合人们对影子生成原理的认识。

（　　）

168. 第三角画法的投射顺序是：人→物→图，也就是说人们先看到投影图，后看到物体。具体到六个基本视图中，除后视图外，其他所有视图可配置在相邻视图的近侧，这样识读起来比较方便。　　　　　　　　　　　　　　　　　　　　　　　　　　　　　　　（　　）

169. 在第三角画法中，利用近侧配置的特点，可方便简明地采用各种辅助视图（如局部视图、斜视图等）表达物体的一些细节，只要将辅助视图配置在适当的位置上，一般不需要加注表示投射方向的箭头。　　　　　　　　　　　　　　　　　　　　　　　　　（　　）

170. 在第三角画法中，由于相邻的两个视图中表示物体同一棱边所处的位置比较近，给集中标注机件上某一完整的要素或结构的尺寸提供了可能。　　　　　　　　　　（　　）

171. 如图 1-3-1 所示，在正确的斜视图下方打"√"，在错误的下方打"×"，并说明错误原因。

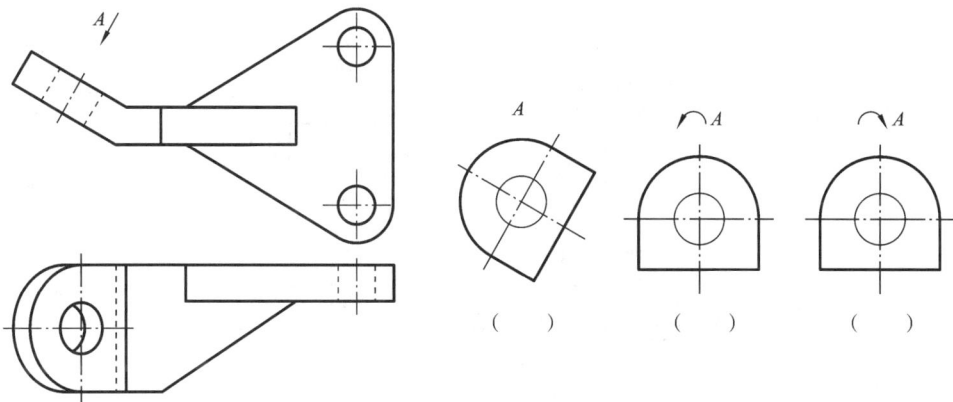

图 1-3-1

172. 如图 1-3-2 所示，选择正确的移出断面图，并在（　　　）内打"√"。

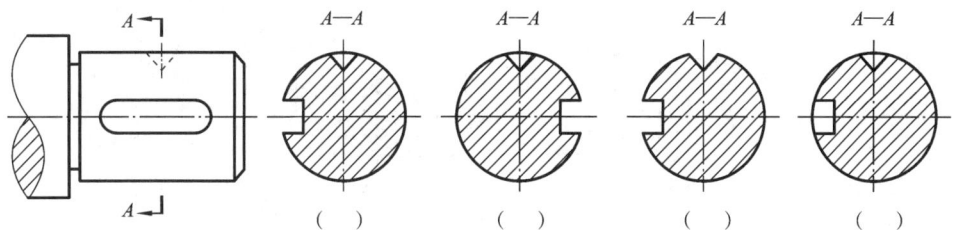

图 1-3-2

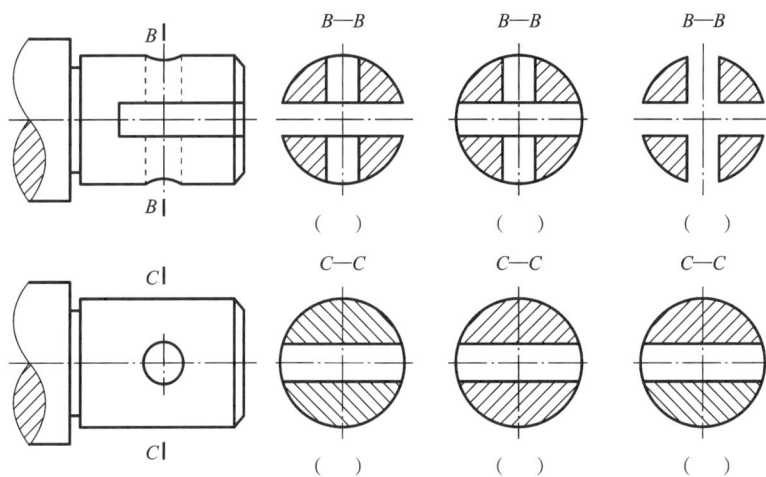

续图 1-3-2

173. 如图 1-3-3 所示,选择正确主视图,并在正确的视图下面打"√"。

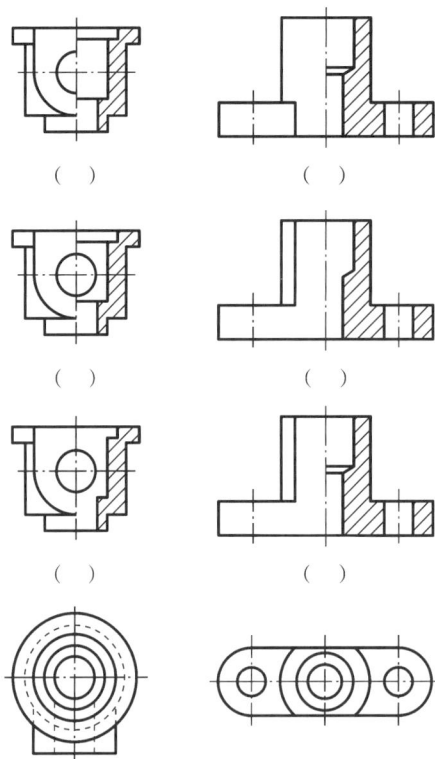

图 1-3-3

174. 如图 1-3-4 所示，指出图中哪个断面图是正确的。

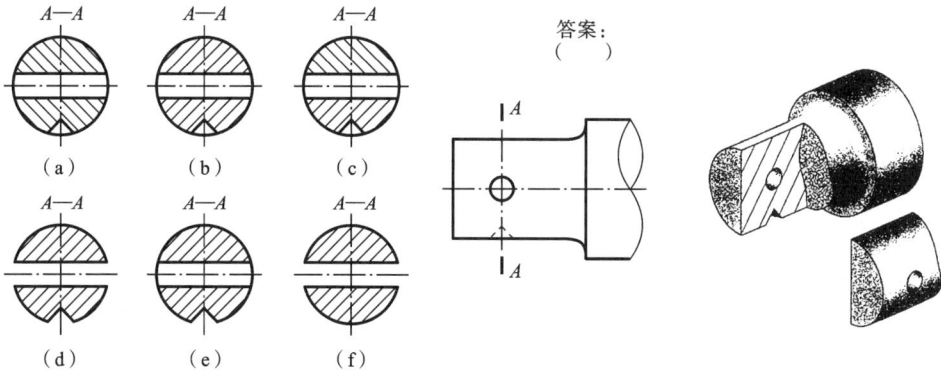

答案：
（　　）

A—A
（a）　　　　A—A
（b）　　　　A—A
（c）

A—A
（d）　　　　A—A
（e）　　　　A—A
（f）

图 1-3-4

三、作图题

1. 如图 1-3-5 所示，补全六个基本视图，并画出所有细虚线。

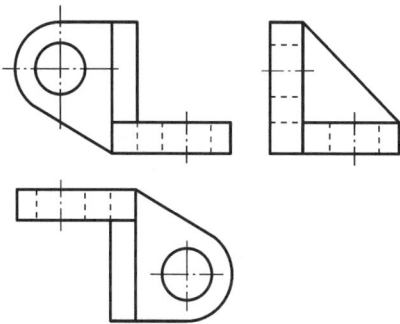

图 1-3-5

2. 如图 1-3-6 所示，在指定位置作出相应的向视图。

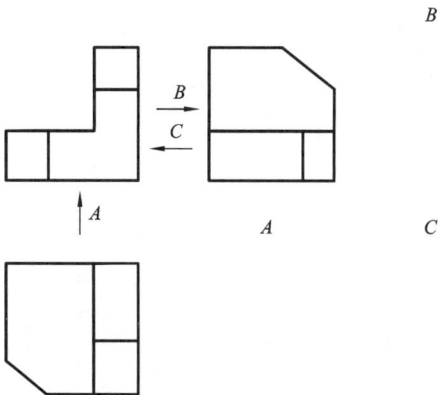

图 1-3-6

3. 如图 1-3-7 所示,看懂三视图,补画其他三个基本视图。

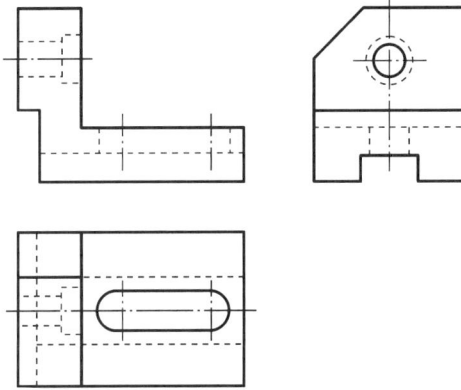

图 1-3-7

4. 画向视图或局部视图和斜视图。

(1) 如图 1-3-8 所示,根据形体三视图,画出右视图和 A 向视图、B 向视图。

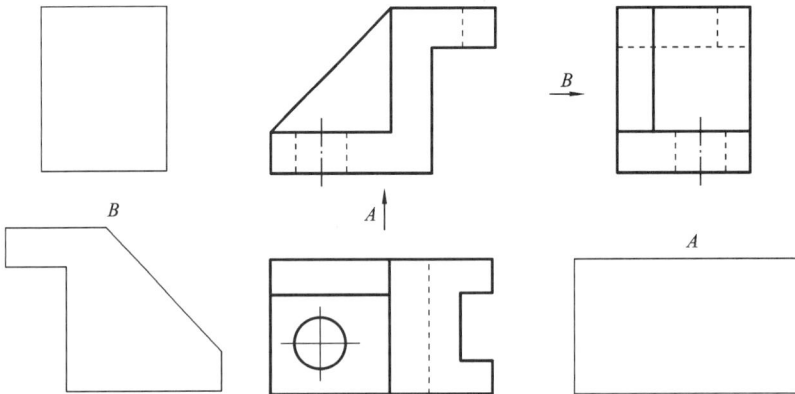

图 1-3-8

（2）如图 1-3-9 所示,根据形体主视图,结合立体图画出局部视图和斜视图。

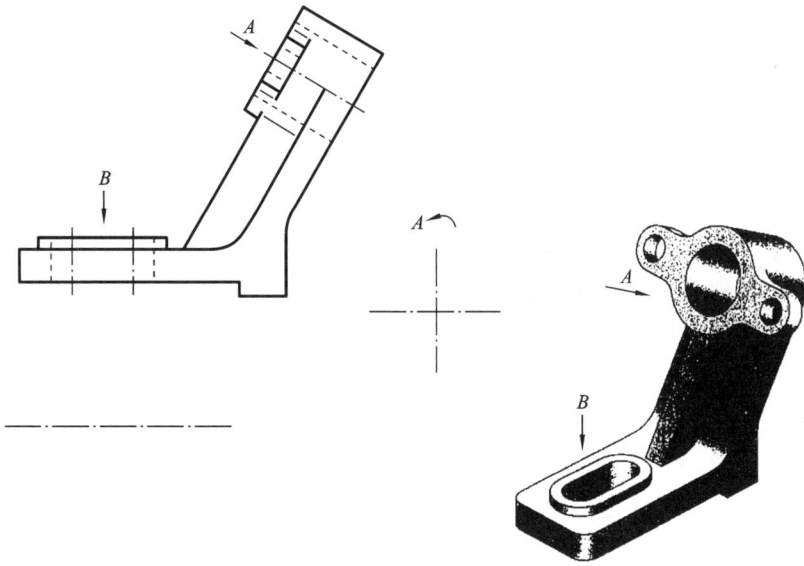

图 1-3-9

5. 如图 1-3-10 所示,画出指定投射方向的斜视图。

1.

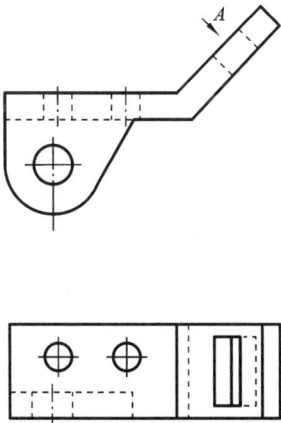

2.

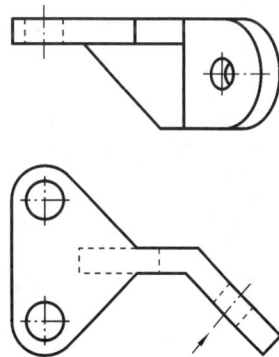

图 1-3-10

6. 如图 1-3-11、图 1-3-12 所示,在规定位置绘制相应的局部视图、斜视图。

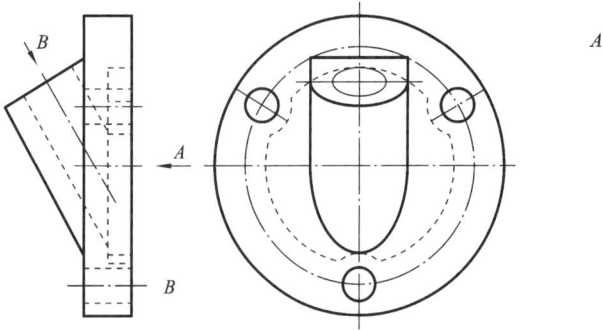

图 1-3-11

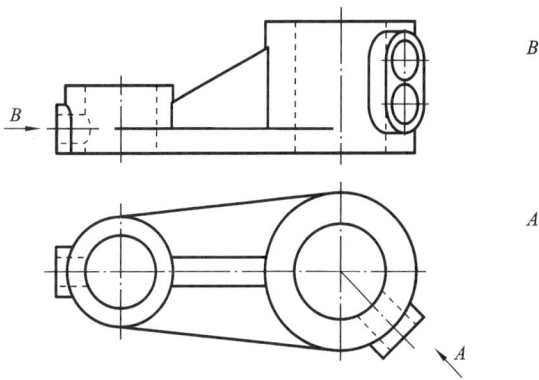

图 1-3-12

7. 如图 1-3-13 所示,将下列剖视图中的错误改正过来(补画漏线或将多余图线打"×")。

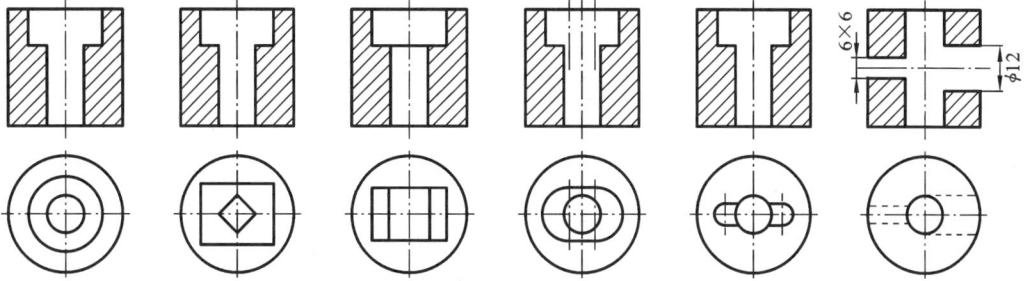

图 1-3-13

8. 如图 1-3-14 所示,补画主视图中的漏线。

9. 如图 1-3-15 所示,补全主视图中的漏线,并将左视图画成全剖视图。

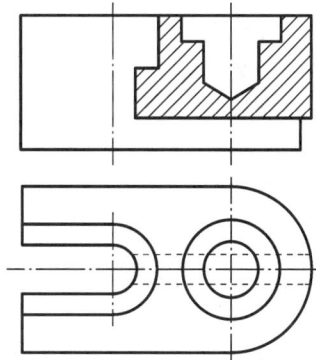

图 1-3-14

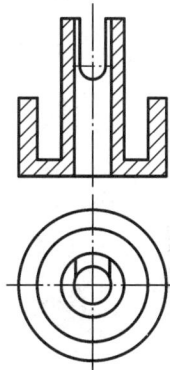

图 1-3-15

10. 如图 1-3-16 所示，观察立体图，根据剖视概念，补全主视图中的漏线。

1.

2.

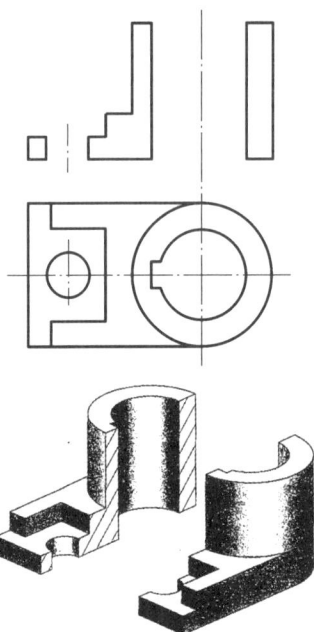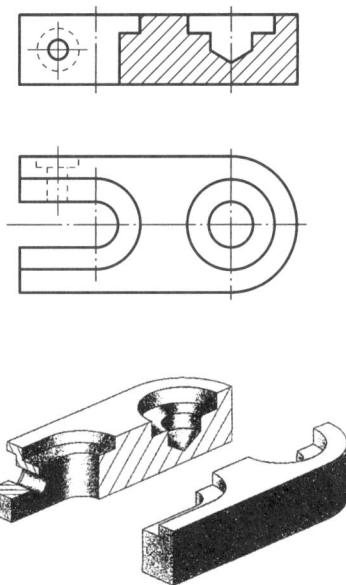

图 1-3-16

11. 如图 1-3-17 所示，完成全剖视的主视图。

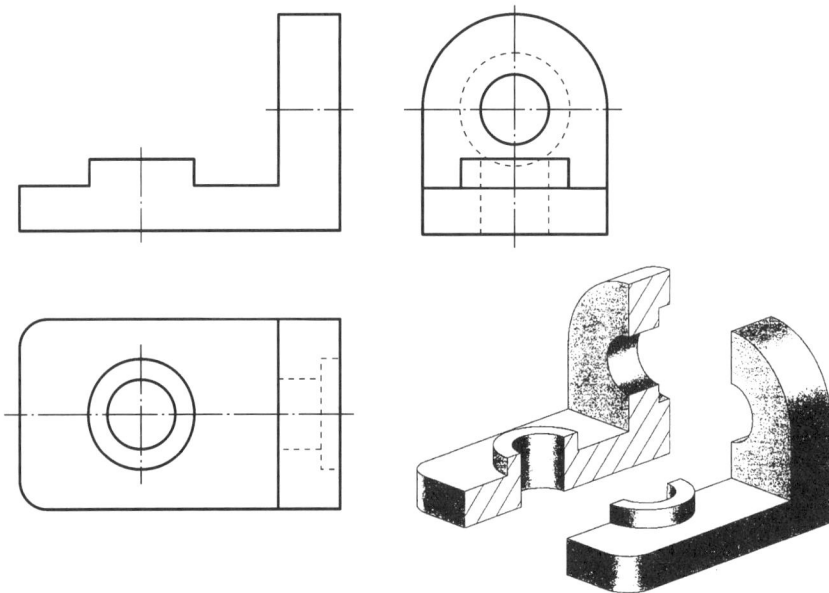

图 1-3-17

12. 画全剖视图。

(1) 如图 1-3-18(a)所示，将主视图画成全剖视图。

(2) 如图 1-3-18(b)所示，作 C—C 全剖视图。

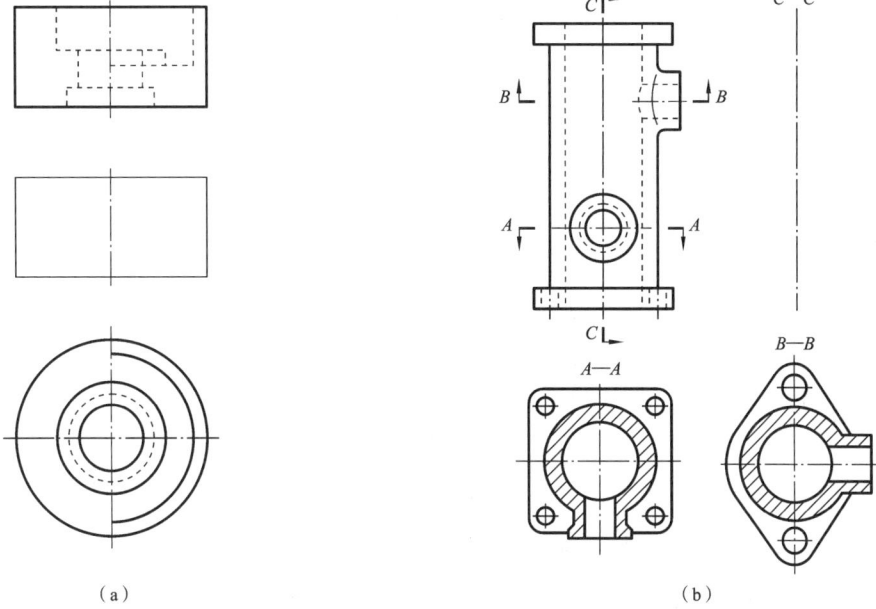

(a)

(b)

图 1-3-18

13. 如图 1-3-19 所示，补画视图中所缺的图线。

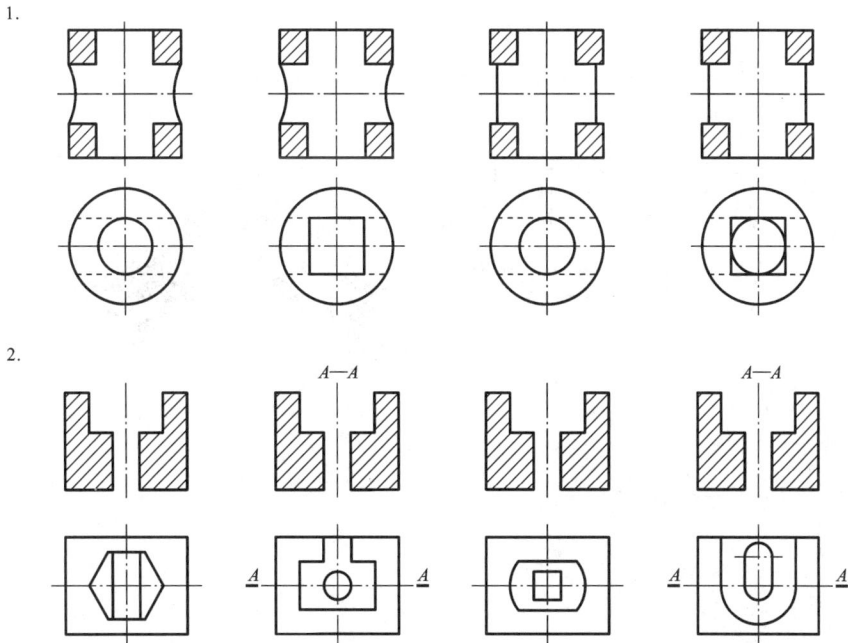

1.

2.

图 1-3-19

14．如图 1-3-20 所示，在指定位置将主视图画成全剖视图。

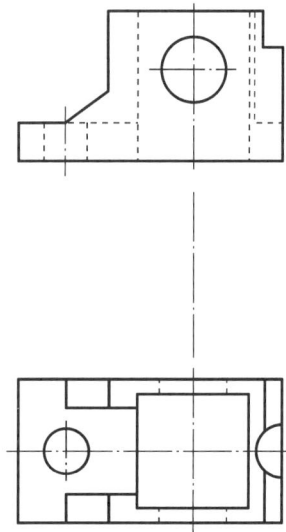

图 1-3-20

15．根据题意补画剖视图和所缺的图线。

（1）如图 1-3-21 所示，将主视图画成半剖视图，左视图画成全剖视图。

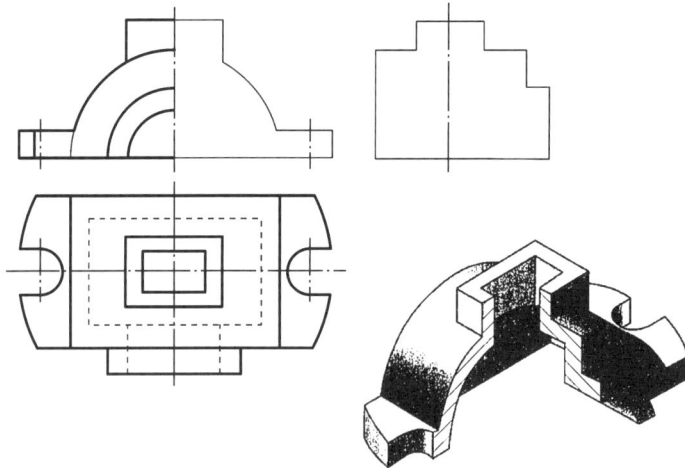

图 1-3-21

（2）如图 1-3-22 所示，补画主视图中所缺的图线。

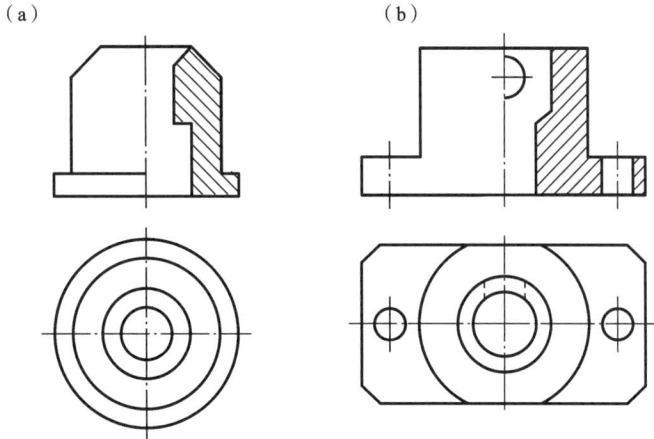

（a）　　　　（b）

图 1-3-22

16．画半剖视图。

（1）如图 1-3-23 所示，将主视图、左视图均画成半剖视图。

（2）如图 1-3-24 所示，将主视图改画成半剖视图，补画全剖视的左视图。

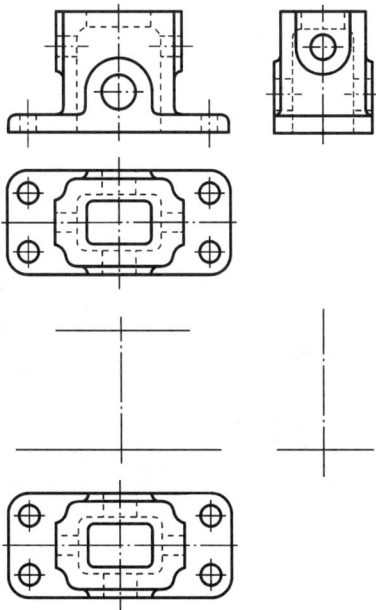

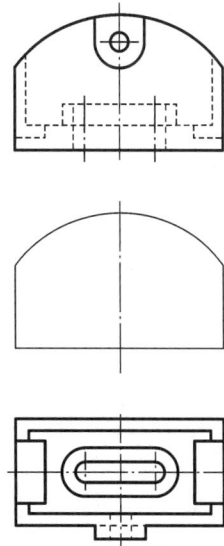

图 1-3-23　　　　　　　　　　　图 1-3-24

17. 如图 1-3-25 所示,在指定位置作 A—A 全剖视图。

18. 如图 1-3-26 所示,在指定位置将主、俯视图画成半剖视图。

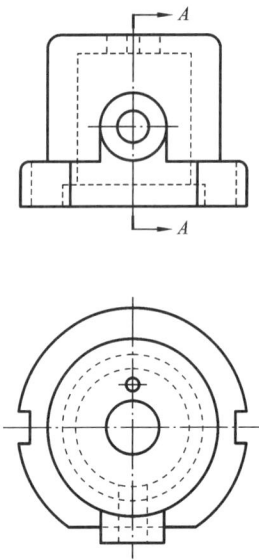

图 1-3-25

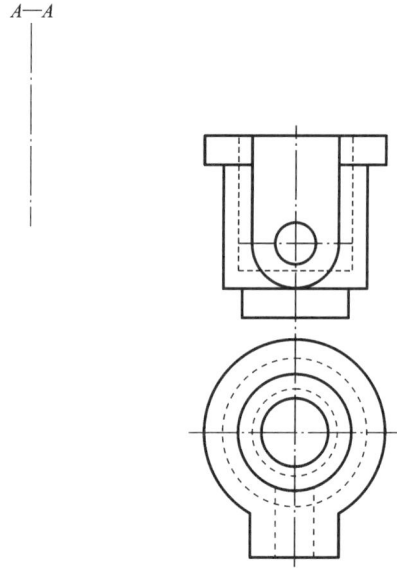

图 1-3-26

19. 如图 1-3-27 所示,在指定位置画出 A—A 半剖视图。

20. 如图 1-3-28 所示,在指定位置将主视图画成半剖视图。

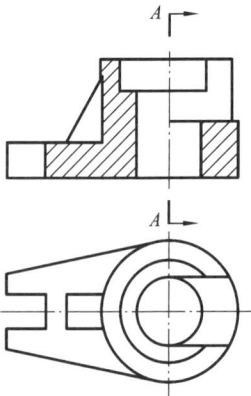

图 1-3-27

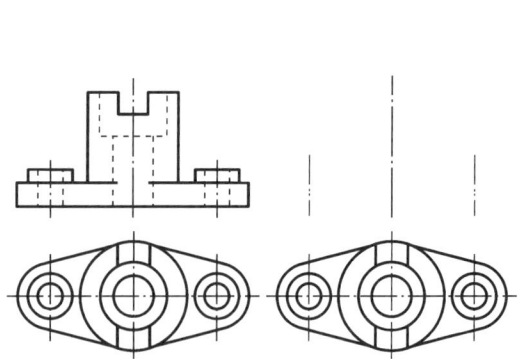

图 1-3-28

21. 如图 1-3-29 所示,作局部剖视图。

1. 2. 3.

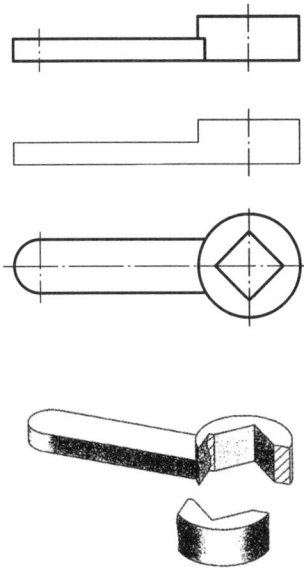 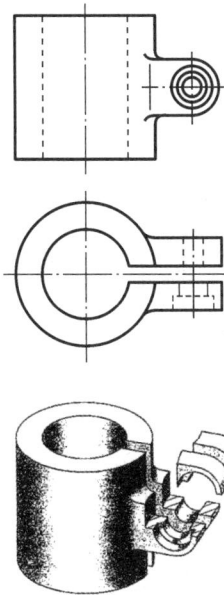 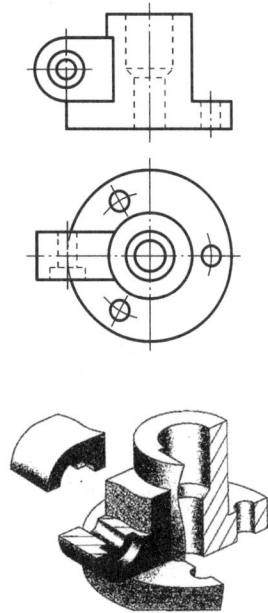

图 1-3-29

22. 如图 1-3-30 所示,选出正确的局部视图,在括号内打"✓"

1. 2. 3.

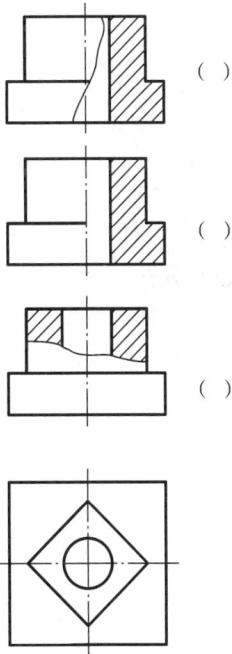 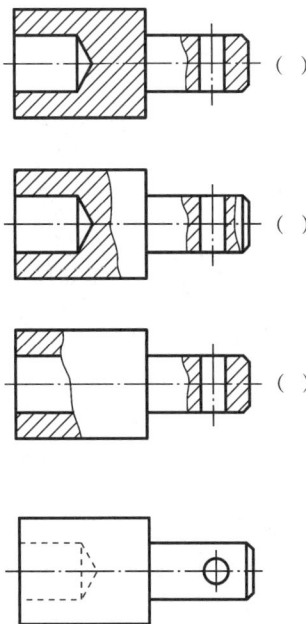 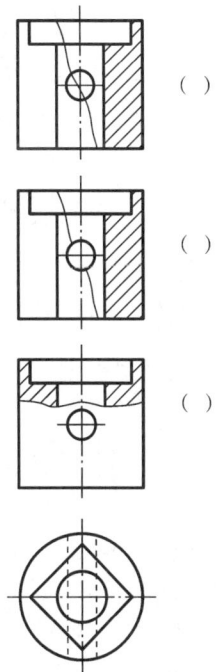

图 1-3-30

23. 如图 1-3-31 所示,将主视图、俯视图改画成局部剖视图。

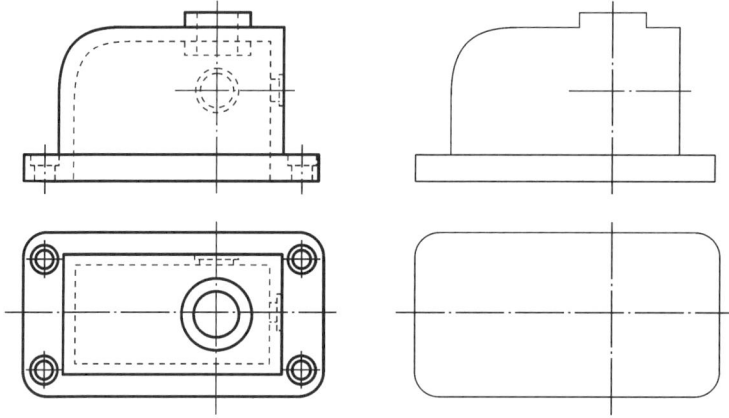

图 1-3-31

24. 如图 1-3-32 所示,作单一剖切平面。

1. 作 B—B 全剖视图

2. 作 A—A 全剖视图

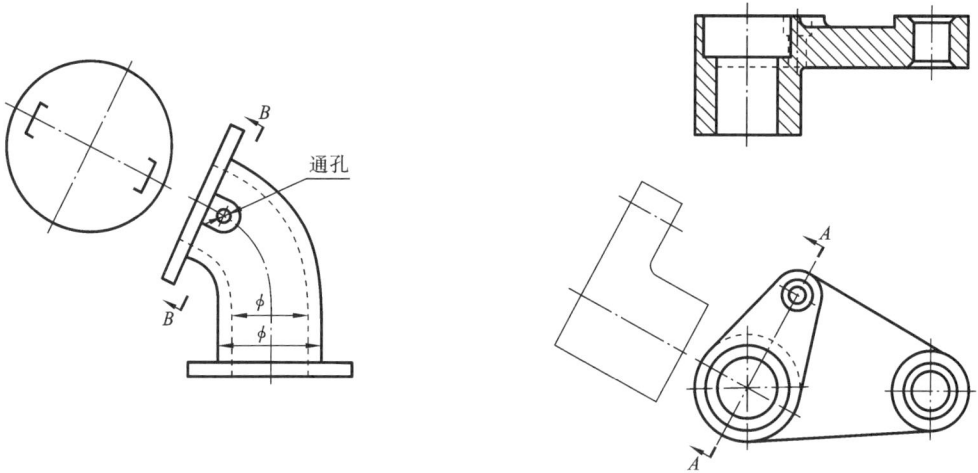

图 1-3-32

25. 用几个剖切面恰当地表达全剖视图。

(1) 如图 1-3-33 所示，将主、左视图画成全剖视图。

(2) 如图 1-3-34 所示，用两个相交的剖切面将俯视图画成全剖视图。

(3) 如图 1-3-34 所示，作 $A—A$ 剖视图。

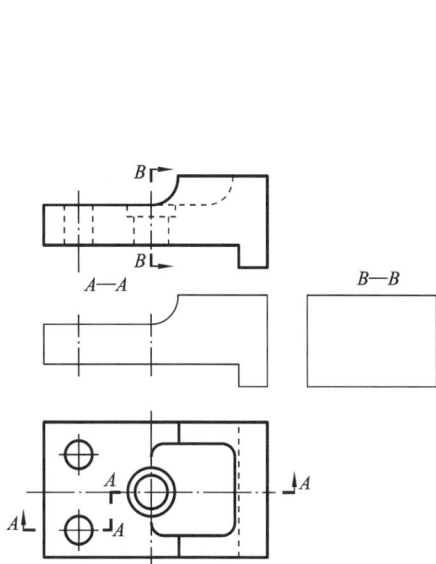

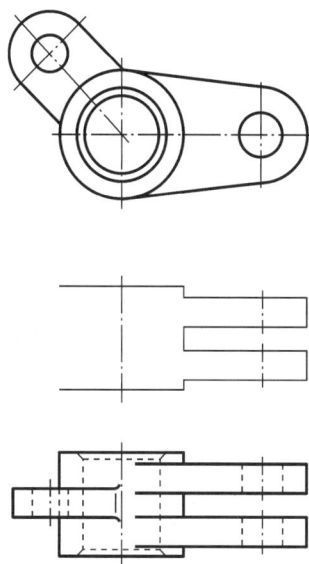

图 1-3-33 　　　　　　　　　　　　　图 1-3-34

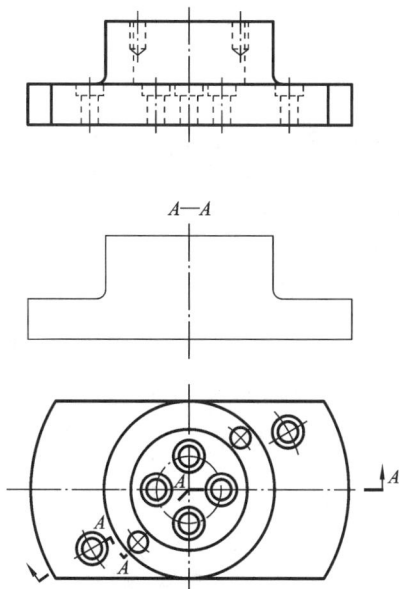

图 1-3-35

26. 如图 1-3-36 所示,在指定位置将主视图画成局部剖视图。

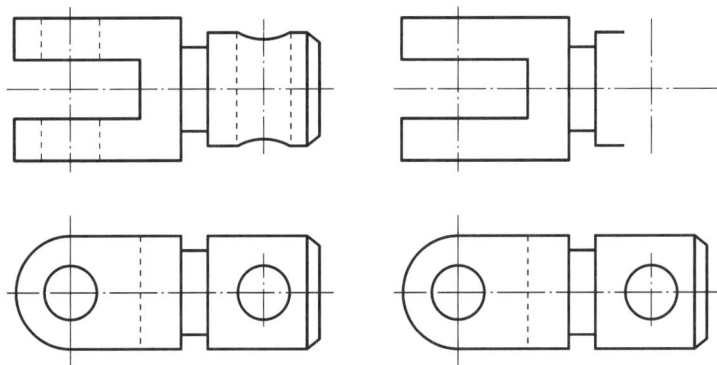

图 1-3-36

27. 如图 1-3-37 所示,在指定位置将主、俯视图画成局部剖视图。

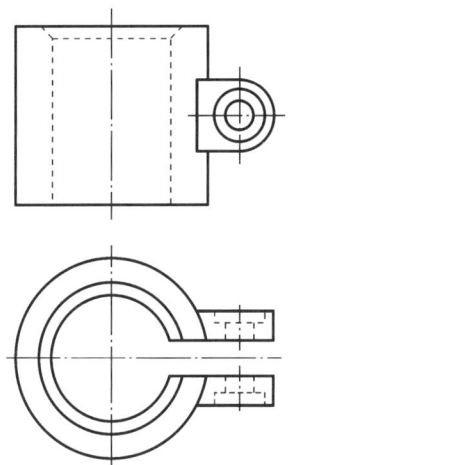

图 1-3-37

28. 如图 1-3-38 所示，在右侧空白区域将主、俯视图改画成局部剖视图。

29. 如图 1-3-39 所示，根据已知两视图，画出 A—A 斜剖视图和 B—B 剖视图。

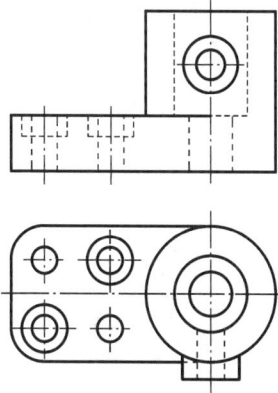

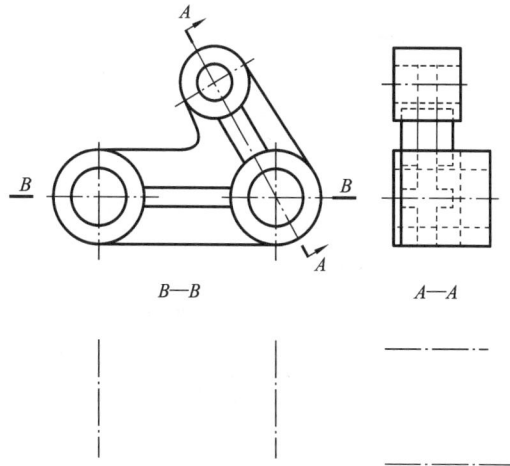

图 1-3-38

图 1-3-39

30. 如图 1-3-40 所示，在指定位置用平行的剖切面将主视图画成全剖视图。

31. 如图 1-3-41 所示，在指定位置用平行的剖切面将主视图画成全剖视图。

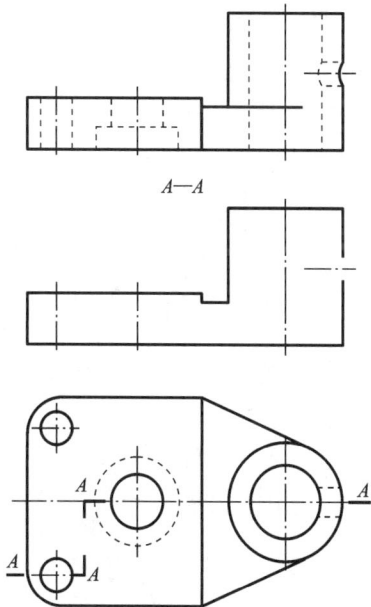

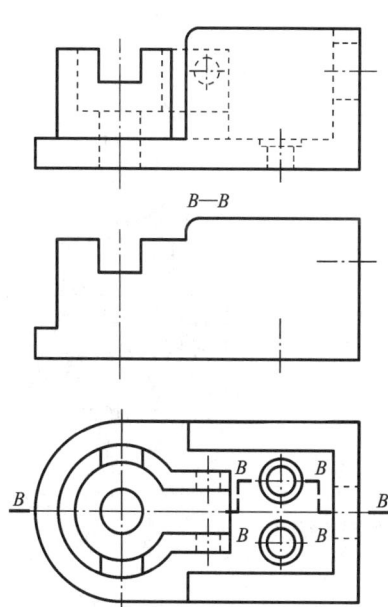

图 1-3-40

图 1-3-41

32. 如图 1-3-42 所示,在指定位置用相交的剖切面将主视图画成全剖视图。

33. 如图 1-3-43 所示,在指定位置用相交的剖切面将主视图画成全剖视图。

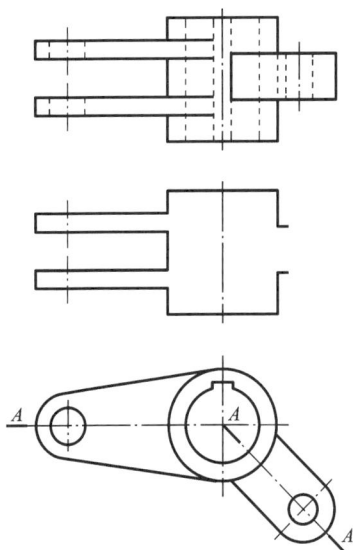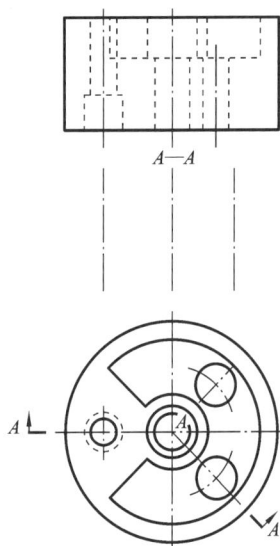

图 1-3-42   图 1-3-43

34. 如图 1-3-44 所示,在指定位置用组合的剖切面将主视图画成全剖视图。

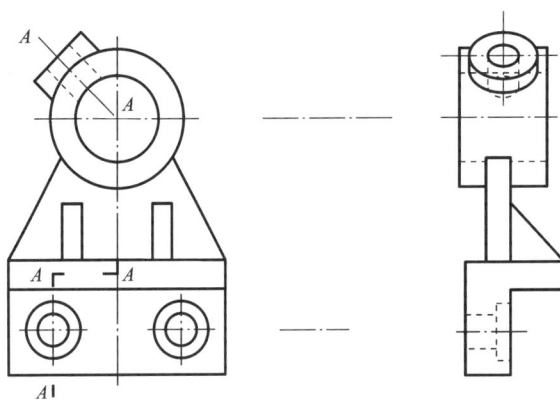

图 1-3-44

35. 如图 1-3-45 所示，在指定位置画出相应断面的断面图。

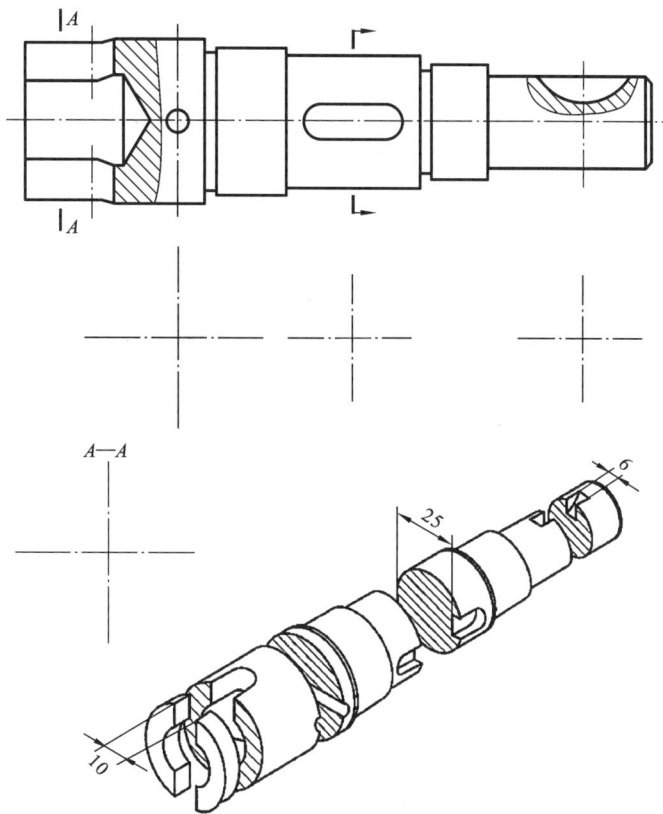

图 1-3-45

36. 如图 1-3-46 所示，在指定位置绘制断面图和局部放大图（按 2∶1 的比例，圆角 $R0.5$ mm)并按规定进行标注（左边键槽深度为 4 mm，半圆键槽宽度为 5 mm）。

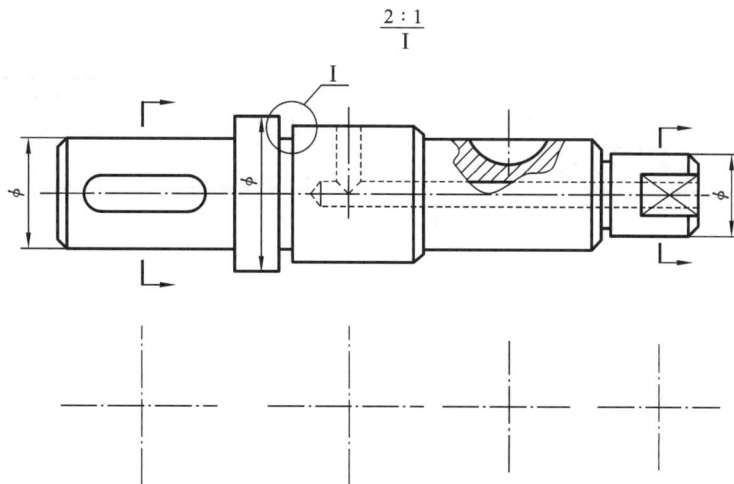

图 1-3-46

37. 如图 1-3-47 所示,作出 *A—A* 和 *B—B* 断面图。

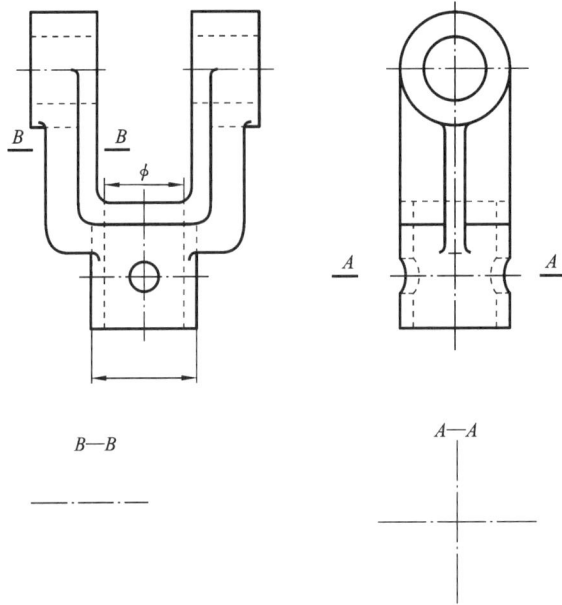

图 1-3-47

38. 如图 1-3-48 所示,在指定位置作出移出断面图。

39. 如图 1-3-49 所示,在指定位置作出重合断面图。

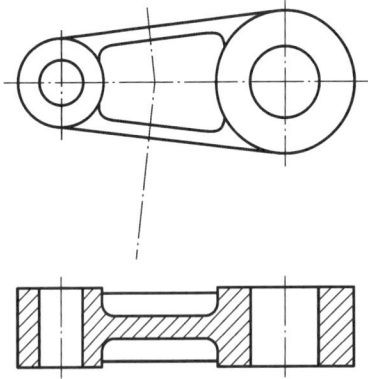

图 1-3-48

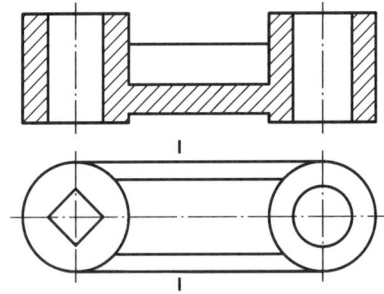

图 1-3-49

40．如图 1-3-50 所示，在十字中心线处画出轴的两个移出断面图，并进行标注。

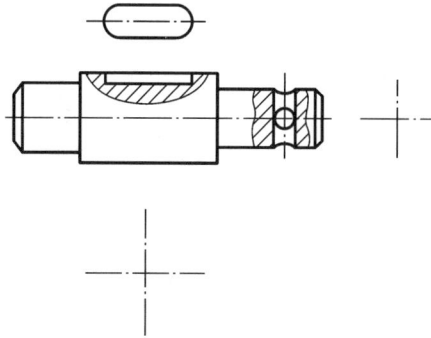

图 1-3-50

41．如图 1-3-51 所示，作肋板的重合断面图。

42．如图 1-3-52 所示，按图示的剖切线画出移出断面图。

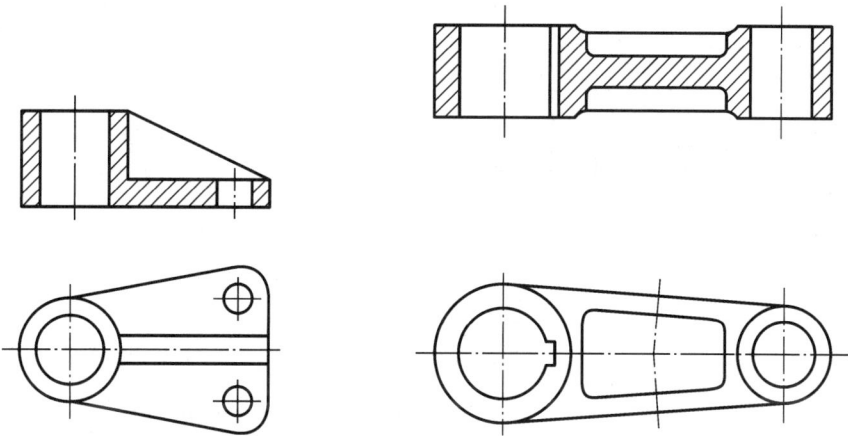

图 1-3-51　　　　　　　　　　**图 1-3-52**

43．如图 1-3-53 所示，画出十字肋板的重合断面图。

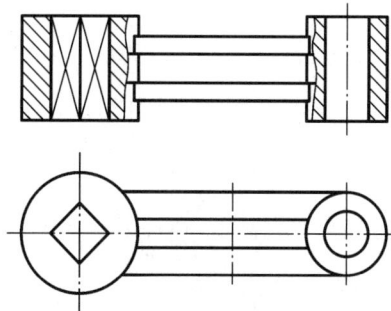

图 1-3-53

44. 如图 1-3-54 所示,画出指定位置的断面图(左部键槽深 4 mm,右部键槽深 3 mm)。

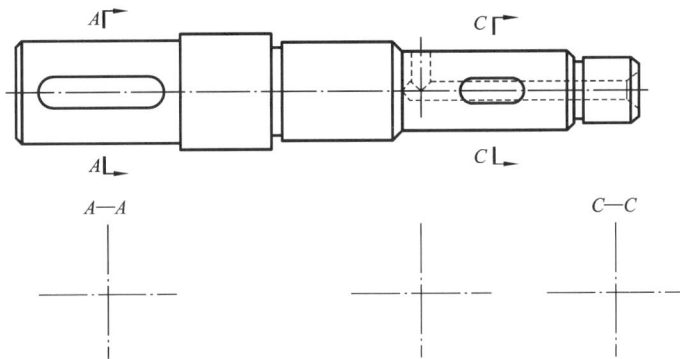

图 1-3-54

45. 如图 1-3-55 所示,按简化画法规定改正剖视图。

46. 如图 1-3-56 所示,用对称机件的简化画法规定补画俯视图(画二分之一)。

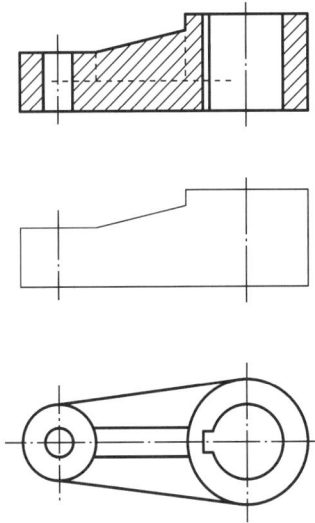

图 1-3-55

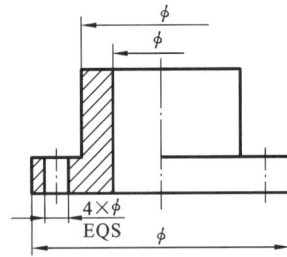

图 1-3-56

47. 如图 1-3-57 所示,选择适当剖切方法,由轴测图画三视图,并标注尺寸。

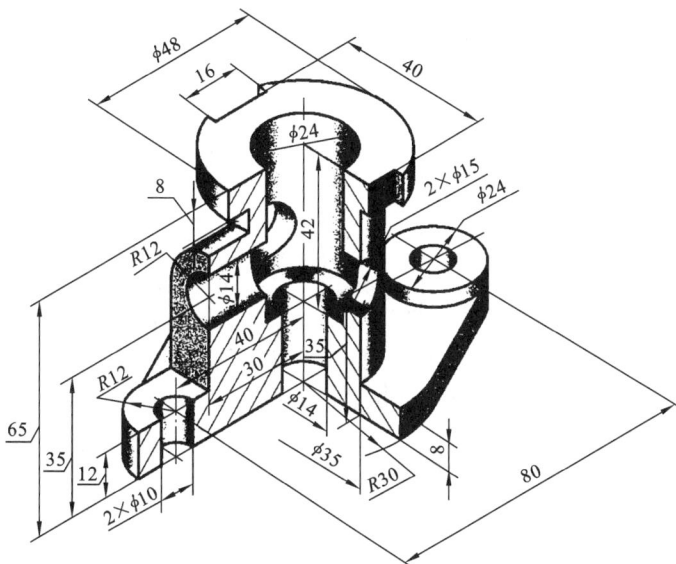

图 1-3-57

48. 如图 1-3-58 所示,参照轴测图和主、左视图,分别用第一角画法和第三角画法补画另外四个基本视图。

（1）第一角画法　　　　　　　　　　　　　　　（2）第三角画法

图 1-3-58

49. 如图 1-3-59 所示,参照轴测图补画视图上的缺线。

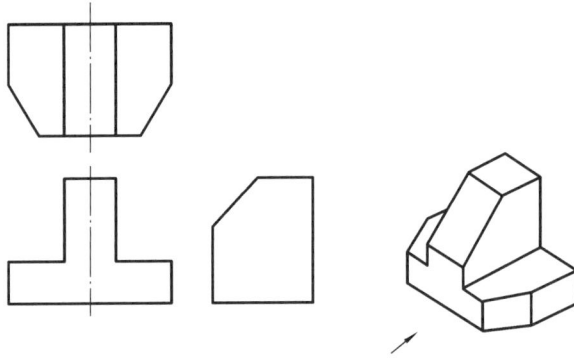

图 1-3-59

50. 如图 1-3-60、图 1-3-61 所示,参照轴测图补画视图。

（1）补画左视图 　　　　　　　　　　　　　（2）补画右视图

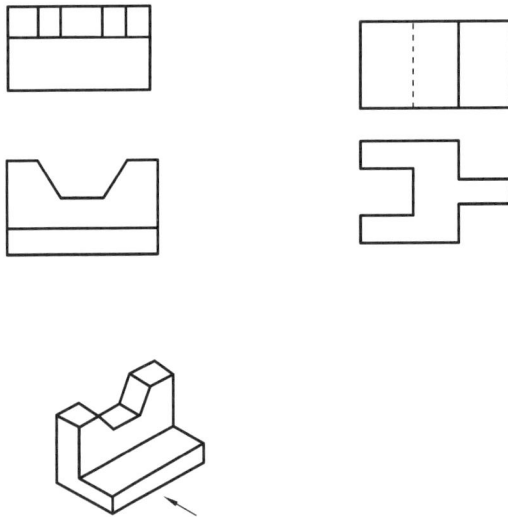

图 1-3-60

（3）补画仰视图　　　　　　　　　　　　（4）补画俯视图

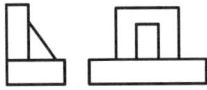

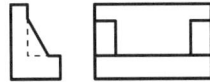

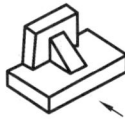

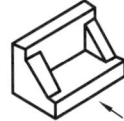

图 1-3-61

51. 如图 1-3-62 所示,将机件的主、俯视图改画成 A 向斜视图、B 向与 C 向局部视图。

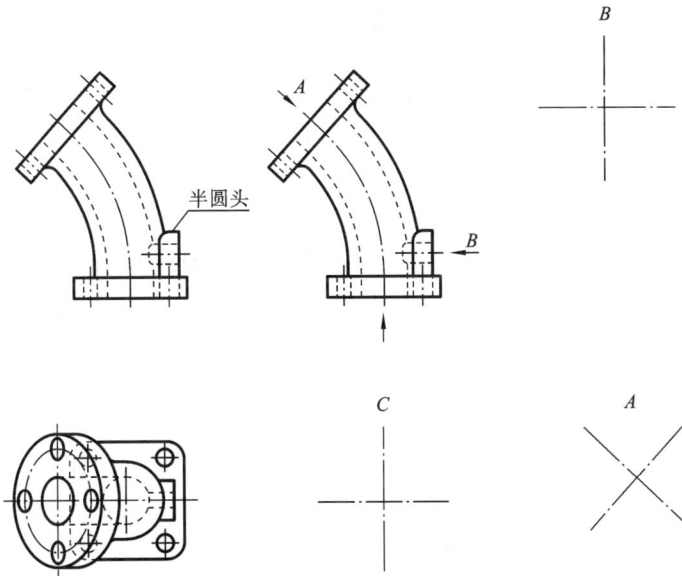

图 1-3-62

52. 如图 1-3-63 所示,作主视图的全剖视图,补画 B—B 剖视的左视图。

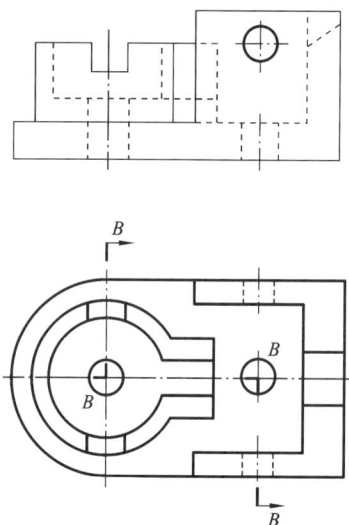

图 1-3-63

53. 如图 1-3-64 所示,补画第三角画法中所缺的右视图。

54. 如图 1-3-65 所示,补画第三角画法中所缺的俯视图。

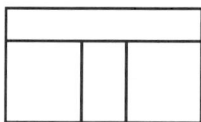

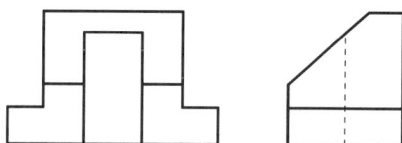

图 1-3-65

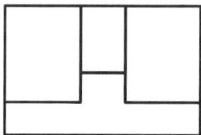

图 1-3-64

55. 如图 1-3-66 所示,根据轴测图及所标注尺寸,用第三角画法画出物体的六面视图(按第三角画法配置)。

56. 看图回答问题。

(1) 如图 1-3-67 所示,填空。

(2) 如图 1-3-68 所示,填空。

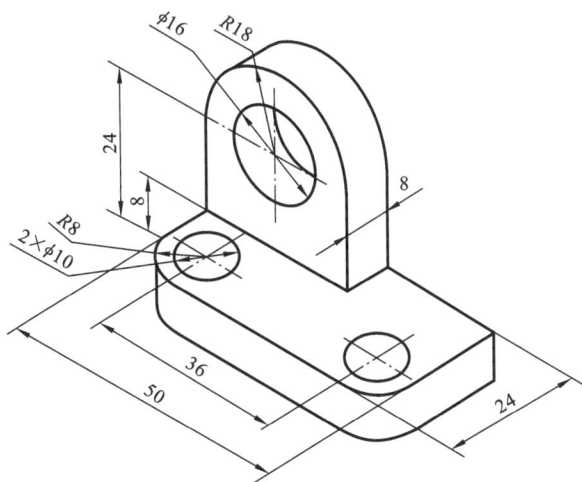

图 1-3-66

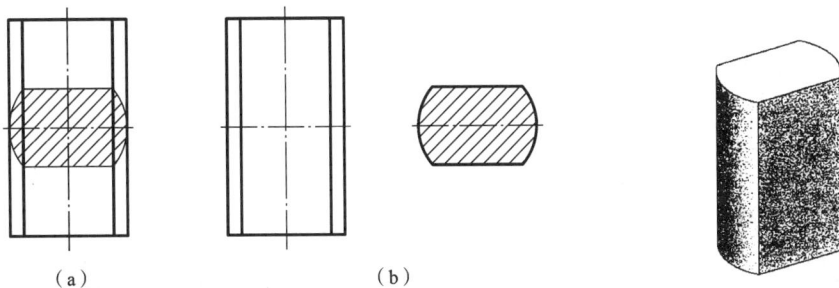

（a） （b）

图（a）中的剖面线部分称为____断面，图（b）称为____断面（思考：两种断面的轮廓线有什么不同）。

图 1-3-67

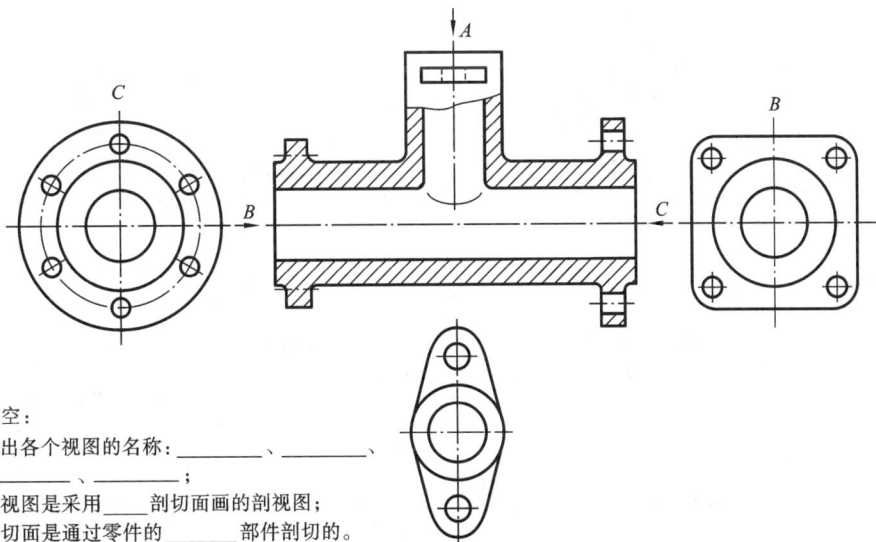

填空：

（1）说出各个视图的名称：_____、_____、

_____、_____；

（2）主视图是采用____剖切面画的剖视图；

（3）剖切面是通过零件的_____部件剖切的。

图 1-3-68

（3）如图 1-3-69 所示,填空。

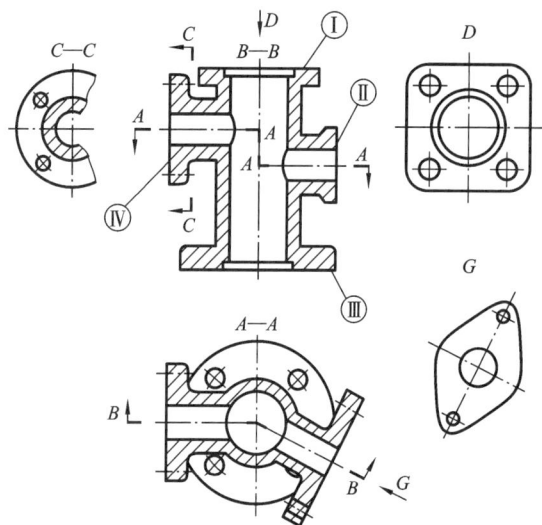

图 1-3-69

填空:

（1）*A—A* 是用 _____ 的剖切面剖切
画出的 ____ 剖视图;
B—B 是用 _____ 的剖切面剖切
画出的 ____ 剖视图。

（2）按 *B—B* 剖视图上的标记
Ⅰ 面形状如 ____ 视图所示;
Ⅱ 面形状如 ____ 视图所示;
Ⅲ 面形状如 ____ 视图所示;
Ⅳ 面形状如 ____ 视图所示。

（4）如图 1-3-70 所示,填空。

（5）如图 1-3-71 所示,填空。

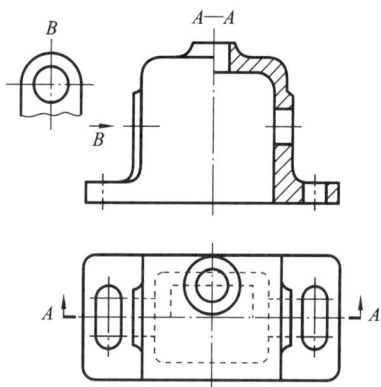

填空:

（1）主视图是 ____ 剖视图,它是采用 _____ 剖切
面得到的;

（2）*B* 向视图为 _____ 视图;

（3）说出各视图的主要表达目的:

A—A 主要表示 _____ ;

B 向视图表示 _____ ;

俯视图表示 _____ 。

图 1-3-70

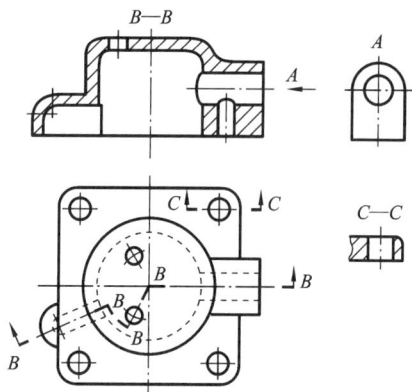

填空:

（1）主视图是 ____ 剖视图,它是采用 _____ 剖切
面得到的。

（2）*A* 向视图为 _____ 视图,为什么不画出波浪线?
答: _____ 。

（3）*C—C* 为 _____ 剖视图,*C—C* 剖切面的两端不画
出箭头行吗?
答: _____ 。因为 _____ 。

图 1-3-71

57．改错题。

改正图 1-3-72 中的错误。

（1）

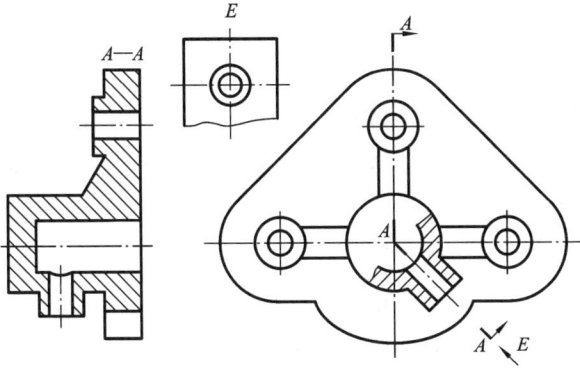

（2）

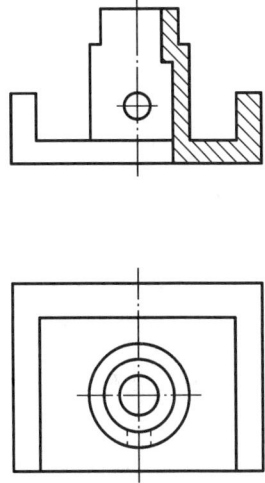

图 1-3-72

练习1-4 常用件和标准件的画法

一、单项选择题

1. 螺纹终止线用( )表示。

A. 细实线　　　　　B. 细虚线　　　　　C. 粗实线　　　　　D. 粗虚线

2. 在剖视图或断面图中,内螺纹牙顶圆的投影和螺纹终止线用_____表示,牙底圆的投影用_____表示。( )

A. 粗实线　细实线　　　　　　　　B. 粗实线　细虚线

C. 粗虚线　细实线　　　　　　　　D. 粗虚线　细虚线

3. 在垂直于螺纹轴线的投影面的视图中,表示牙底圆投影的细实线仍画约( )。

A. 1/4 圈　　　　　B. 1/2 圈　　　　　C. 3/4 圈　　　　　D. 1 圈

4. 不可见螺纹的所有图线(轴线除外),均用( )绘制。

A. 粗实线　　　　　B. 粗虚线　　　　　C. 细实线　　　　　D. 细虚线

5. 钻头的顶角接近( )。

A. 60°　　　　　B. 90°　　　　　C. 120°　　　　　D. 150°

6. 画螺纹连接时,表示内、外螺纹牙顶圆投影的_____,与表示牙底圆投影的_____应分别对齐。( )

A. 粗实线　细实线　　　　　　　　B. 细实线　细实线

C. 粗虚线　细虚线　　　　　　　　D. 细虚线　细虚线

7. 单线普通螺纹的正确标记格式为( )。

A. 螺纹特征代号 公称直径-公差带代号-旋合长度代号-旋向代号×螺距

B. 螺纹特征代号 公称直径×螺距-公差带代号-旋合长度代号-旋向代号

C. 螺纹特征代号 公称直径-公差带代号-旋合长度代号×螺距-旋向代号

D. 螺纹特征代号 公称直径×螺距-旋合长度代号-公差带代号-旋向代号

8. 多线普通螺纹的正确标记格式为( )。

A. 螺纹特征代号 公称直径×Ph导程P螺距-旋向代号-公差带代号-旋合长度代号

B. 螺纹特征代号 公称直径-旋向代号-公差带代号-旋合长度代号×Ph导程P螺距

C. 螺纹特征代号 公称直径×Ph导程P螺距-公差带代号-旋合长度代号-旋向代号

D. 螺纹特征代号 公称直径-旋向代号-旋合长度代号-公差带代号×Ph导程P螺距

9. 螺纹特征代号为( )。

A. Q　　　　　　　B. L　　　　　　　C. M　　　　　　　D. N

10. 单线螺纹的尺寸代号为（　　）。

A. "公称直径×导程"　　　　　　　B. "公称直径×螺距"

C. "公称直径×特征代号"　　　　　D. "公称直径×旋向代号"

11. 多线螺纹的尺寸代号为（　　）。

A. "公称直径×Ph 导程 P 螺距"

B. "公称直径×Ph 导程 P 旋合长度代号"

C. "公称直径×Ph 导程 P 公差带代号"

D. "公称直径×Ph 导程 P 旋向代号"

12. 55°密封管螺纹规定其正确的标记格式为（　　）。

A. 螺纹特征代号 尺寸代号 旋向代号

B. 螺纹特征代号 旋向代号 尺寸代号

C. 旋向代号 尺寸代号 螺纹特征代号

D. 尺寸代号 旋向代号 螺纹特征代号

13. 管螺纹的尺寸代号采用该螺纹所在管子的公称通径，单位为（　　）。

A. mm　　　　　B. cm　　　　　C. foot　　　　　D. in

14. 普通螺纹、梯形螺纹等的公称直径单位为（　　）。

A. mm　　　　　B. cm　　　　　C. foot　　　　　D. in

15. 下面是可拆卸连接的是（　　）。

A. 铆接　　　　　B. 焊接　　　　　C. 键连接　　　　　D. 黏结

16. 下面是不可拆卸连接的是（　　）。

A. 螺纹连接　　　　B. 销连接　　　　C. 键连接　　　　D. 铆接

17. 当螺纹紧固件使用弹簧垫圈时，弹簧垫圈的开口方向应向左倾斜，并与水平线成（　　）。

A. 30°　　　　　B. 60°　　　　　C. 75°　　　　　D. 90°

18. 当螺纹紧固件使用弹簧垫圈时，弹簧垫圈的开口方向应向左倾斜，用一条（　　）表示。

A. 特粗实线　　　　B. 粗实线　　　　C. 特粗虚线　　　　D. 粗虚线

19. 螺钉头部的一字槽可用一条（　　）表示。

A. 特粗实线　　　　B. 粗实线　　　　C. 特粗虚线　　　　D. 粗虚线

20. 螺钉头部的一字槽在俯视图中画成与水平线成（　　）。

A. 45°自左下向右上的斜线　　　　　B. 45°自左上向右下的斜线

C. 45°自右下向左上的斜线　　　　　D. 45°自右上向左下的斜线

21. 平键的标记格式为（　　）。

A. 标准编号 名称 类型 键宽 × 键高 × 键长

B. 标准编号 名称 键宽 键高 × 键长 类型

C. 标准编号 名称 键高 键宽 × 键长 类型

D. 标准编号 名称 键长 键宽 × 键高 类型

22. 在键连接的画法中,应画出间隙的是( )。

A. 左面   B. 右面   C. 顶面   D. 底面

23. 花键连接的特点是键和键槽制成一体,适用于( )。

A. 载荷较小和定心精度较高的连接   B. 载荷较小和定心精度较低的连接

C. 载荷较大和定心精度较高的连接   D. 载荷较大和定心精度较低的连接

24. 在平行于花键轴线的投影面的视图中,花键大径用_____绘制,小径用_____绘制。
( )

A. 粗实线 粗实线   B. 粗实线 细实线   C. 细实线 粗实线   D. 细实线 细实线

25. 花键工作长度的终止端和尾部长度的末端均用_____绘制,并与轴线_____,尾部则画成斜线,其倾斜角一般与轴线成_____。( )

A. 粗实线 垂直 30°   B. 细实线 垂直 30°

C. 粗实线 平行 45°   D. 细实线 平行 45°

26. 在平行于花键轴线的投影面的剖视图中,花键大径及小径均用_____绘制,键齿按_____处理。( )

A. 粗实线 剖切   B. 粗实线 不剖   C. 细实线 剖切   D. 细实线 不剖

27. 在装配图中,花键连接用_____表示,其连接部分按_____的画法绘制。( )

A. 装配图 外花键   B. 剖视图 内花键

C. 剖视图 外花键   D. 装配图 内花键

28. 矩形花键的标记代号的格式为( )。

A. 标准编号 键数 × 小径 × 大径 × 键宽 图形符号

B. 图形符号 键数 × 小径 × 大径 × 键宽 标准编号

C. 图形符号 键数 × 大径 × 小径 × 键宽 标准编号

D. 图形符号 键宽 × 小径 × 大径 × 键数 标准编号

29. 销的简化标记格式为( )。

A. 名称 公称直径 类型 标准编号 公差代号 × 长度

B. 名称 标准编号 类型 公称直径 公差代号 × 长度

C. 名称 标准编号 类型 公称直径 公差直径 × 长度

D. 名称 标准编号 类型 公称直径 公差代号 × 类型

30. 在剖视图中,当不需要确切地表示滚动轴承的外形轮廓、载荷特征、结构特征时,可用矩形线框及位于线框中央正立的(　　)表示滚动轴承。

A. 一字形符号　　　　B. X 字形符号　　　　C. 十字形符号　　　　D. O 字形符号

31. 通用画法和特征画法应绘制在轴的两侧。矩形线框、符号和轮廓线均用(　　)绘制。

A. 粗实线　　　　　　B. 粗虚线　　　　　　C. 细实线　　　　　　D. 细虚线

32. 直齿轮的齿顶线用_____绘制,分度线用_____绘制,齿根线用_____绘制。(　　)

A. 粗实线　细点画线　细实线　　　　　　B. 细实线　细点画线　细实线

C. 粗实线　粗点画线　细实线　　　　　　D. 细实线　粗点画线　粗实线

33. 齿顶线用_____绘制,分度线用_____绘制,齿根线用_____绘制。(　　)

A. 粗实线　细点画线　粗实线　　　　　　B. 粗实线　粗点画线　粗实线

C. 细实线　细点画线　粗实线　　　　　　D. 细实线　粗点画线　细实线

34. 在表示直齿轮端面的视图中,齿顶圆用_____绘制,分度圆用_____绘制;齿根圆用_____绘制。(　　)

A. 细实线　细点画线　细实线　　　　　　B. 粗实线　细点画线　细实线

C. 粗实线　粗点画线　细实线　　　　　　D. 粗实线　细点画线　粗实线

35. 当剖切平面通过两啮合齿轮的轴线时,在啮合区内,将一个齿轮的轮齿用_____绘制,另一个齿轮的轮齿被遮挡的部分用_____绘制。(　　)

A. 粗实线　细虚线　　　　　　　　　　　B. 细实线　细虚线

C. 细实线　粗虚线　　　　　　　　　　　D. 粗实线　粗虚线

36. 在平行于直齿轮轴线的投影面的视图中,啮合区内的齿顶线不必画出,节线用_____绘制,其他处的节线用_____绘制。(　　)

A. 粗实线　细点画线　　　　　　　　　　B. 粗实线　粗点画线

C. 细实线　细点画线　　　　　　　　　　D. 细实线　粗点画线

37. 在垂直于直齿轮轴线的投影面的视图中,两直齿轮节圆应_____,啮合区内的齿顶圆均用_____绘制。(　　)

A. 相交　粗实线　　　　　　　　　　　　B. 相交　细实线

C. 相切　粗实线　　　　　　　　　　　　D. 相切　细实线

二、判断题

1. 由于螺纹的结构和尺寸已经标准化,为了提高绘图效率,对螺纹的结构与形状可按其真实投影画出,然后根据国家标准规定的画法和标记,进行绘图和标注即可。　　　　　(　　)

2. 外螺纹牙顶圆的投影用粗实线表示,牙底圆的投影用细虚线表示(牙底圆投影通常按 $d_1 = 0.85d$ 的关系绘制),螺杆的倒角或倒圆部分也应画出。　　　　　(　　)

3. 在垂直于螺纹轴线的投影面的视图中,表示牙底圆的细实线只画约 3/4 圈(空出约

1/4 圈的位置不作规定)。此时,螺杆或螺纹孔上倒角圆的投影应画出。　　　　　　（　　）

4. 螺纹终止线用粗实线表示。剖面线必须画到粗实线处。　　　　　　　　　　（　　）

5. 在剖视图或断面图中,内螺纹牙顶圆的投影和螺纹终止线用粗实线表示,牙底圆的投影用细实线表示,剖面线必须画到细实线为止。　　　　　　　　　　　　　　　（　　）

6. 在垂直于螺纹轴线的投影面的视图中,表示牙底圆投影的细实线仍画约 3/4 圈,倒角圆的投影也要画。　　　　　　　　　　　　　　　　　　　　　　　　　　　（　　）

7. 不可见螺纹的所有图线(轴线除外),均用细虚线绘制。　　　　　　　　　　（　　）

8. 由于钻头的顶角接近 120°,用它钻出的不通孔,底部有个顶角接近 120° 的圆锥面,在图中其顶角要画成 120°,并标注尺寸。　　　　　　　　　　　　　　　　　　（　　）

9. 绘制不穿通的螺纹孔时,一般应将钻孔深度与螺纹深度分别画出,钻孔深度应比螺纹深度大 0.5D(D 为螺纹大径)。　　　　　　　　　　　　　　　　　　　　　（　　）

10. 两级钻孔(阶梯孔)的过渡处,也存在 120° 的部分尖角,作图时不要画出。　（　　）

11. 用剖视表示内、外螺纹的连接时,其旋合部分应按外螺纹的画法绘制,其余部分仍按各自的画法绘制。　　　　　　　　　　　　　　　　　　　　　　　　　　　（　　）

12. 在端面视图中,若剖切面通过旋合部分,则按外螺纹绘制。　　　　　　　（　　）

13. 当画螺纹连接时,表示内、外螺纹牙顶圆投影的粗实线,与表示牙底圆投影的粗实线应分别对齐。　　　　　　　　　　　　　　　　　　　　　　　　　　　　　（　　）

14. 由于螺纹的规定画法不能表示螺纹种类和螺纹要素,因此,当绘制螺纹图样时,必须按照国家标准所规定的标记格式和相应代号进行标注。　　　　　　　　　　　　（　　）

15. 普通螺纹即普通用途的螺纹,单线普通螺纹占大多数,其标记格式如下：　　（　　）

| 螺纹特征代号 | 公称直径 | 螺距 | 公差带代号 | 旋合长度代号 | 旋向代号 |

16. 多线普通螺纹的标记格式如下：　　　　　　　　　　　　　　　　　　　（　　）

| 螺纹特征代号 | 公称直径 | Ph 导程 P 螺距 | 公差带代号 | 旋合长度代号 | 旋向代号 |

17. 螺纹特征代号为 M。　　　　　　　　　　　　　　　　　　　　　　　（　　）

18. 单线螺纹的尺寸代号为"公称直径×螺距",注写"p"字样。　　　　　　　（　　）

19. 多线螺纹的尺寸代号为"公称直径×Ph 导程 P 螺距",需注写"Ph"和"P"字样。

　　　　　　　　　　　　　　　　　　　　　　　　　　　　　　　　　　（　　）

20. 粗牙普通螺纹应该标注螺距。　　　　　　　　　　　　　　　　　　　　（　　）

21. 公差带代号由中径公差带代号和顶径公差带(对外螺纹指大径公差带,对内螺纹指小径公差带)代号组成。大写字母代表内螺纹,小写字螺母代表外螺纹。若两组公差带相同,则只写一组。　　　　　　　　　　　　　　　　　　　　　　　　　　　　（　　）

22. 最常用的中等公差精度螺纹(外螺纹为 6g,内螺纹为 6H)不标注公差带代号。

　　　　　　　　　　　　　　　　　　　　　　　　　　　　　　　　　　（　　）

23. 旋合长度分为短(S)、中等(N)、长(L)三种。一般采用中等旋合长度,L 省略不注。

　　　　　　　　　　　　　　　　　　　　　　　　　　　　　　　　　　（　　）

24. 左旋螺纹以"LH"表示,右旋螺纹标注旋向(所有螺纹旋向的标记,均与此相同)。

　　　　　　　　　　　　　　　　　　　　　　　　　　　　　(　)

25. "M16×Ph3P1.5-7g6g-L-LH"的含义为:表示双线细牙普通外螺纹,大径为 16 mm,导程为 3 mm,螺距为 1.5 mm,中径公差带为 7g,大径公差带为 6g,长旋合长度,左旋。　　　　　　　　　　　　　　　　　　　　　　　　　　　　　(　)

26. "M24-7G"的含义:表示细牙普通内螺纹,大径为 24 mm,查表确认螺距为 3 mm(省略),中径和小径公差带均为 7G,中等旋合长度(省略 N),右旋(省略旋向代号)。　(　)

27. 公称直径为 12 mm,细牙,螺距为 1 mm,中径和小径公差带均为 6H 的单线右旋普通螺纹,其标记为"M12X1"。(　)

28. 公称直径为 12 mm,粗牙,螺距为 1.25 mm,中径和大径公差带均为 6g 的单线右旋普通螺纹,其标记为"M12"。(　)

29. 管螺纹是在管子上加工的,主要用于连接管件,故称之为管螺纹。　　　(　)

30. 管螺纹的使用数量仅次于普通螺纹。　　　　　　　　　　　　　　　　(　)

31. 规定 55°密封管螺纹的标记格式如下:　　　　　　　　　　　　　　　(　)

螺纹特征代号	尺寸代号	旋向代号

32. 55°密封管螺纹标记的螺纹特征代号为:用 Rc 表示圆锥内螺纹,用 Rp 表示圆柱内螺纹,用 R1 表示与圆柱内螺纹相配合的圆锥外螺纹,用 R2 表示与圆锥内螺纹相配合的圆锥外螺纹。　　　　　　　　　　　　　　　　　　　　　　　　　(　)

33. 55°密封管螺纹标记的尺寸代号用 1/2,3/4,1,1½,…表示。　　　　(　)

34. 管螺纹的尺寸代号并非公称直径,也不是管螺纹本身的真实尺寸,而是用该螺纹所在管子的公称通径(单位为 mm)来表示的。　　　　　　　　　　　　　　　(　)

35. 管螺纹的大径、小径及螺距等具体尺寸,只有通过查阅相关的国家标准才能知道。

　　　　　　　　　　　　　　　　　　　　　　　　　　　　　(　)

36. "Rc 1/2"表示圆锥内螺纹,尺寸代号为 1/2(其大径为 20.955 mm,螺距为 1.814 mm),左旋。　　　　　　　　　　　　　　　　　　　　　　　　　　　　(　)

37. "Rp1½LH"表示圆柱内螺纹,尺寸代号为 1½(其大径为 47.803 mm,螺距为2.309 mm),右旋。　　　　　　　　　　　　　　　　　　　　　　　　　　　　(　)

38. "R₂3/4"表示与圆锥内螺纹相配合的圆锥外螺纹,尺寸代号为 3/4(其大径为 26.441 mm,螺距为 1.814 mm),右旋。　　　　　　　　　　　　　　　　　　(　)

39. 55°非密封管螺纹的标记格式如下:　　　　　　　　　　　　　　　　　(　)

螺纹特征代号	尺寸代号	螺纹公差等级代号	旋向代号

40. 55°非密封管螺纹特征代号用 M 表示。　　　　　　　　　　　　　　　(　)

41. 55°非密封管螺纹尺寸代号用 1/2,3/4,1,1½,…表示。　　　　　　　(　)

42. 55°非密封管螺纹公差等级代号中,对外螺纹,分 A、B 两级标记;因为内螺纹公差带只有一种,所以加标记。　　　　　　　　　　　　　　　　　　　　　　　(　)

43. 55°非密封管螺纹的旋向代号可以这样表示：当螺纹为左旋时，在外螺纹的公差等级代号之后加注"-LH"；在内螺纹的尺寸代号之后加注"LH"。　　　　　　　　（　　）

44. "G1½A"表示圆柱外螺纹，尺寸代号为 1½（其大径为 47.803 mm，螺距为 2.309 mm），螺纹公差等级为 A 级，右旋，是 55°非密封管螺纹。　　　　　　　　　（　　）

45. "G3/4A-LH"表示圆柱外螺纹，螺纹公差等级为 A 级，尺寸代号为 3/4（其大径为 26.441 inch，螺距为 1.814 inch），左旋。　　　　　　　　　　　　　（　　）

46. "G1/2"表示圆柱内螺纹（未注螺纹公差等级），尺寸代号为 1/2（其大径为 20.955 mm，螺距为 1.814 mm），右旋。　　　　　　　　　　　　　　　（　　）

47. "G1½LH"表示圆柱内螺纹（未注螺纹公差等级），尺寸代号为 1½（其大径为47.803 mm，螺距为 2.309 mm），左旋（注：在左旋代号 LH 前不加注半字线）。　（　　）

48. 公称直径以 mm（毫米）为单位的螺纹（如普通螺纹、梯形螺纹等），其标记应直接注在大径的尺寸线或其引出线上。　　　　　　　　　　　　　　　（　　）

49. 管螺纹的标记一律注在引出线上，引出线应由大径处或对称中心处引出。　（　　）

50. 在机器中，零件之间的连接方式可分为可拆卸连接和不可拆卸连接两大类。（　　）

51. 可拆卸连接包括螺纹连接、键连接和销连接等；不可拆卸连接包括铆接和焊接等。
　　　　　　　　　　　　　　　　　　　　　　　　　　　　　　　　　（　　）

52. 常用的连接件有螺栓、双头螺柱、螺钉、螺母、垫圈、键、销等。这些零件的结构和尺寸已经标准化，即所谓标准件。　　　　　　　　　　　　　　　　（　　）

53. 螺纹紧固件包括螺栓、螺柱、螺钉、螺母、垫圈等，这些零件都是标准件。　（　　）

54. 国家标准对螺纹紧固件的结构、形式和尺寸都做了规定，并规定了不同的标记方法。只要知道标准件的规定标记，就可以从相关标准中查出它们的结构、形式及全部尺寸。
　　　　　　　　　　　　　　　　　　　　　　　　　　　　　　　　　（　　）

55. 螺栓连接是将螺栓的杆身穿过两个被连接零件上的通孔，套上垫圈，再用螺母拧紧，使两个零件连接在一起的一种连接方式。　　　　　　　　　　　　　（　　）

56. 对连接件的各个尺寸，可不按相应的标准数值画出，但不能采用近似画法。（　　）

57. 在装配图中，当剖切面通过螺杆的轴线时，螺栓、螺柱、螺钉、螺母及垫圈等均按未剖切绘制，即只画外形。　　　　　　　　　　　　　　　　　　　（　　）

58. 两个零件接触面处只画一条粗实线，得加粗。凡不接触的表面，不论间隙多小，均应在图上画出间隙。　　　　　　　　　　　　　　　　　　　　　　（　　）

59. 在剖视图中，相互接触的两个零件的剖面线方向应相同。而同一个零件在各剖视图中剖面线的倾斜方向和间隔应相反。　　　　　　　　　　　　　　　（　　）

60. 螺纹紧固件应采用简化画法，六角头螺栓和六角螺母的头部曲线可省略不画。螺纹紧固件上的工艺结构，如倒角、退刀槽、缩颈、凸肩等均省略不画。　　　（　　）

61. 双头螺柱连接是用双头螺柱与螺母、弹簧垫圈配合使用，把上、下两个零件连接在一起。　　　　　　　　　　　　　　　　　　　　　　　　　　　　（　　）

62. 双头螺柱的两端都制有螺纹,螺纹较长的一端(旋入端)旋入下部较厚零件的螺纹孔。螺纹较短的另一端(紧固端)穿过上部零件的通孔后,套上垫圈,再用螺母拧紧。

（　　）

63. 双头螺柱连接经常用在被连接零件中有一个由于太厚而不宜钻成通孔的场合。

（　　）

64. 双头螺柱的旋入端长度与被旋入零件的材料无关。　　　　　　　　（　　）

65. 双头螺柱的旋入端应画成全部旋入螺纹孔内,即旋入端的螺纹终止线与两个被连接件的接触面应画成一条线。　　　　　　　　　　　　　　　　（　　）

66. 在装配图中,不穿通的螺纹孔可采用简化画法,即不画钻孔深度,仅按螺纹孔深度画出。　　　　　　　　　　　　　　　　　　　　　　　　　（　　）

67. 当螺纹紧固件使用弹簧垫圈时,弹簧垫圈的开口方向应向左倾斜(与水平线成 $75°$),用一条特粗实线(约等于 2 倍细实线)表示。　　　　　　　　　（　　）

68. 螺钉的种类很多,按其用途可分为连接螺钉和紧定螺钉两类。　　（　　）

69. 连接螺钉用以连接两个零件,它不需与螺母配用,常用在受力不大和不经常拆卸的地方。　　　　　　　　　　　　　　　　　　　　　　　　　（　　）

70. 连接螺钉是在较厚的零件上,加工出螺纹孔,而另一被连接件上加工有通孔,将螺钉穿过通孔,与下部零件的螺纹孔相旋合,从而达到连接的目的。　　　　（　　）

71. 螺钉旋入螺纹孔的深度与双头螺柱旋入端的螺纹长度相同,它与被旋入零件的材料无关。　　　　　　　　　　　　　　　　　　　　　　　　　（　　）

72. 绘制螺钉连接装配图时,主视图上画出钻孔深度,按螺纹深度画出螺纹孔。　（　　）

73. 绘制螺钉连接装配图时,螺钉头部的一字槽可画成一条特粗实线(其线宽约等于 2 倍粗实线线宽),在俯视图中画成与水平线成 $45°$、自左下向右上的斜线。　　（　　）

74. 绘制螺钉连接装配图时,需要绘制螺纹紧固件时,应尽量采用简化画法,既可减少绘图的工作量,又能提高绘图速度,增加图样的明晰度,使图样的重点更加突出。　（　　）

75. 如果要把动力通过联轴器、离合器、齿轮、飞轮或带轮等机械零件,传递到安装这个零件的轴上,则通常在轮孔和轴上分别加工出键槽,把普通平键的一半嵌在轴里,另一半嵌在与轴相配合的零件的毂里,使它们连在一起转动。　　　　　　　　　（　　）

76. 键连接有多种形式,各有其特点和适用场合。普通花键制造简单,装拆方便,轮与轴的同轴度较好,在各种机械上应用广泛。　　　　　　　　　　　　（　　）

77. 普通平键有普通 A 型平键(圆头)、普通 B 型平键(平头)和普通 C 型平键(单圆头)三种类型。　　　　　　　　　　　　　　　　　　　　　　　　　（　　）

78. 键的标记格式如下:　　　　　　　　　　　　　　　　　　　　（　　）

| 标准编号 | 名称 | 类型 | 键高 | 键宽 | 键长 |

79. 因为普通 A 型平键应用较多,所以普通 A 型平键不注"A"。　　（　　）

80. 普通 A 型平键,键宽 $b=18$ mm,键高 $h=11$ mm,键长 $L=100$ mm,其标记为

"GB/T 1096 键 18×11×100"。　　　　　　　　　　　　　　　　　　　(　　)

81．普通平键在高度方向上的两个面是平行的,键侧与键槽的两个侧面紧密配合,靠键的正面传递转矩。　　　　　　　　　　　　　　　　　　　　　　　　　(　　)

82．在键连接的画法中,平键与槽在顶面不接触,应画出间隙;画出平键的倒角;沿平键的纵向剖切时,平键按剖处理;横向剖切平键时,要画剖面线。　　　　　　　(　　)

83．花键连接的特点是键和键槽制成一体,适合用于载荷较大和定心精度不高的连接。　　　　　　　　　　　　　　　　　　　　　　　　　　　　　　　　　(　　)

84．花键按齿形有矩形花键和渐开线花键等,其中矩形花键应用得较为广泛。　(　　)

85．矩形花键的优点是:定心精度高,定心的稳定性好,便于加工制造。国家标准《矩形花键尺寸、公差和检验》(GB/T 1144—2001)规定,矩形花键的定心方式为大径定心。
　　　　　　　　　　　　　　　　　　　　　　　　　　　　　　　　　(　　)

86．花键是一种常用的标准结构,其结构和尺寸都已经标准化。　　　　　　(　　)

87．外花键在平行于花键轴线的投影面的视图中,花键大径用粗实线绘制,小径用细实线绘制。　　　　　　　　　　　　　　　　　　　　　　　　　　　　　　(　　)

88．花键工作长度的终止端和尾部长度的末端均用粗实线绘制,并与轴线垂直,尾部则画成斜线,其倾斜角一般与轴线成 30°(必要时,可按实际情况画出),并在图中注出花键的工作长度。　　　　　　　　　　　　　　　　　　　　　　　　　　　　　　(　　)

89．内花键在平行于花键轴线的投影面的剖视图中,花键大径及小径均用粗实线绘制,键齿按不剖处理。　　　　　　　　　　　　　　　　　　　　　　　　　(　　)

90．在装配图中,花键连接用剖视图表示,其连接部分按外花键的画法绘出。　(　　)

91．花键类型用图形符号表示,矩形花键的图形符号为"∏",渐开线花键的图形符号为"∏"。　　　　　　　　　　　　　　　　　　　　　　　　　　　　　(　　)

92．矩形花键的标记代号按次序包括:图形符号、键数 N、小径 d、大径 D、键宽 B、基本尺寸及公差带代号(大写表示内花键,小写表示外花键)和标准编号,标记代号的格式如下:
　　　　　　　　　　　　　　　　　　　　　　　　　　　　　　　　　(　　)

图形符号	键数	大径	小径	键宽	标准编号

93．花键的标记应注写在指引线的基准线上。　　　　　　　　　　　　　(　　)

94．销是标准件,主要用于零件间的连接或定位。　　　　　　　　　　　(　　)

95．最常见的销的基本类型是方销、圆柱销和圆锥销。　　　　　　　　　(　　)

96．销的简化标记格式如下:

名称	标准编号	类型	公差代号	公称直径	长度

97．圆锥的公称直径是指大端直径。　　　　　　　　　　　　　　　　　(　　)

98．在销连接的画法中,当剖切面沿销的轴线剖切时,销按剖处理;垂直销的轴线剖切时,不画剖面线。　　　　　　　　　　　　　　　　　　　　　　　　(　　)

99．销的倒角(或球面)可省略不画。　　　　　　　　　　　　　　　　　(　　)

100．当需要在图样上表示滚动轴承时,可采用简化画法(即通用画法和特征画法)或规定画法。　　　　　　　　　　　　　　　　　　　　　　　　　　　　(　　)

101．在剖视图中,当要确切地表示滚动轴承的外形轮廓、载荷特征、结构特征时,可用矩形线框及位于线框中央正立的十字形符号表示滚动轴承。　　　　　　　　(　　)

102．在剖视图中,当不需较形象地表示滚动轴承的结构特征时,可采用在矩形线框内画出其结构要素符号的方法表示滚动轴承。　　　　　　　　　　　　　　(　　)

103．通用画法和特征画法应绘制在轴的两侧。矩形线框、符号和轮廓线均用粗虚线绘制。　　　　　　　　　　　　　　　　　　　　　　　　　　　　　　(　　)

104．在滚动轴承的产品图样、产品样本和产品标准中,采用通用画法表示滚动轴承。

　　　　　　　　　　　　　　　　　　　　　　　　　　　　　　　　(　　)

105．当采用规定画法绘制滚动轴承的剖视图时,轴承的滚动体画剖面线,其内外圈可画成方向和间隔相同的剖面线,在不致引起误解时,也允许省略不画。　　(　　)

106．绘制滚动轴承的剖视图时,滚动轴承的保持架及倒圆省略不画。规定画法一般绘制在轴的一侧,另一侧按规定简画。　　　　　　　　　　　　　　　　(　　)

107．直齿轮的齿顶线用粗实线绘制;分度线用细点画线绘制;齿根线用细实线绘制,也可省略不画。　　　　　　　　　　　　　　　　　　　　　　　　　　(　　)

108．当剖切面通过直齿轮的轴线时,轮齿一律画剖面线。齿顶线用粗实线绘制;分度线用细点画线绘制;齿根线用粗实线绘制。　　　　　　　　　　　　　(　　)

109．在表示直齿轮端面的视图中,齿顶圆用粗实线绘制;分度圆用细点画线绘制;齿根圆用细实线绘制,也可省略不画。　　　　　　　　　　　　　　　　(　　)

110．当剖切面通过两啮合齿轮的轴线时,在啮合区内,将一个齿轮的轮齿用粗实线绘制;另一个齿轮的轮齿被遮挡的部分用细实线绘制,也可省略不画。　　(　　)

111．在平行于直齿轮轴线的投影面的视图中,啮合区内的齿顶线不必画出,节线用粗实线绘制,其他处的节线用细点画线绘制。　　　　　　　　　　　　　(　　)

112．在垂直于直齿轮轴线的投影面的视图中,两直齿轮节圆应相切,啮合区内的齿顶圆均用细实线绘制;也可将啮合区内的齿顶圆省略不画。　　　　　　(　　)

三、计算题

1．如图 1-4-1 所示,直齿圆柱齿轮 $m=3$ mm,$z=20$。

(1)计算:

齿顶圆直径=

分度圆直径=

齿根圆直径=

(2)按 1∶2 的比例补全两个视图。

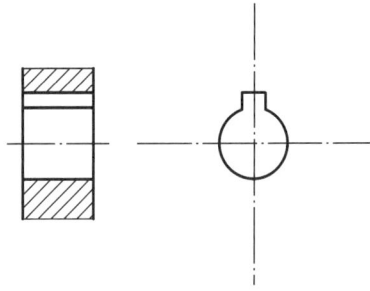

图 1-4-1

四、作图题

1. 如图 1-4-2 所示,分析找出螺纹紧固件画法中的错误,并在指定位置画出正确的图形。

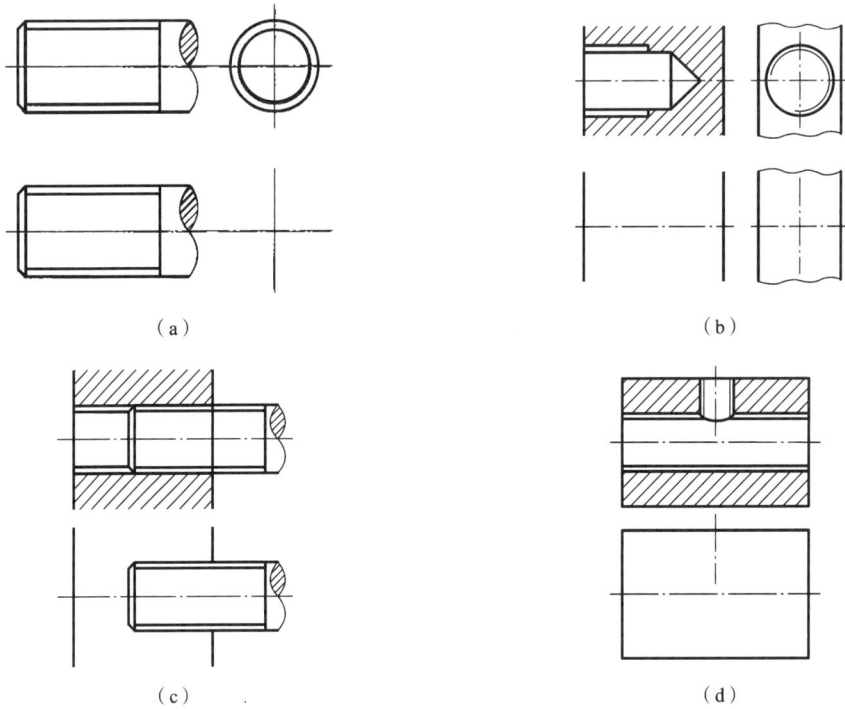

（a）

（b）

（c）

（d）

图 1-4-2

2. 如图 1-4-3 所示,找出图中螺纹画法的错误,将正确的图画在空白处。

1.

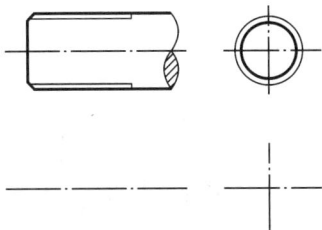

2.

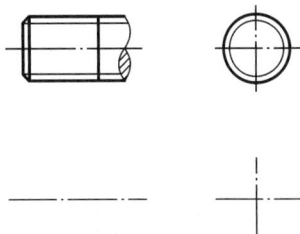

3.

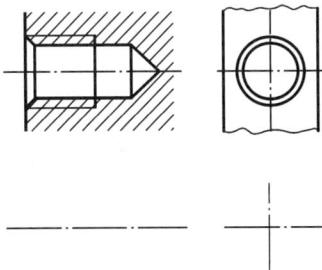

4.

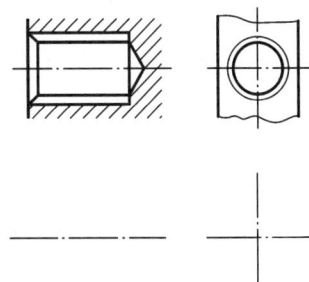

5.

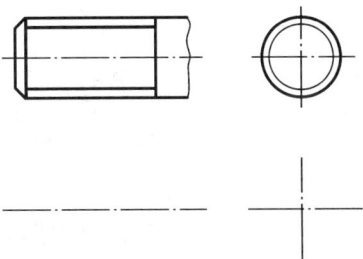

7.

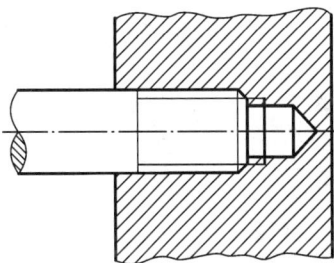

6.

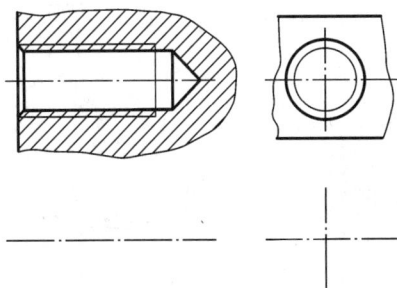

图 1-4-3

3. 如图 1-4-4 所示,(1) 指出图(a)、(b)中螺纹连接画法的错误,并画出正确的剖视图。
(2) 已知图(c)、(d),且外螺纹旋入长度为 25 mm,完成图(e)的螺纹连接图。

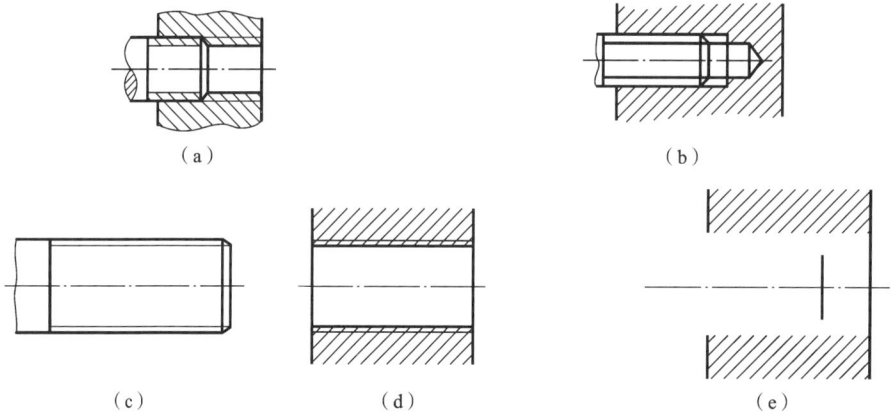

(a)　　　　　　　　　　　　　　(b)

(c)　　　　　　(d)　　　　　　(e)

图 1-4-4

4. 如图 1-4-5 所示,在图上注出下列螺纹的标记。

(1) 普通螺纹:细牙,大径 $\phi 24$ mm,螺距1.5 mm,右旋,螺纹公差带代号:中径为5g,大径为6g。

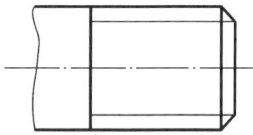

(2) 普通螺纹:粗牙,大径 $\phi 24$ mm,螺距3 mm,右旋,螺纹公差带代号:中径、大径均为6H。

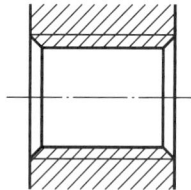

(3) 梯形螺纹:大径 24 mm,螺距5 mm,双线,右旋,螺纹公差带代号:中径为7e,旋合长度为长组。

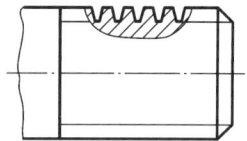

(4) 55° 非密封管螺纹,尺寸代号 3/4,公差等级A。

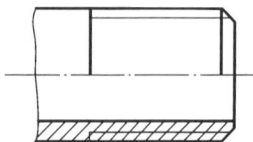

(5) 55° 密封管螺纹,尺寸代号 3/4。

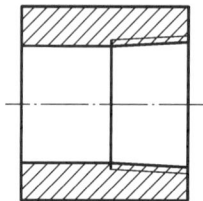

(6) 55° 密封管螺纹,尺寸代号 3/4。

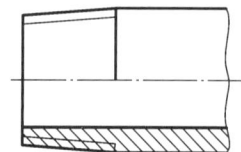

图 1-4-5

5. 如图 1-4-6 所示,指出下面图中的错误,并用比例画法画出正确的连接图。

（1）螺栓连接　螺栓 GB/T 5782　M12×65。　　　（2）螺柱连接　螺柱 GB 898　M12×35。

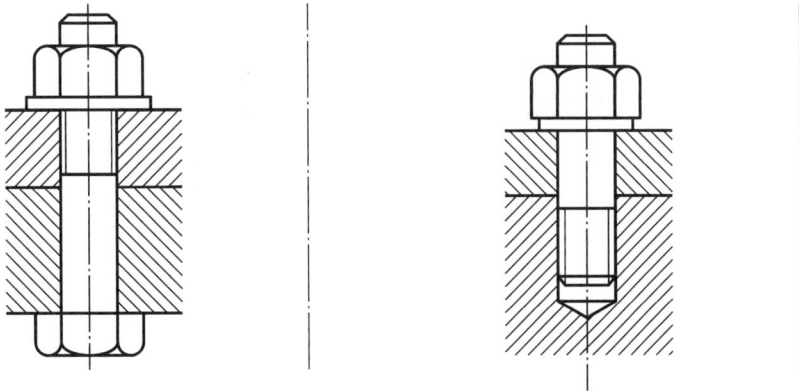

图 1-4-6

6. 尺寸标注。

（1）如图 1-4-7(a)所示,标注螺纹尺寸:普通螺纹,大径为 20 mm,螺距为 2.5 mm,单线,中径和大径公差带均为 6g,右旋。

（2）如图 1-4-7(b)所示,标注螺纹尺寸:普通螺纹,大径为 20 mm,螺距为 1.5 mm,单线,中径和大径公差带均为 6e,左旋。

（3）如图 1-4-7(c)所示,普通螺纹,大径为 24 mm,螺距为 3 mm,单线,中径和小径公差带均为 6H,右旋。

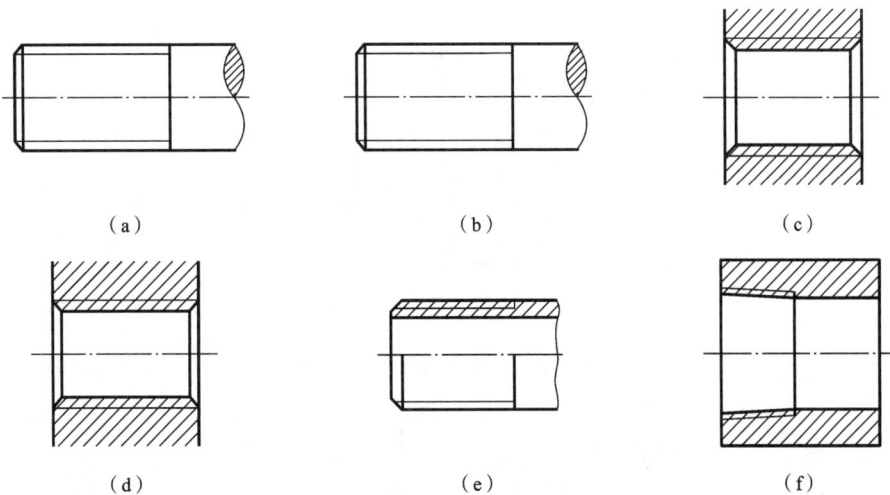

（a）　　　　　　　　　（b）　　　　　　　　　（c）

（d）　　　　　　　　　（e）　　　　　　　　　（f）

图 1-4-7

（4）如图 1-4-7(d)所示，普通螺纹，大径为 20 mm，螺距为 2 mm，单线，中径和小径公差带均为 6H，右旋。

（5）如图 1-4-7(e)所示，55°非密封管螺纹，尺寸代号为 3/4，公差带等级为 A 级，右旋。

（6）如图 1-4-7(f)所示，55°密封管螺纹(圆锥内螺纹)，尺寸代号为 3/4，右旋。

7. 如图 1-4-8 所示，完成螺栓连接的装配图(采用简化画法)。

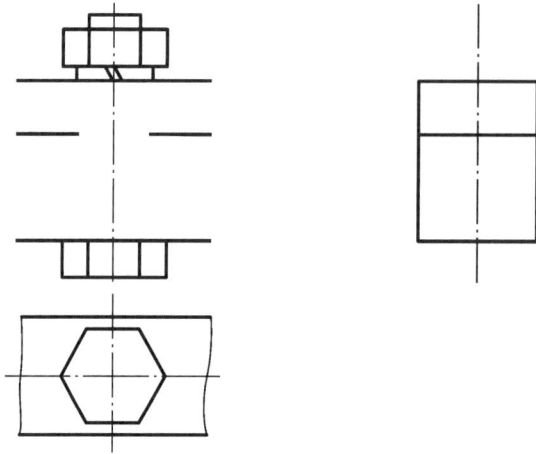

图 1-4-8

8. 如图 1-4-9 所示，完成螺钉连接的装配图(采用简化画法)。

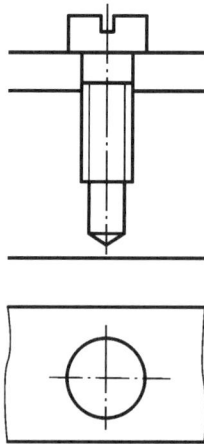

图 1-4-9

9. 如图 1-4-10 所示，已知轴和齿轮用 A 型平键连接，轴孔直径为 25 mm，键宽为 8 mm，键高为 7 mm，键长为 25 mm。

（1）查表确定键和键槽的尺寸，补全连接图形。

（2）写出键的标记。

键的标记：＿＿＿＿＿＿＿＿＿＿＿＿＿＿＿。

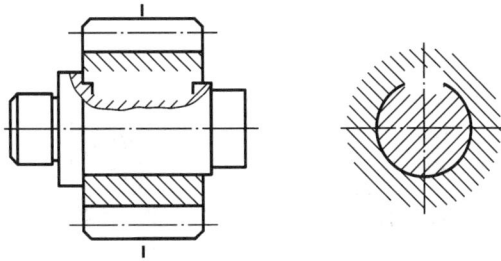

图 1-4-10

10. 如图 1-4-11 所示,圆锥销连接画法。

根据图(a)完成图(b),并写出销(GB/T 117—2000)的标记。
圆锥销的标记:＿＿＿＿＿＿＿＿＿＿＿＿＿＿＿＿＿＿＿。

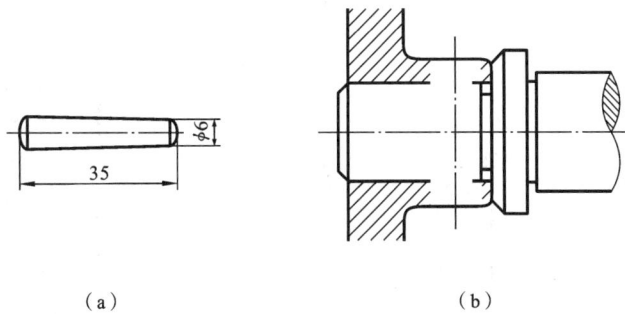

（a）　　　　　　　　　　　　　（b）

图 1-4-11

11. 如图 1-4-12 所示,补全直齿圆柱齿轮的主视图和左视图并标注尺寸(比例 1∶1,轮齿部分根据计算确定,其他尺寸由图中量取取整,轮齿端部倒角 $C1.5$,未注圆角 $R3$(模数 $m=3$ mm,齿数 $z=34$))。

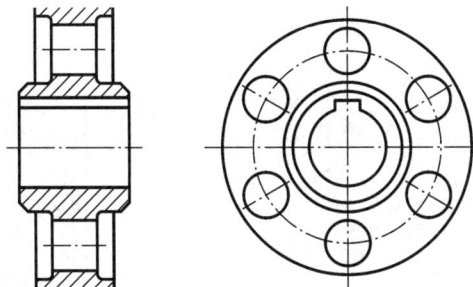

图 1-4-12

12. 如图 1-4-13 所示,补全直齿圆柱齿轮啮合的主视图和左视图(模数 $m=2$ mm,齿数 $z_1=34$,z_2 根据 1∶1 测得中心距计算取整)。

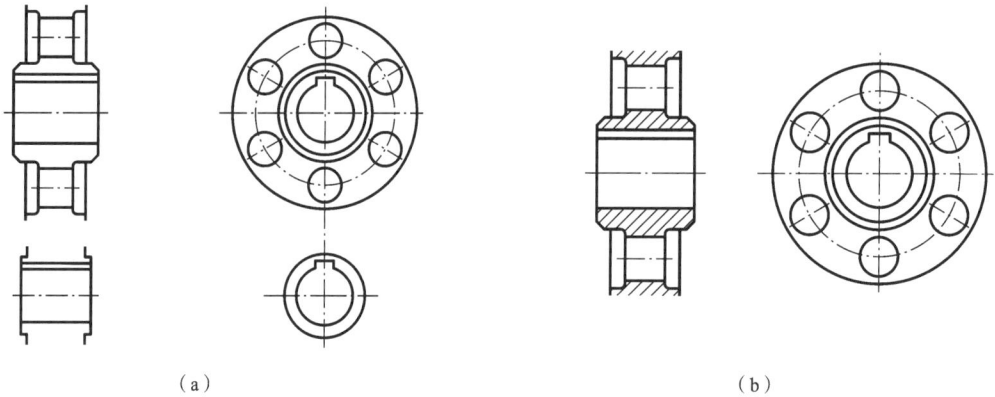

(a)　　　　　　　　　　　　　　　　(b)

图 1-4-13

13. 如图 1-4-14 所示,已知:轴、孔直径为 25 mm,键的尺寸为 8 mm×7 mm。用 A 型普通平键连接轴和齿轮。查表确定键和键槽的尺寸,按 1∶1 的比例分别完成轴和齿轮的图形,并标注键槽尺寸。

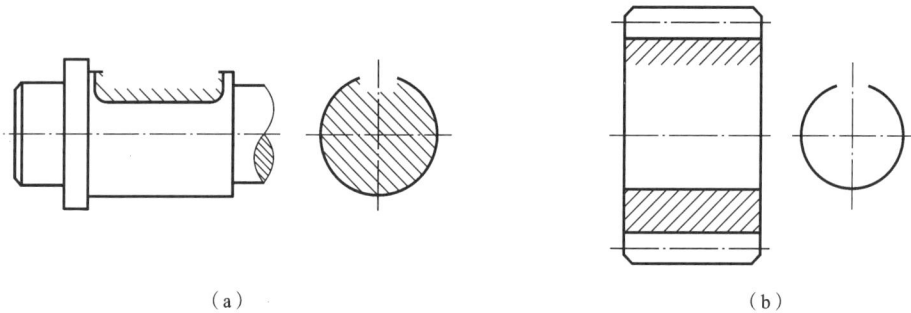

(a)　　　　　　　　　　　　　　　　(b)

图 1-4-14

14. 如图 1-4-15 所示,用键将轴和齿轮连接起来,补全其连接图,并写出键的标记代号。键的规定标记:_____。

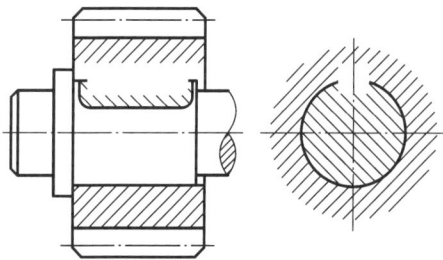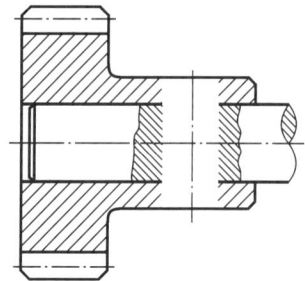

图 1-4-15　　　　　　　　　　　　图 1-4-16

15. 如图 1-4-16 所示,齿轮与轴用直径为 10 mm、公称长度为 32 mm 的 A 型圆柱销连接,补全销连接图,并写出圆柱销的规定标记。圆柱销的规定标记:_____。

16. 如图 1-4-17 所示,已知直齿圆柱齿轮模数 $m=2.5$ mm,齿数 $z=33$,完成两视图。

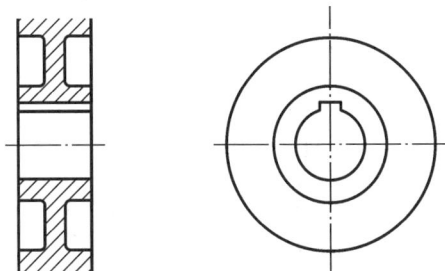

图 1-4-17

17. 如图 1-4-18 所示,完成一对啮合的直齿圆柱齿轮($z_1=19, z_2=37$)的两视图(提示:先计算出 m 值)。

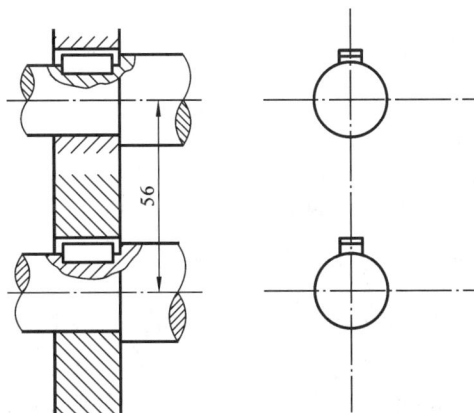

图 1-4-18

18. 绘制滚动轴承的视图。

(1) 如图 1-4-19(a)所示,采用通用画法绘制滚动轴承的视图。

（2）如图 1-4-19(b)所示,采用特征画法绘制滚动轴承的视图。

（3）如图 1-4-19(c)所示,采用规定画法绘制滚动轴承的视图。

（4）如图 1-4-19(d)所示,采用通用画法绘制滚动轴承的视图。

（5）如图 1-4-19(e)所示,采用特征画法绘制滚动轴承的视图。

（6）如图 1-4-19(f)所示,采用规定画法绘制滚动轴承的视图。

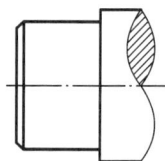

（a）滚动轴承6306(GB/T 276—2013) （b）滚动轴承6306(GB/T 276—2013) （c）滚动轴承6306(GB/T 276—2013)

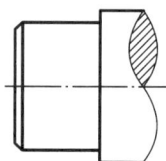

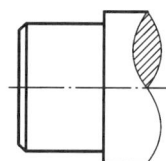

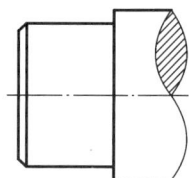

（d）滚动轴承30307(GB/T 297—2015) （e）滚动轴承30307(GB/T 297—2015) （f）滚动轴承30307(GB/T 297—2015)

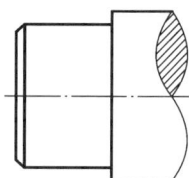

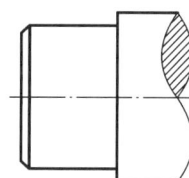

图 1-4-19

19. 如图 1-4-20 所示,按要求完成。

1. 解释下列滚动轴承代号的含义

6408   32306   51420

内径 _____   内径 _____   内径 _____

轴承类型 _____   轴承类型 _____   轴承类型 _____

2. 在轴端画出下列轴承

（1）滚动轴承6005（采用规定画法）。   （2）滚动轴承30304（采用特征画法）。

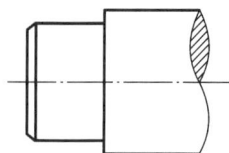

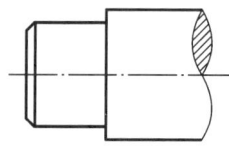

图 1-4-20

20. 如图 1-4-21 所示,补全双头螺柱连接图中所缺图线。

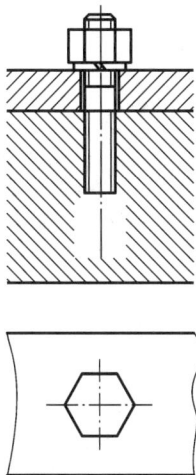

图 1-4-21

21. 完成下列各题。

(1) 填空题。

① 螺纹要素包括_____、_____、_____、_____、_____五项。

② 按规定画法绘制螺纹时,若螺纹大径为 d,则小径应按 _____ d 绘制。

③ 不通螺纹孔圆锥面尖端的锥角应画成_____。

④ 在剖视图中,内外螺纹的旋合部分应按_____的画法绘制。

⑤ 常用的三种螺纹连接是_____连接、_____连接和_____连接。

⑥ 国家标准对齿轮轮齿的规定画法是:齿顶圆及齿顶线用_____线绘制,分度圆及分度线用_____线绘制,齿根圆及齿根线用_____线绘制。

⑦ 在装配图中,键被剖切面纵向剖切,键按_____绘制。

(2) 解释螺纹标记的含义:

螺纹标记	螺纹种类	大径	导程	螺距	线数	旋向	公差带代号
M20-6H-LH							
M20×1.5-6g7g							
Tr40×14(P7)-8e							

22. 有一直齿轮,通过测量得知齿顶圆直径 d_a＝244.4 mm,齿数 z＝96,试绘制齿轮零件图。

23. 普通 A 型平键,键宽 $b = 18$ mm,键高 $h = 11$ mm,键长 $L = 100$ mm,试写出键的标记。

标记:_____。

24. 试写出公称直径 $d = 6$ mm,公差为 m6,公称长度 $L = 30$ mm,材料为钢、不经淬火、不经表面处理的圆柱销的标记。

标记:_____。

25. 试写出圆锥滚子轴承,内径 $d = 70$ mm,宽度系列代号为 1,直径系列代号为 2 的标记。

标记:_____。

练习 1-5　零　件　图

一、单项选择题

1. 表示零件结构、大小及技术要求的图样称为（　　）。

A. 装配图　　　　　　B. 轴测图　　　　　　C. 零件图　　　　　　D. 示意图

2. 一张完整的零件图，包括的内容有（　　）。

A. 图形、尺寸、结构特点和标题栏　　　　　B. 图形、尺寸、技术要求和标题栏

C. 视图、标注、技术要求和标题栏　　　　　D. 视图、尺寸、表达方法和标题栏

3. 标题栏在图样的（　　）。

A. 左上角　　　　　　B. 右上角　　　　　　C. 左下角　　　　　　D. 右下角

4. 根据结构特点和用途，零件大致可分为（　　）。

A. 轴（套）类、轮盘类、叉架类和箱体类　　　B. 杆类、轮盘类、叉架类和箱体类

C. 轴（套）类、槽类、叉架类和箱体类　　　　D. 轴类、齿轮类、杆类和箱体类

5. 轴上常加工有（　　）。

A. 键槽、螺纹、油槽、倒角、退刀槽、中心孔等结构

B. 键槽、螺纹孔、挡圈槽、倒角、退刀槽、中心孔等结构

C. 键槽、螺纹、挡圈槽、倒角、退刀槽、中心孔等结构

D. 圆孔、螺纹、油孔、挡圈槽、退刀槽、中心孔等结构

6. 轴的中心孔是用来（　　）。

A. 连接　　　　　　　　　　　　　　　　B. 安装

C. 供加工时装夹和定位的　　　　　　　　D. 表示密封槽的结构

7. 通常用移出断面反映键槽的深度，表达定位孔的结构用（　　）。

A. 断面图　　　　　　B. 局部剖视图　　　　C. 局部视图　　　　　D. 局部放大图

8. 套类零件的主视图多采用轴线水平放置的（　　）。

A. 全剖视图　　　　　B. 局部剖视图　　　　C. 局部视图　　　　　D. 局部放大图

9. 轮盘类零件采用一个_____，基本上清楚地反映了端盖的结构。另外采用一个_____，用它表示密封槽的结构，以便于标注密封槽的尺寸。（　　）

A. 全剖的左视图　局部放大图　　　　　　B. 全剖的主视图　局部放大图

C. 全剖的俯视图　局部放大图　　　　　　D. 全剖视图　局部剖视图

10. 为了表达叉架类零件上的弯曲或扭斜结构，还要选用的表达方法是（　　）。

A. 斜视图、局部剖视图、断面图和局部放大图等

B. 斜视图、单一斜剖切面剖切的全剖视图、断面图和局部视图等

C. 主视图、单一斜剖切面剖切的半剖视图、断面图和局部视图等

D. 主视图、局部放大图、断面图和局部剖视图等

11. 叉架类零件在主视图上采用_____表达较为合适。_____着重表示了叉、套筒的形状和弯杆的宽度,并用移出_____表示弯杆的断面形状。( )

A. 局部剖视 左视图 断面图   B. 局部放大图 左视图 断面图

C. 局部剖视 主视图 断面图   D. 局部放大图 左视图 剖视图

12. 箱体类零件采用了三个基本视图。主视图采用_____图,左视图采用了_____图,并采用_____图表达了底板上安装孔的结构。( )

A. 全剖视 半剖视 局部剖视   B. 局部放大 半剖视 局部剖视

C. 局部剖视 全剖视 半剖视   D. 半剖视 全剖视 局部剖视

13. 可作为尺寸基准的是( )。

A. 零件的上面、端面、对称面、主要的轴线、对称中心线等

B. 零件的上面、端面、对称面、主要的轴线、不对称的中心线等

C. 零件的底面、端面、对称面、主要的轴线、对称中心线等

D. 零件的底面、端面、对称面、主要的轴线、不对称的中心线等

14. 标注尺寸时,应尽量使( )。

A. 尺寸基准与工艺基准重合   B. 设计基准与工艺基准重合

C. 辅助基准与工艺基准重合   D. 设计基准与尺寸基准重合

15. 每个零件都有长、宽、高三个方向的尺寸,每个方向至少有一个( )。

A. 辅助基准   B. 工艺基准   C. 设计基准   D. 尺寸基准

16. 辅助基准必须有( )与主要基准相联系。

A. 工艺   B. 形状   C. 结构   D. 尺寸

17. 表面粗糙度参数值越小,( )。

A. 表面质量越高,加工成本也越高   B. 表面质量越低,加工成本也越高

C. 表面质量越低,加工成本也越低   D. 表面质量越高,加工成本也越低

18. 表面粗糙度的基本图形符号是( )。

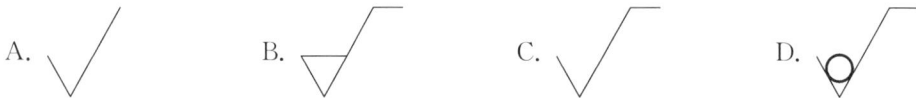

A.   B.   C.   D.

19. 表面粗糙度是对完工零件表面的要求,每一表面标注( )。

A. 一次   B. 两次   C. 三次   D. 多次

20. 表面粗糙度是对完工零件表面的要求,尽可能标注在( )。

A. 相应的结构及其公差的主视图上   B. 相应的尺寸及其公差的同一视图上

C. 相应的视图及其公差的俯视图上   D. 相应的尺寸及其公差的右视图上

21. 下图表面粗糙度的注写和读取方向正确的是( )。

A.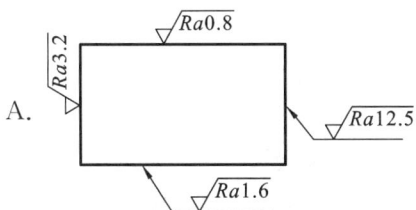

B.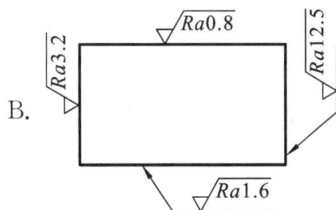

C.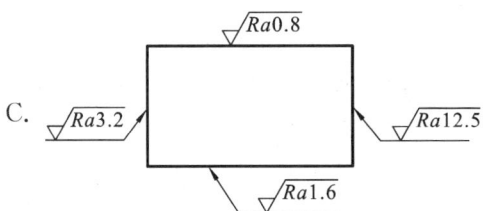

D.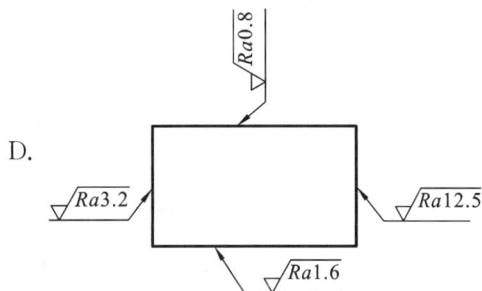

22. 下图表面粗糙度标注正确的是( )。

A.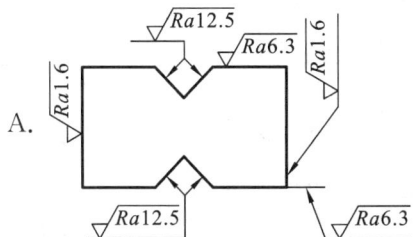

B.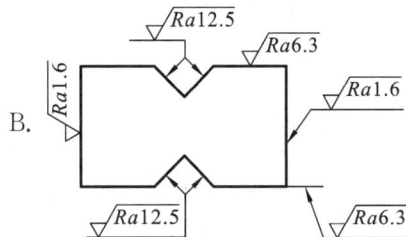

C.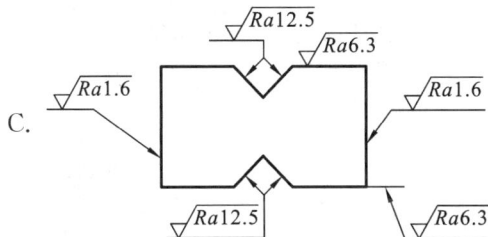

D.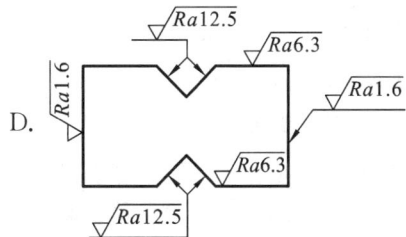

23. 读零件图的目的是( )。

A. 了解零件的名称、工艺、材料、大小、制造方法和所提出的技术要求、各部分的结构、形状以及它们之间的相对位置等

B. 了解零件的名称、用途、材料、大小、制造方法和所提出的技术要求、各部分的结构、形状以及它们之间的相对位置等

C. 了解零件的名称、用途、材料、大小、装配方法和所提出的技术要求、各部分的结构、形状以及它们之间的相对位置等

D. 了解零件的名称、用途、材料、尺寸、工艺方法和所提出的技术要求、各部分的结构、形状以及它们之间的相对位置等

24. 读零件图的一般顺序是先_____后_____；先_____结构后_____结构；先读懂_____部分，再分析_____部分。( )

A. 整体 局部 局部 主体 简单 复杂

B. 局部　整体　主体　局部　简单　复杂

C. 整体　局部　主体　局部　简单　复杂

D. 整体　局部　主体　局部　复杂　简单

25. 零件图上的尺寸是制造、检验零件的重要依据。分析尺寸的主要目的是:根据零件的结构特点、设计和制造的工艺要求,找出_____,分清_____和_____,明确尺寸种类和标注形式。(　　)

　A. 尺寸基准　设计基准　工艺基准　　　　B. 尺寸基准　工艺基准　设计基准

　C. 设计基准　尺寸基准　工艺基准　　　　D. 设计基准　工艺基准　尺寸基准

26. 为使零件具有互换性,必须保证(　　)等技术要求的一致性。

　A. 零件的尺寸、表面粗糙度、几何形状及零件上有关要素的相互位置

　B. 零件的尺寸、表面尺寸、几何形状及零件上有关要素的相互位置

　C. 零件的加工工艺、表面粗糙度、几何形状及零件上有关要素的相互位置

　D. 零件的尺寸、表面粗糙度、结构形状及零件上有关要素的相互位置

27. 极限偏差可以是_____、_____或_____;而公差恒为_____,不能是_____或_____。(　　)

　A. 负值　正值　零　正值　零　负值　　　B. 正值　零　负值　正值　负值　零

　C. 正值　负值　零　正值　零　负值　　　D. 正值　负值　零　负值　零　正值

28. 公差带由_____和_____两个要素来确定。(　　)

　A. 极限偏差　尺寸公差　　　　　　　　　B. 上极限偏差　下极限偏差

　C. 基本偏差　尺寸公差　　　　　　　　　D. 公差带大小　公差带位置

29. 公差带大小由(　　)来确定。

　A. 极限偏差　　　　B. 尺寸公差　　　　C. 上、下极限偏差　　　D. 标准公差

30. 标准公差分为(　　)个等级。

　A. 10　　　　　　　B. 20　　　　　　　C. 30　　　　　　　　D. 40

31. 公差带相对零线的位置由(　　)来确定。

　A. 极限偏差　　　　B. 基本偏差　　　　C. 上、下极限偏差　　　D. 标准公差

32. 基本偏差通常是指靠近零线的那个_____,它可以是_____或_____。(　　)

　A. 极限偏差　下极限偏差　上极限偏差

　B. 极限偏差　上极限偏差　基本偏差

　C. 上极限偏差　极限偏差　下极限偏差

　D. 下极限偏差　极限偏差　上极限偏差

33. 当公差带在零线上方时,基本偏差为_____;当公差带在零线下方时,基本偏差为_____。(　　)

　A. 下极限偏差　上极限偏差　　　　　　　B. 极限偏差　标准公差

　C. 标准公差　极限偏差　　　　　　　　　D. 上极限偏差　下极限偏差

34. 零件的几何公差是指(　　)。

A. 标准公差和极限偏差　　　　　　　　B. 基本偏差和标准公差

C. 上极限偏差和下极限偏差　　　　　　D. 形状公差、方向公差、位置公差和跳动公差

35. 下面不是形状公差符号的是(　　)。

A. ▱　　　　　　B. ○　　　　　　C. ⌒　　　　　　D. ⌖

36. 下面不是位置公差符号的是(　　)。

A. ◎　　　　　　B. ≡　　　　　　C. ⌀　　　　　　D. ⌒

37. 对于精度要求较高的零件,除给出_____外,还应根据设计要求,合理地确定出_____误差的_____。(　　)

A. 标准公差　形状和位置　最大允许值　　　B. 基本公差　结构　最小允许值

C. 形状公差　工艺　最小允许值　　　　　　D. 尺寸公差　形状和位置　最大允许值

38. 位置公差是指允许的变动量,包括(　　)。

A. 基本公差、标准公差和形状公差　　　　　B. 定向公差、定位公差和跳动公差

C. 定向公差、定位公差和形状公差　　　　　D. 基本公差、标准公差和跳动公差

39. 当被测要素为整体轴线或公共中心平面时,指引线箭头应(　　)。

A. 直接指在轴线或中心线上

B. 与该要素的尺寸线对齐

C. 指在该要素的轮廓线或其引出线上,并应明显地与尺寸线错开

D. 靠近该要素的轮廓线或引出线标注,并应明显地与尺寸线箭头错开

40. 当被测要素为轴线、球心或中心平面时,指引线箭头应(　　)。

A. 直接指在轴线或中心线上

B. 与该要素的尺寸线对齐

C. 指在该要素的轮廓线或其引出线上,并应明显地与尺寸线错开

D. 靠近该要素的轮廓线或引出线标注,并应明显地与尺寸线箭头错开

41. 当被测要素为线或表面时,指引线箭头应(　　)。

A. 直接指在轴线或中心线上

B. 与该要素的尺寸线对齐

C. 指在该要素的轮廓线或其引出线上,并应明显地与尺寸线错开

D. 靠近该要素的轮廓线或引出线标注

42. 当基准要素为素线或表面时,基准符号应(　　)。

A. 靠近该要素的轮廓线或引出线标注,并应明显地与尺寸线箭头错开

B. 与该要素的尺寸线箭头对齐

C. 直接靠近公共轴线(或公共中心线)标注

D. 直接指在轴线或中心线上

43. 当基准要素为轴线、球心或中心平面时,基准符号应(　　)。

A. 靠近该要素的轮廓线或引出线标注,并应明显地与尺寸线箭头错开

B. 与该要素的尺寸线箭头对齐

C. 直接靠近公共轴线(或公共中心线)标注

D. 直接指在轴线或中心线上

44. 当基准要素为整体轴线或公共中心平面时,基准符号应(   )。

A. 靠近该要素的轮廓线或引出线标注,并应明显地与尺寸线箭头错开

B. 与该要素的尺寸线箭头对齐

C. 直接靠近公共轴线(或公共中心线)标注

D. 直接指在轴线或中心线上

二、判断题

1. 任何机器或部件都是由若干零件按一定的装配关系和技术要求组装而成的,因此零件是组成机器或部件的基本单位。   (   )

2. 制造机器时,首先根据装配图制造出全部零件,然后按装配图要求将零件装配成机器或部件。   (   )

3. 表示零件结构、形状、大小及技术要求的图样称为零件图。   (   )

4. 零件图是制造和检验零件的依据,是组织生产的主要技术文件之一。   (   )

5. 一张完整的零件图,包括用一定数量的视图、剖视图、断面图、局部放大图等,完整、清晰地表达零件的结构、尺寸、形状。   (   )

6. 一张完整的零件图,包括正确、完整、清晰、合理地标注出组成零件各形体的大小及其相对位置尺寸,即提供制造和检验零件所需的全部尺寸。   (   )

7. 一张完整的零件图,包括将制造零件应达到的质量要求(如表面粗糙度、极限与配合、几何公差、热处理及表面处理等),用规定的代(符)号、数字、字母或文字,准确、简明地表示出来。不便于用代(符)号标注在图样中的技术要求,可用文字注写在标题栏的上方或左侧。

                                                                (   )

8. 一张完整的零件图,包括在图样的左下角绘有标题栏,填写零件的名称、数量、材料、比例、图号,以及设计、绘图、校核人员的签名、日期等。   (   )

9. 根据结构特点和用途,零件大致可分为轴(套)类、轮盘类、叉架类和箱体类四类典型零件。   (   )

10. 轴类零件的主体多数由几段直径不同的圆柱、圆锥体、圆盘所组成,构成阶梯状,轴(套)类零件的轴向尺寸远大于其径向尺寸。   (   )

11. 轴上常加工有键槽、螺纹、挡圈槽、倒角、退刀槽、中心孔、齿轮等结构。   (   )

12. 为了传递动力,轴上装有齿轮、带轮等,利用键来连接,因此轴上有键槽。 (   )

13. 为了便于轴上各零件的安装,在轴端车有小于直径一点的一段轴。   (   )

14. 轴的中心孔是供加工时装夹和定位用的。   (   )

15. 为了加工时看图方便,轴类零件的主视图按加工位置选择,一般将轴线垂直放置,水

平轴线方向作为主视图的投射方向,使它符合车削和磨削的加工位置。　　　　（　　）

16. 在轴类零件的主视图上,清楚地反映了阶梯轴的各段形状及相对位置,也反映了轴上各种局部结构的轴向位置。　　　　（　　）

17. 在轴类零件的主视图上,轴上的局部结构一般采用断面图、局部剖视图、局部放大图、局部视图来表达。通常,用局部放大图反映键槽的深度,用移出断面表达定位孔的结构。

　　　　（　　）

18. 套类零件的主要结构仍由回转体组成,与轴类零件不同之处在于套类零件是实心的,因此主视图多采用轴线水平放置的全剖视图表示。　　　　（　　）

19. 轮盘类零件的基本形状是扁平的盘状,主体部分多为回转体,轮盘类零件的轴向尺寸远大于其径向尺寸。　　　　（　　）

20. 轮盘类零件大部分是铸件,如各种齿轮、带轮、手轮、减速器的一些端盖、齿轮泵的泵盖等都属于这类零件。　　　　（　　）

21. 根据轮盘类零件的结构特点,主要加工表面以铣削为主,因此在表达这类零件时,其主视图经常是将轴线水平放置,并作全剖视。　　　　（　　）

22. 叉架类零件包括拨叉、支架、连杆等零件。　　　　（　　）

23. 叉架类零件一般由三部分构成,即支持部分、工作部分和连接部分。　　　　（　　）

24. 叉架类零件的连接部分多是肋板结构,且形状正直、扭斜的较少。　　　　（　　）

25. 叉架类零件的支持部分和工作部分的细部结构也较多,如圆孔、螺纹孔、油槽、油孔等。　　　　（　　）

26. 由于叉架类零件加工工序较多,其加工位置经常变化,因此选择主视图时,主要考虑零件的形状特征和支持位置。　　　　（　　）

27. 叉架类零件常需要两个或两个以上的基本视图,为了表达零件上的弯曲或扭斜结构,还要选用斜视图、单一斜剖切面剖切的全剖视图、断面图和局部视图等表达方法。

　　　　（　　）

28. 画图时,一般把叉架类零件主要轮廓放成垂直或水平位置。　　　　（　　）

29. 箱体类零件主要用来支承和包容其他零件,其内外结构都比较复杂,一般为钢件。

　　　　（　　）

30. 泵体、阀体、减速器的箱体等都属于箱体零件。　　　　（　　）

31. 由于箱体类零件形状复杂,加工工序较多,加工位置不尽相同,但箱体在机器中的工作位置是固定的。因此,箱体的主视图常常按工作位置及形状特征来选择,为了清晰地表达内部结构,常采用全剖视的方法。　　　　（　　）

32. 零件图中的尺寸是制造、检验零件的重要依据,生产中要求零件图中的尺寸不允许有任何差错。在零件图上标注尺寸,除要求正确、完整和清晰外,还应考虑合理性,既要满足设计要求,又要便于加工、测量。　　　　（　　）

33. 要合理标注尺寸,必须恰当地选择尺寸基准,即尺寸基准的选择应符合零件的设计

要求并便于加工和测量。零件的底面、轮廓面、端面、对称面、主要的轴线、对称中心线等都可作为尺寸基准。 （ ）

34. 根据机器的结构和设计要求,用以确定零件在机器中位置的一些面、线、点,称为尺寸基准。 （ ）

35. 根据零件加工制造、测量和检验等工艺要求所选定的一些面、线、点,称为设计基准。 （ ）

36. 标注尺寸时,应尽量使设计基准与工艺基准重合,使尺寸既能满足设计要求,又能满足工艺要求。当设计基准与工艺基准不能重合时,主要尺寸应从工艺基准出发标注。 （ ）

37. 每个零件都有长、宽、高三个方向的尺寸,每个方向至少有一个设计基准,且都有一个主要基准,即决定零件主要尺寸的基准。 （ ）

38. 为了便于加工和测量,通常还附加一些尺寸基准,这些除主要基准外另选的基准为辅助基准。辅助基准必须有尺寸与主要基准相联系。 （ ）

39. 零件图中除了图形和尺寸外,还应具备加工和检验零件的技术要求。 （ ）

40. 技术要求主要是指几何精度方面的要求,如表面粗糙度、尺寸公差、零件的几何公差、材料的热处理和表面处理,以及对指定加工方法和检验的说明等。技术要求通常是用符号、代号或标记标注在图形上,或者用简明的文字注写在图纸空白处。 （ ）

41. 在机械图样上,为保证零件装配后的使用要求,除了对零件各部分结构的尺寸、形状和位置给出公差要求,还要根据零件的功能需要,对零件的表面质量、表面结构提出要求。 （ ）

42. 表面结构是表面粗糙度、表面波纹度、表面缺陷、表面尺寸、表面纹理和表面几何形状的总称。 （ ）

43. 零件在机械加工过程中,由于机床、刀具的振动,以及材料在切削时产生塑性变形、刀痕等原因,经放大后可见其加工表面是高低不平的。 （ ）

44. 零件加工表面由较小间距和较小峰、谷所组成的微观几何形状特征,称为表面粗糙度。 （ ）

45. 表面粗糙度与加工方法、机床精度、刀具形状及进给量等各种因素都有密切关系。 （ ）

46. 表面粗糙度是评定零件表面质量的一项重要技术指标,对于零件的配合、耐磨性、抗腐蚀性以及密封性等都有显著影响,是零件图中必不可少的一项技术要求。 （ ）

47. 零件表面粗糙度的选用,既应该满足零件表面的功用要求,又要考虑经济性。 （ ）

48. 一般情况下,零件上凡是有配合要求或有相对运动的表面,表面粗糙度参数值均较大。 （ ）

49. 表面粗糙度参数值越大,表面质量越高,加工成本也越高。因此,在满足使用要求的前提下,应尽量选用较大的粗糙度参数值,以降低成本。 （ ）

50. 轮廓的算术平均偏差就是在一个取样长度内,最大轮廓峰高和最大轮廓谷深之和。

（　　）

51. 轮廓的最大高度就是在一个取样长度内,纵坐标值绝对值的算术平均值。　（　　）

52. 在图样中,零件表面粗糙度是用代号标注的。表面粗糙度的图形符号中注写了具体参数代号及数值等要求后,即称为表面粗糙度代号。　（　　）

53. 表面粗糙度对每一表面一般只标注一次,并尽可能标注在相应的尺寸及其公差的同一视图上,除非另有说明,所标注的表面粗糙度是对完工零件表面的要求。　（　　）

54. 表面粗糙度的注写和读取方向与尺寸的注写和读取方向一致。　（　　）

55. 表面粗糙度可标注在尺寸线上,其符号应从材料外指向并接触表面。必要时,表面粗糙度也可用带箭头或黑点的指引线引出标注。　（　　）

56. 在不致引起误解时,表面粗糙度可以标注在给定的轮廓线上。　（　　）

57. 圆柱表面的表面粗糙度只标注一次。　（　　）

58. 表面粗糙度可以直接标注在延长线上,或用带箭头的指引线引出标注。　（　　）

59. 如果工件的全部表面具有相同的表面粗糙度,则图形中不再标注表面粗糙度代号,在紧邻标题栏的右上方统一标注表面粗糙度代号即可。　（　　）

60. 如果工件的多数表面有相同的表面粗糙度,则表面粗糙度代号可统一标注在紧邻标题栏的右上方,并在表面粗糙度代号后面的圆括号内,给出无任何其他标注的基本符号;或将已在图形上标注出的不同的表面粗糙度代号,一一抄注在圆括号内。　（　　）

61. 用表面粗糙度符号,以等式的形式给出对多个表面共同的表面粗糙度。　（　　）

62. 在图样中,零件表面粗糙度是用代（符）号标注的,它由规定的符号和有关参数组成。

（　　）

63. 读零件图的目的是了解零件的名称、尺寸、结构、用途、材料等。　（　　）

64. 读零件图的目的是了解零件各部分的结构、形状,以及它们之间的相对位置。

（　　）

65. 读零件图的目的是了解零件的大小、制造方法和所提出的技术要求。　（　　）

66. 读零件图的一般方法和步骤包括概括了解、分析视图、分析尺寸、了解技术要求。

（　　）

67. 概括了解零件图时,首先看标题栏,了解零件名称、材料和比例等内容。由零件名称可判断该零件属于哪一类零件;由材料可大致了解其加工方法;根据比例可估计零件的实际大小。　（　　）

68. 对不熟悉的比较复杂的零件图,可对照装配图了解该零件在机器或部件中与其他零件的装配关系等,从而对零件有初步了解。　（　　）

69. 当分析零件图视图时,首先应找出主视图,再分析零件各视图的配置以及视图之间的关系,进而识别出其他视图的名称及投射方向。　（　　）

70. 分析零件图视图时,若采用剖视或断面的表达方法,还需确定出剖切位置。要运用

形体分析法读懂零件各部分结构,想象出零件的结构形状。　　　　　　　　( )

71. 零件的结构形状是读零件图的重点,视图仍适用于读零件图。　　　　　( )

72. 读零件图的一般顺序是先整体后局部;先主体结构后局部结构;先读懂复杂部分,再读简单部分。　　　　　　　　　　　　　　　　　　　　　　　　　　　( )

73. 零件图上的尺寸是制造、检验零件表面粗糙度的重要依据。　　　　　　( )

74. 分析零件图尺寸的主要目的是:根据零件的结构特点、设计和制造的工艺要求,找出尺寸基准,分清设计基准和工艺基准,明确尺寸种类和标注形式;分析影响性能的主要尺寸标注是否合理,标准结构要素的尺寸标注是否符合要求,其他尺寸是否满足工艺要求;校核尺寸标注是否完整等。　　　　　　　　　　　　　　　　　　　　　　　　( )

75. 零件图上的技术要求是零件制造过程的指标。　　　　　　　　　　　( )

76. 读图时应根据零件在机器中的作用,分析配合面或主要加工面的加工精度要求,了解其表面结构要求、尺寸公差、几何公差及其代号含义;再分析其余加工面和非加工面的相应要求,了解零件的热处理、表面处理及检验等其他技术要求,以便根据现有加工条件,确定合理的加工工艺,来保证这些技术要求。　　　　　　　　　　　　　　　　( )

77. 标题栏上方的技术要求,用文字说明了零件的热处理要求、铸造圆角的尺寸,以及镗孔加工时的要求。　　　　　　　　　　　　　　　　　　　　　　　　( )

78. 对某些比较复杂的零件,还需参考有关技术资料和相关的装配图,才能彻底读懂。读图的各个步骤也可视零件的具体情况灵活运用,交叉进行。　　　　　　　( )

79. 在一批相同的零件中任取一个,不需修配便可装到机器上并能满足使用要求的性质,称为零件的一致性。　　　　　　　　　　　　　　　　　　　　　( )

80. 为使零件具有互换性,必须保证零件的尺寸、表面粗糙度、几何形状及零件上有关要素的相互位置等技术要求的一致性。　　　　　　　　　　　　　　　　　( )

81. 互换性要求零件尺寸的一致性,并不是要求零件都准确地制成一个指定的尺寸,而只是限定其在一个合理的范围内变动。　　　　　　　　　　　　　　　　( )

82. 对于相互配合的零件,一是要求在使用和制造上是合理、经济的;再就是要求保证相互配合的尺寸之间形成一定的配合关系,以满足不同的使用要求。前者要以"公差"的标准化——极限制来解决,后者要以"配合"的标准化来解决,由此产生了"极限与配合"制度。

　　　　　　　　　　　　　　　　　　　　　　　　　　　　　　　　( )

83. 在机械加工过程中,不可能将零件的尺寸加工得绝对准确,而是允许零件的实际尺寸在合理的范围内变动。这个允许的尺寸变动量就是尺寸公差,简称公差。　　( )

84. 公差越小,零件的精度越高,实际尺寸的允许变动量也越大;反之,公差越大,零件的精度越低。　　　　　　　　　　　　　　　　　　　　　　　　　　　( )

85. 公差＝上极限尺寸－上极限偏差;或公差＝下极限尺寸－下极限偏差。　( )

86. 上极限偏差和下极限偏差统称为极限偏差。极限偏差可以是正值、负值或零,所以公差也可以是正值、负值或零。　　　　　　　　　　　　　　　　　　　　( )

87. 在公差分析中,常把公称尺寸、极限偏差及尺寸公差之间的关系简化成公差带图。

（　　）

88. 在公差带图解中,由代表上、下极限偏差的两条直线所限定的一个区域,称为公差带图。 （　　）

89. 在极限与配合图解中,表示公称尺寸的一条直线称为零线,以其为基准确定极限偏差和尺寸公差。 （　　）

90. 公差带由公差带大小和公差带位置两个要素来确定。 （　　）

91. 公差带大小由上、下公差来确定。 （　　）

92. 标准公差分为 20 个等级,即 IT01,IT0,IT1,IT2,…,IT18。 （　　）

93. IT 代表标准公差,数字表示公差等级。 （　　）

94. IT01 公差值最大,精度最高;IT18 公差值最小,精度最低。 （　　）

95. 公差带相对零线的位置由极限偏差来确定。 （　　）

96. 基本偏差通常是指靠近零线的那个极限偏差,它可以是上极限偏差或下极限偏差。 （　　）

97. 当公差带在零线上方时,基本偏差为上极限偏差。 （　　）

98. 当公差带在零线下方时,基本偏差为下极限偏差。 （　　）

99. 《产品几何技术规范（GPS）　线性尺寸公差 ISO 代号体系　第 1 部分:公差、偏差和配合的基础》（GB/T 1800.1—2020）对孔和轴各规定了 28 个不同的基本偏差。 （　　）

100. 基本偏差代号用拉丁字母表示。其中,用一个字母表示的有 21 个,用两个字母表示的有 7 个。从 26 个拉丁字母中去掉了易与其他含义相混淆的 I、L、O、Q、W（i、l、o、q、w）5 个字母。大写字母表示孔,小写字母表示轴。 （　　）

101. 如果基本偏差和标准公差确定了,则孔和轴的公差带大小和位置就确定了。 （　　）

102. 零件的几何公差是指形状公差、尺寸公差、方向公差、位置公差和跳动公差。 （　　）

103. 对于精度要求较高的零件,要规定其几何公差,合理地确定几何公差是保证产品质量的重要措施。 （　　）

104. 国家标准《产品几何技术规范（GPS）几何公差形状、方向、位置和跳动公差标注》（GB/T 1182—2018）规定,几何公差的几何特征有 19 项（符号 14 个）,即形状公差 6 项、方向公差 5 项、位置公差 6 项、跳动公差 2 项。 （　　）

105. 圆度公差的符号是 ⌖。 （　　）

106. 圆柱度公差的符号是 ◎。 （　　）

107. 平行度公差的符号是 ▱。 （　　）

108. 几何公差要求在矩形框格中给出。该框格由两格或多格组成,框格中的内容从左到右按几何特征符号、公差数值、基准字母的次序填写。 （　　）

109. 标注几何公差时应遵守:当被测要素是表面、轴线或轮廓线时,从框格引出的指引线箭头,应指在该要素的轮廓线或其延长线上。 （　　）

110. 标注几何公差时应遵守：当被测要素是轴线时，应将箭头与该要素的尺寸线平行。
（　　）

111. 标注几何公差时应遵守：当基准要素是轴线时，应将基准三角形与该要素的尺寸线平行。
（　　）

112. 如果零件存在严重的形状和位置误差，将使其装配造成困难，影响机器的质量，因此，对于精度要求较高的零件，除给出尺寸公差外，还应根据设计要求，合理地确定出形状和位置误差的最大允许值。
（　　）

113. 形状公差是指实际要素的尺寸所允许的变动量。
（　　）

114. 位置公差是允许的变动量，包括定向公差、定位公差和跳动公差。
（　　）

115. 基准要素是用来确定理想被测要素方向或（和）位置的要素。
（　　）

116. 公差框格用粗实线画出，可画成水平的或垂直的，框格高度是图样中尺寸数字高度的 2 倍，它的长度视需要而定。
（　　）

117. 公差框格中的数字、字母、符号与图样中的数字等高，用带箭头的指引线将被测要素与公差框格一端相连。
（　　）

118. 用带箭头的指引线将被测要素与公差框格一端相连，指引线箭头指向公差带的宽度方向或直径方向。
（　　）

119. 当被测要素为整体轴线或公共中心平面时，指引线箭头可直接指在轴线或中心线上。
（　　）

120. 当被测要素为轴线、球心或中心平面时，指引线箭头应与该要素的尺寸线对齐。
（　　）

121. 当被测要素为线或表面时，指引线箭头应指在该要素的轮廓线或其引出线上，并应明显地与尺寸线重合。
（　　）

122. 当基准要素为素线或表面时，基准符号应靠近该要素的轮廓线或引出线标注，并应明显地与尺寸线箭头对齐。
（　　）

123. 当基准要素为轴线、球心或中心平面时，基准符号应与该要素的尺寸线箭头错开。
（　　）

124. 当基准要素为整体轴线或公共中心平面时，基准符号可直接靠近公共轴线（或公共中心线）标注。
（　　）

三、计算题

1. 查表确定公称尺寸为 ϕ35、公差等级为 IT8 级的标准公差数值。

_____。

2. 查表确定公称尺寸为 ϕ80、公差等级为 IT5 级的标准公差数值。

_____。

3. 查表确定公称尺寸为 ϕ30、基本偏差代号为 f 和 p 的基本偏差数值。

_____。

4. 查表确定公称尺寸为 $\phi40$、基本偏差代号为 h 和 H 的基本偏差数值。

_____ 。

5. 试解释 $\phi35H7$ 的含义,直接查表确定其极限偏差数值。

_____ 。

6. 试解释 p50f7 的含义,直接查表确定其极限偏差数值。

_____ 。

7. 试解释 $\phi30g7$ 的含义,查表并计算其极限偏差数值。

_____ 。

8. 试解释 $\phi55E9$ 的含义,查表并计算其极限偏差数值。

_____ 。

9. 试写出孔 $\phi25H7$ 与轴 $\phi25n6$ 的配合代号,并说明其含义。

_____ 。

10. 试写出孔 $\phi40G6$ 与轴 $\phi40h5$ 的配合代号,并说明其含义。

_____ 。

四、作图题

1. 如图 1-5-1 所示,选择零件的视图。

例：分析套筒座一组视图的视图表达。

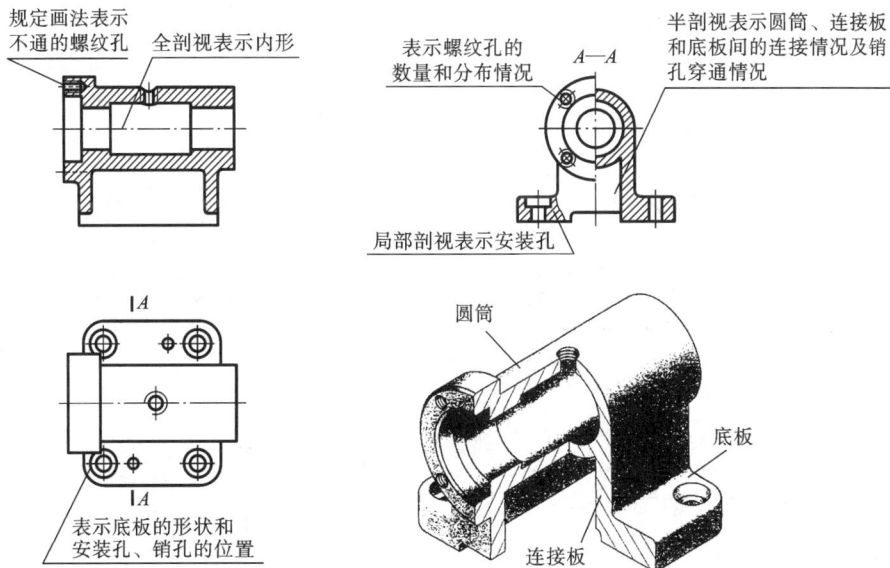

图 1-5-1

2. 零件的表达:如图 1-5-2 所示,根据视图的选择原则,在左边画出右边轴测图的三视图(比例自选),不标注尺寸。

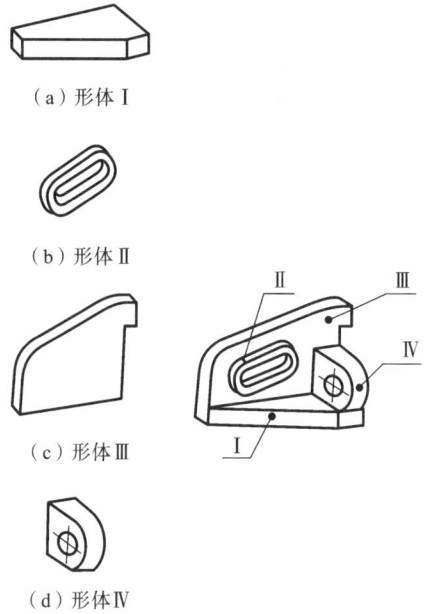

（a）形体Ⅰ

（b）形体Ⅱ

（c）形体Ⅲ

（d）形体Ⅳ

图 1-5-2

3. 零件的尺寸标注:选择基准,注全尺寸(数值从图中量取,取整数)。

(1) 如图 1-5-3(a)所示,支座的绘图比例为 1∶1,底板上螺纹孔为普通粗牙螺纹。

(2) 如图 1-5-3(b)所示,接头的绘图比例为 1∶2,倒角为 C1。

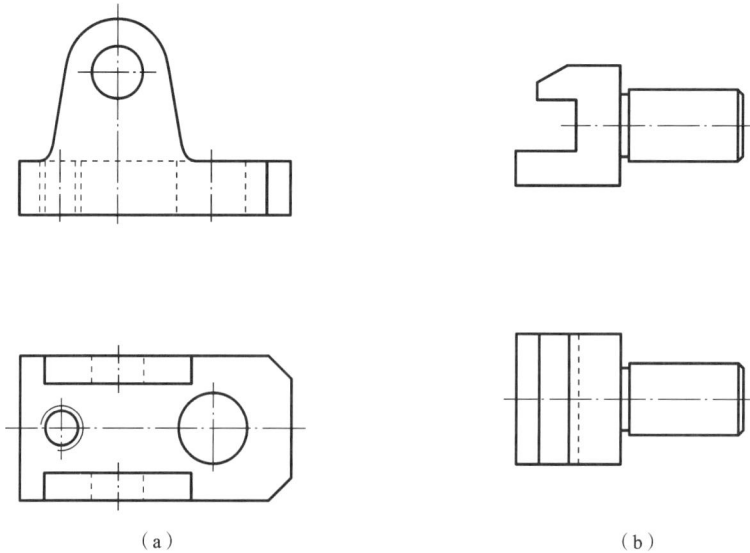

（a）

（b）

图 1-5-3

4. 表面粗糙度的标注:如图 1-5-4 所示,根据轴测图正确地标注零件图中的表面粗糙度代号,并按 1:1 比例标注尺寸,注明尺寸基准。

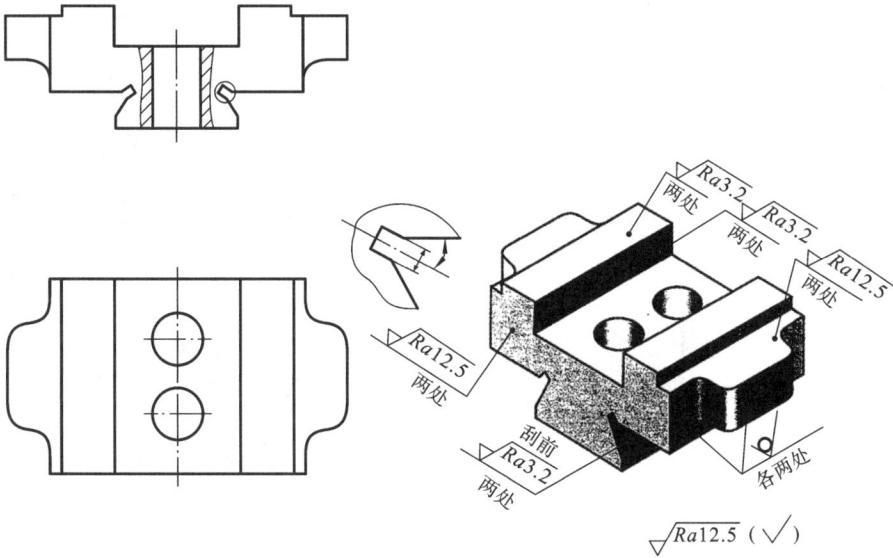

图 1-5-4

5. 分析图 1-5-5(a)中表面粗糙度标注方法的错误,将正确注法标注在图 1-5-5(b)中。

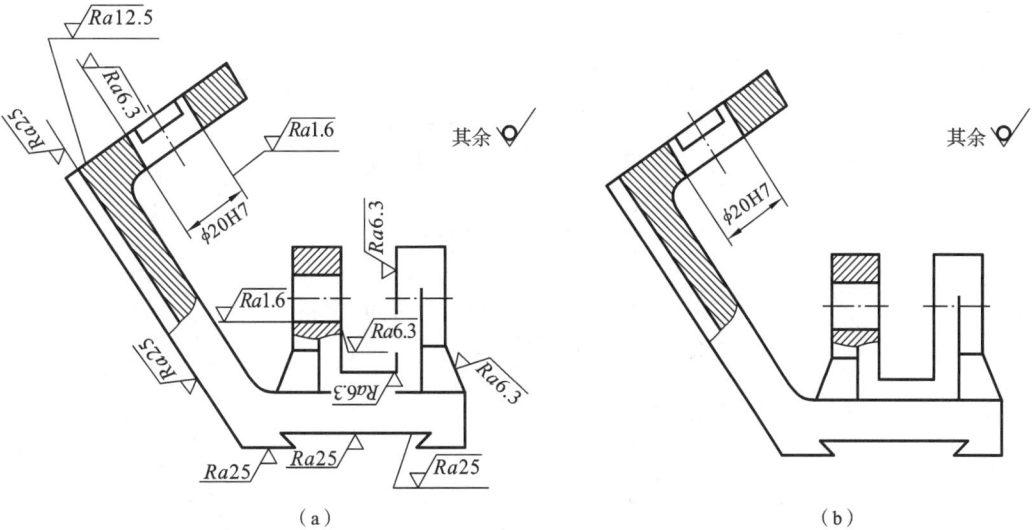

(a)   (b)

图 1-5-5

6. 表面粗糙度代号。

（1）如图 1-5-6 所示，在零件指定表面注写表面粗糙度代号。

表面	Ra值/μm
I	3.2
J	12.5
K	6.3
H	1.6
L	12.5
M_1、M_2	25
D_1、D_2	25
E_1、E_2	3.2
其余	毛坯面

名称：拨叉

材料：HT150

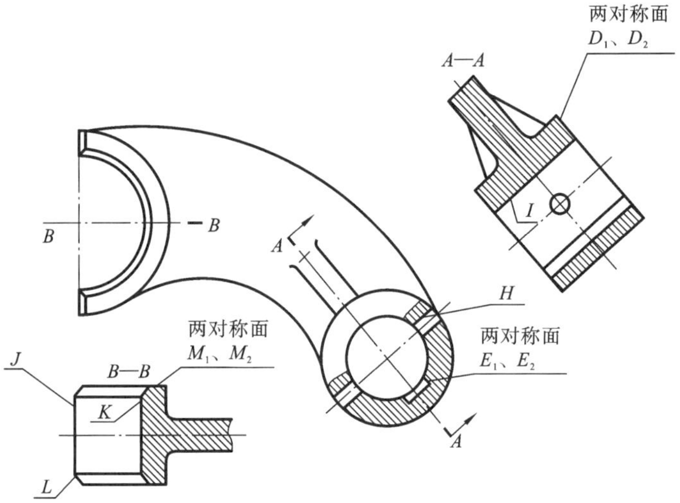

图 1-5-6

（2）如图 1-5-7 所示，找出轴承套（该零件为旋转体的组合）图中表面粗糙度代号标注方面的错误，在图中作正确标注，并说明符号的含义。

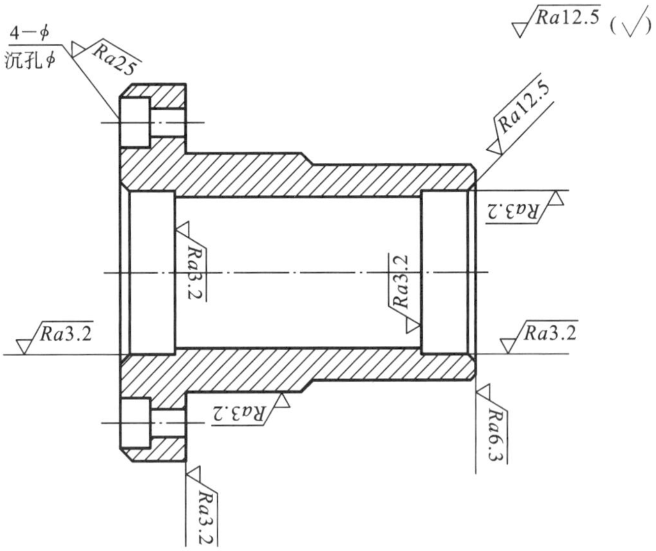

图 1-5-7

（3）如图 1-5-8 所示，根据装配图，在相应的零件图上分别标注基本尺寸和极限偏差（查表），并说明配合代号的意义。

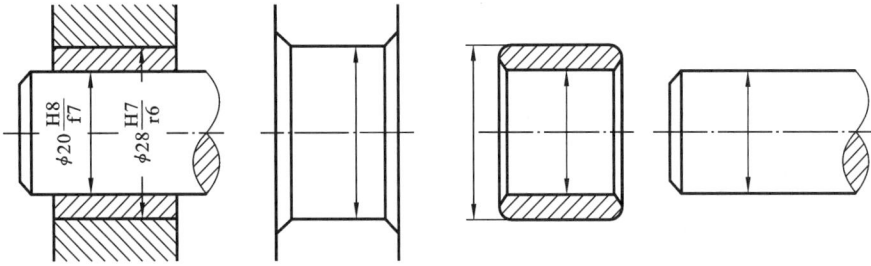

图 1-5-8

7. 公差与配合。

（1）如图 1-5-9 所示，根据图中的标注，将有关数值填入表中。

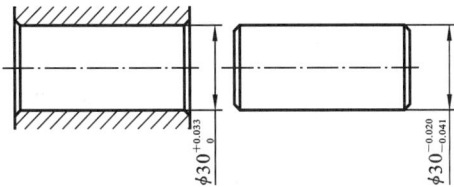

尺寸名称	数值/mm	
	孔	轴
基本尺寸		
最大极限尺寸		
最小尺寸		
上偏差		
下偏差		
公差		

图 1-5-9

（2）根据代号查出孔、轴的上、下偏差值，计算间隙或过盈，说明代号意义，画出公差带图并标出间隙或过盈（单位：mm）。

序号	代号	孔、轴的上、下偏差值		间隙或过盈	代号意义	画出公差带图并标出间隙或过盈
1	$\phi50\dfrac{H8}{f7}$	孔				
		轴				
2	$\phi50\dfrac{H7}{s6}$	孔				
		轴				
3	$\phi50\dfrac{H7}{k6}$	孔				
		轴				
4	$\phi50\dfrac{M7}{h6}$	孔				
		轴				
5	$\phi50\dfrac{G7}{h6}$	孔				
		轴				

（3）如图 1-5-10 所示，根据以下选定的基本偏差和公差等级在图①、④中进行标注，查表确定相应的上、下偏差数值并标注在图②、③、⑤、⑥中。

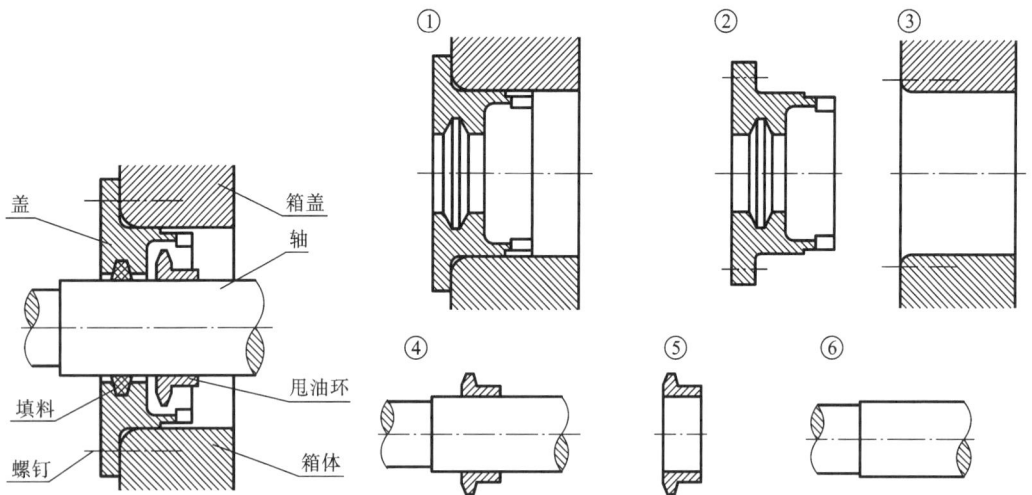

图 1-5-10

① 减速器箱孔和透盖配合处的基本尺寸为 $\phi72$ mm，选用公差等级为 8 级的基准孔与基本偏差和公差等级为 f7 的透盖组成间隙配合，注出公差带代号及上、下偏差数值。

② 减速器甩油环孔和轴径配合处的基本尺寸为 $\phi35$ mm，选用公差等级为 d9 的轴组成间隙配合，注出公差带代号及上、下偏差数值。

（4）如图 1-5-11 所示，根据装配图中的配合代号，在零件图上分别标出孔和轴的尺寸及公差带代号,查出偏差数值并填空。

　　轴承内孔与轴的配合制度是_____制,轴的基本偏差代号为_____,是_____配合。轴承外圈与孔的配合制度是_____,是_____制,孔的基本偏差代号为_____,公差等级是_____。

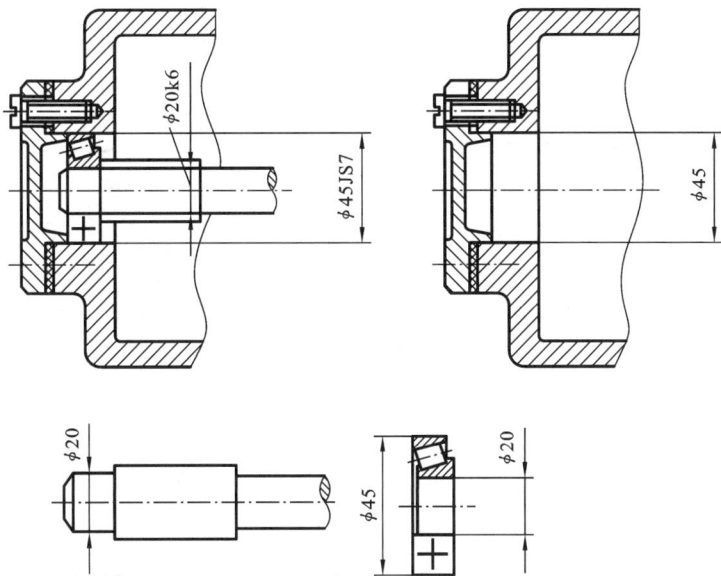

图 1-5-11

8. 用文字说明图中形位公差的含义。

(1) 如图 1-5-12 所示,其中 $\phi40h6$ 轴线对 $\phi25h7$ 轴线的_____公差为 0.025。

(2) 如图 1-5-13 所示,齿轮轮毂两端面对_____的圆跳动公差为_____。

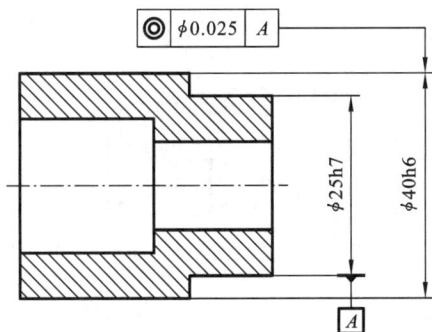

图 1-5-12

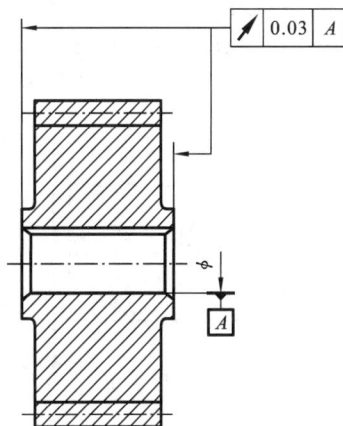

图 1-5-13

9. 在图中标注形位公差。

(1) 如图 1-5-14 所示,ϕ20H7 轴线对底面的平行度公差为 0.02 mm。

(2) 如图 1-5-15 所示,顶面对底面的平行度公差为 0.02 mm。

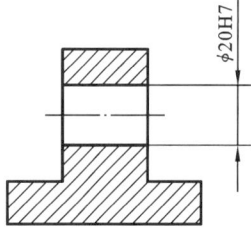
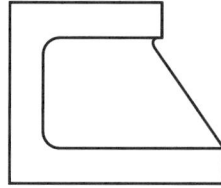

图 1-5-14　　　　　　　　　图 1-5-15

(3) 如图 1-5-16 所示,槽 A 对距离 40 的两平面的对称度公差为 0.06 mm。

(4) 如图 1-5-17 所示,ϕ50h6 对 ϕ30h6 的径向圆跳动公差为 0.02 mm,端面 A 对 ϕ30h6 轴线的端面圆公差为 0.04 mm。

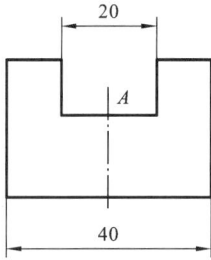
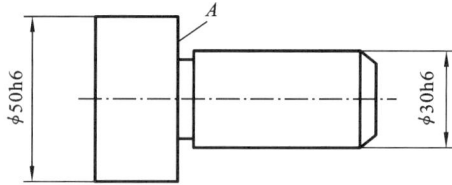

图 1-5-16　　　　　　　　　图 1-5-17

(5) 如图 1-5-18 所示,ϕ25k6 对 ϕ20k6 与 ϕ17k6 的径向圆跳动公差为 0.025 mm。平面 A 对 ϕ25k6 轴线的垂直度公差为 0.04 mm,端面 B、C 对 ϕ20k6 和 ϕ17k6 轴线的垂直度公差为 0.04 mm。键槽对 ϕ25k6 轴线的对称度公差为 0.01 mm。

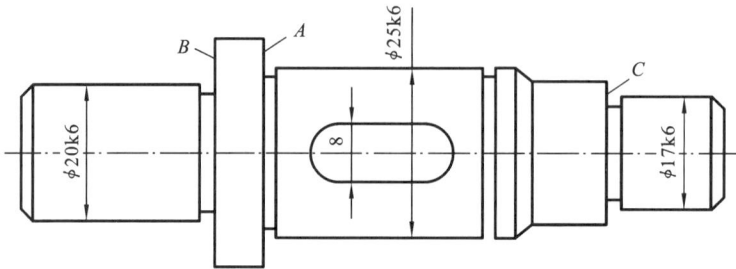

图 1-5-18

10. 极限与配合的注法。

(1) 如图 1-5-19 所示,已知轴承孔的公称尺寸为 φ55 mm,上极限尺寸为 55.046 mm,下极限尺寸为 55 mm,求孔的上、下极限偏差,并将其标注在图上。

(2) 如图 1-5-20 所示,已知轴的公称尺寸为 φ30 mm,上极限偏差为 -0.020 mm,下极限偏差为 -0.041 mm,试求其上极限尺寸、下极限尺寸及公差,并标注在图上。

上极限尺寸为_____;下极限尺寸为_____;公差为_____。

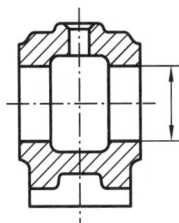 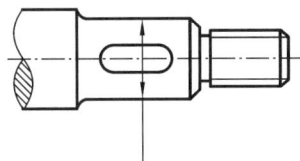

图 1-5-19   图 1-5-20

(3) 如图 1-5-21 所示,已知图 1-5-21(a)所示的孔为基准孔,图 1-5-21(b)所示的轴为基孔制配合的轴。试从极限偏差表中查出它们的公差带代号,并标注在图上。

(4) 如图 1-5-22 所示,解释轴套零件图中公差带代号的含义。

轴套内孔:公称尺寸为_____,基本偏差为_____,公差等级为_____。

轴套外径:公称尺寸为_____,基本偏差为_____,公差等级为_____。

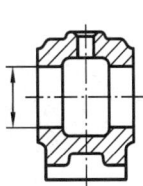 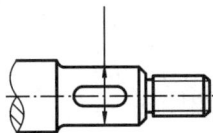 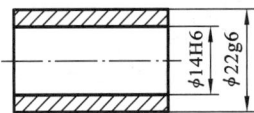

图 1-5-21   图 1-5-22

（5）如图 1-5-23 所示,解释配合代号的含义,查出极限偏差值,并标注在零件图上(标注内容:公称尺寸、公差带代号、极限偏差值)。

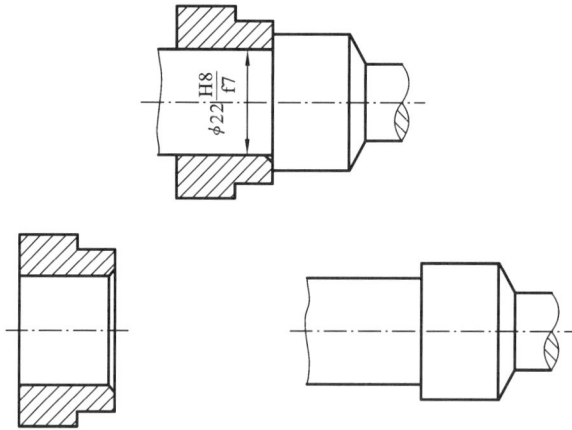

$\phi 22\dfrac{\text{H8}}{\text{f7}}$: 表示公称尺寸为_____, 基本偏差为_____、_____级的轴与_____级基准_____的配合。

查表得孔:上极限偏差为_____, 下极限偏差为_____;

查表得轴:上极限偏差为_____, 下极限偏差为_____;

图 1-5-23

（6）如图 1-5-24 所示,读懂图中的几何公差代号,完成图下填空。

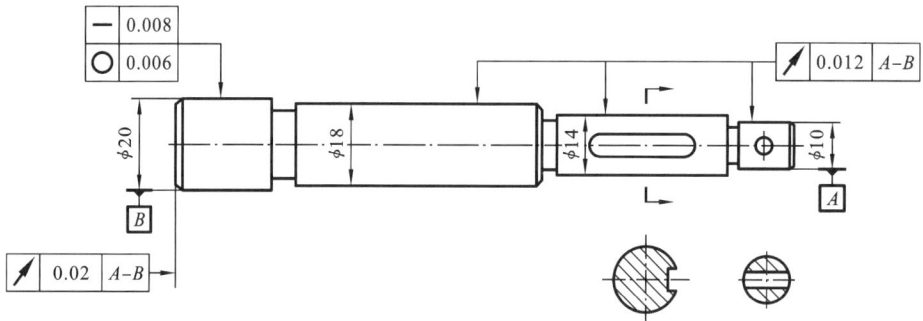

| — | 0.008 | 的含义:被测要素是_____, 公差项目是_____, 公差值为_____;

| ○ | 0.006 | 的含义:被测要素是_____, 公差项目是_____, 公差值为_____;

| ∕ | 0.012 | A-B | 的含义:基准要素是_____, 被测要素是_____, 公差项目是_____, 公差值为_____;

| ∕ | 0.02 | A-B | 的含义:基准要素是_____, 被测要素是_____, 公差项目是_____, 公差值为_____。

图 1-5-24

11. 看懂零件图 1-5-25,回答下列问题。

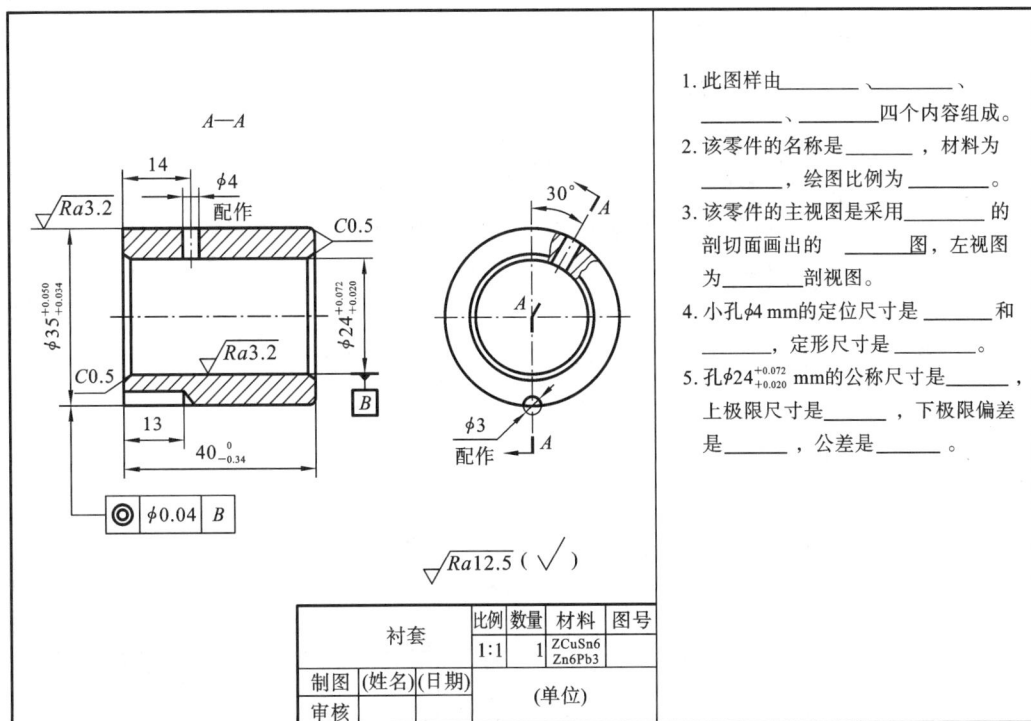

图 1-5-25

1. 此图样由_____、_____、
_____、_____四个内容组成。
2. 该零件的名称是_____,材料为
_____,绘图比例为_____。
3. 该零件的主视图是采用_____的
剖切面画出的_____图,左视图
为_____剖视图。
4. 小孔$\phi4$ mm的定位尺寸是_____和
_____,定形尺寸是_____。
5. 孔$\phi24^{+0.072}_{+0.020}$ mm的公称尺寸是_____,
上极限尺寸是_____,下极限偏差
是_____,公差是_____。

12. 识读主轴零件图 1-5-26,并回答下列问题。

(1) 零件的表达用了_____个图形,它们分别是_____、_____、_____。

(2) 零件$\phi40$ 这段的长度为_____,表面粗糙度代号是_____。

(3) 轴上键槽的长度尺寸为_____,宽度尺寸为_____,深度尺寸为_____,宽度尺寸公差为_____。

(4) 零件的_____端为轴向尺寸的主要基准,_____为径向尺寸的主要基准。轴长度方向的尺寸标注为_____式标注。

(5) 键槽的定位尺寸为_____,沉孔的定位尺寸为_____。

(6) $\phi26$ 的跳动公差要求为 $\boxed{\nearrow\,|\,0.015\,|\,A}$,它的基准要素是_____;公差项目为_____,公差值为_____。

(7) 画出 C—C 移出断面图。

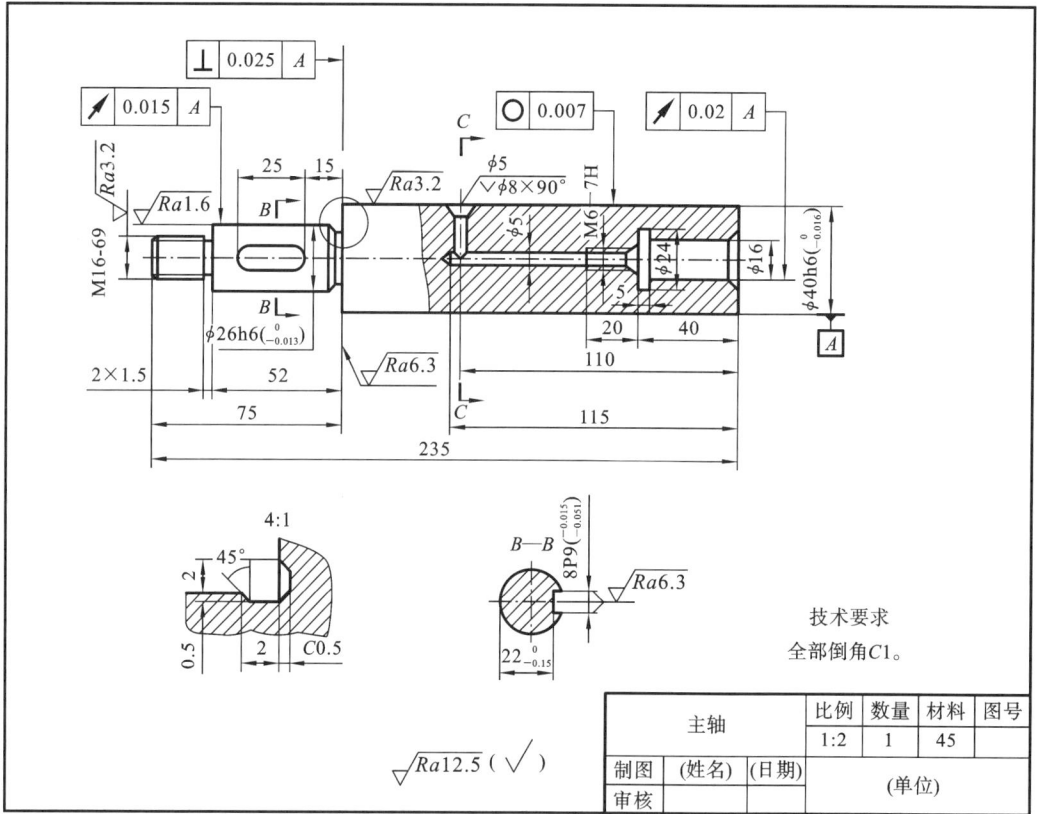

图 1-5-26

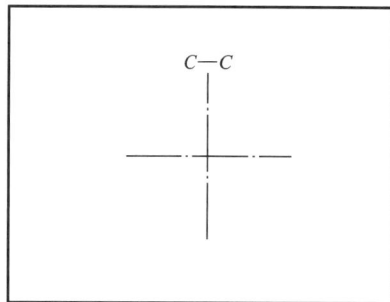

13. 识读顶盖零件图 1-5-27,并回答下列问题。

(1) 零件图中的五个图形,主视图是采用 _____ 的剖切面画出的剖视图 _____ ,视图"C"是 _____ 视图;"D—D"是用 _____ 剖切面单独画出的 _____ 剖视图;视图"B"应称为 _____ 图。

(2) 图中相贯线表示 _____ 与 _____ 部分相贯;过渡线表示 _____ 。

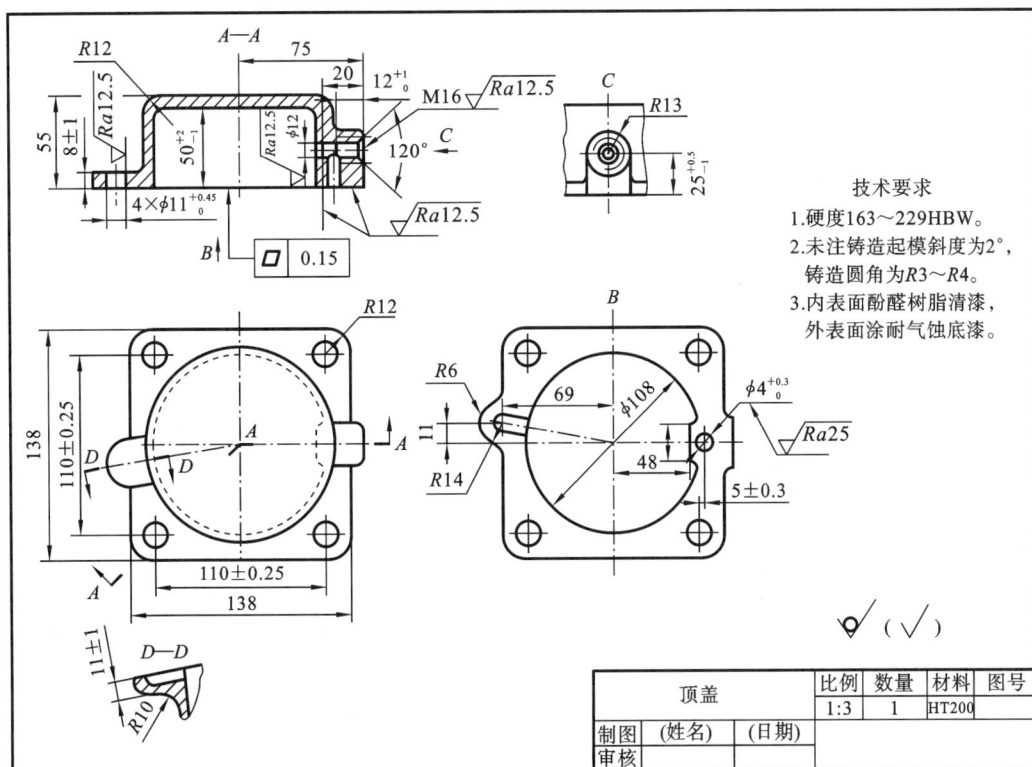

图 1-5-27

(3) 三个方向的主要尺寸基准分别为：长度方向的为_____，宽度方向的为_____，高度方向的为_____。

(4) $4 \times \phi 11^{-0.45}_{0}$ 的定位尺寸为_____、_____。

(5) 零件加工表面的表面粗糙度代号是_____、_____。

(6) 螺纹孔 M16 的深度尺寸为_____，深度尺寸的基准为_____端面，螺纹孔的定位尺寸是_____。

14. 识读托架零件图 1-5-28，并回答下列问题。

(1) 零件所用的四个图形分别是_____、_____、_____、_____。

(2) 零件的定位尺寸有_____、_____。

(3) 零件的主要尺寸基准，长度的为_____，高度的为_____，宽度的为_____。

(4) 零件图中采用了_____剖和_____剖，目的是表达_____。

(5) 主、俯视图间的图形用细点画线与主视图相连，该条细点画线应称为_____线。

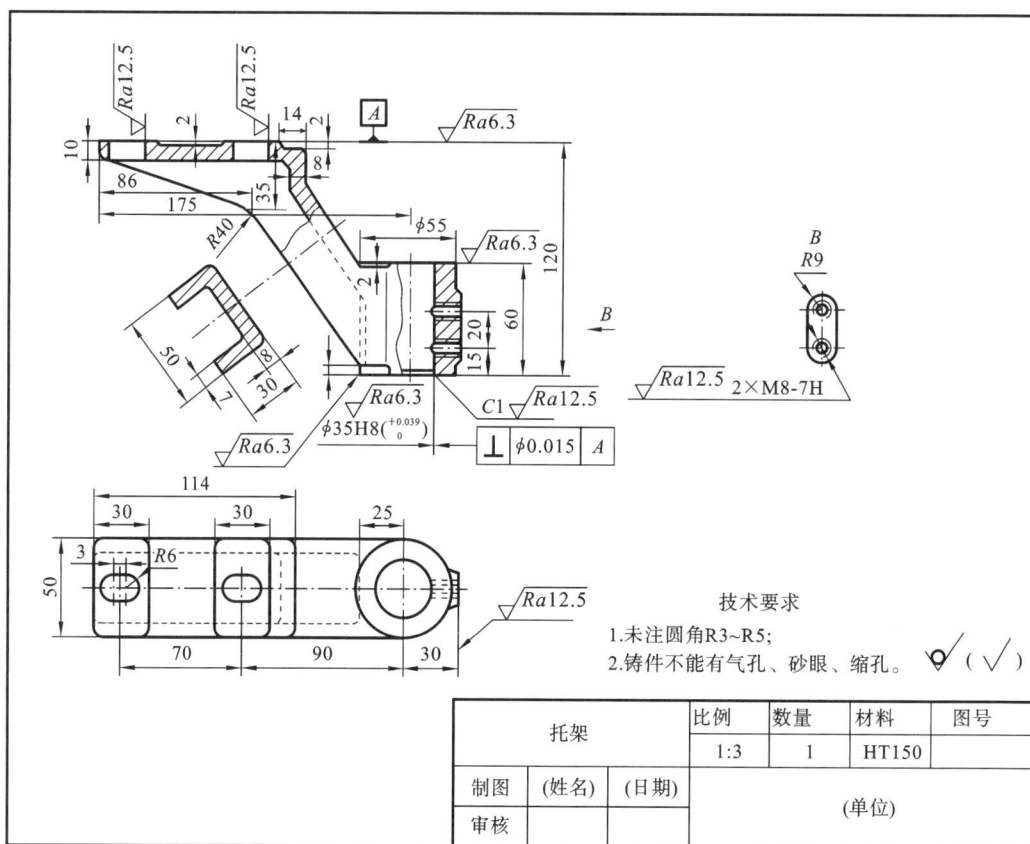

图 1-5-28

15. 识读主轴零件图 1-5-29，回答下列问题。

(1) 主轴零件图采用了哪些表达方法？各视图的表达重点是什么？

_____

(2) B—B、C—C、D—D 移出断面的剖切符号为什么不用箭头？

_____

(3) 主视图和 D—D 断面图是否已表达了键槽的结构形状？采用 E 视图的目的何在？

_____

(4) 在图中指出主轴长度方向的主要尺寸基准。

_____

(5) 解释 M60×2-6h 的意义。

_____

(6) 主视图中的下列尺寸属于哪种尺寸(定形、定位)：

163.5±0.5 _____ ；

37.5 _____ ；

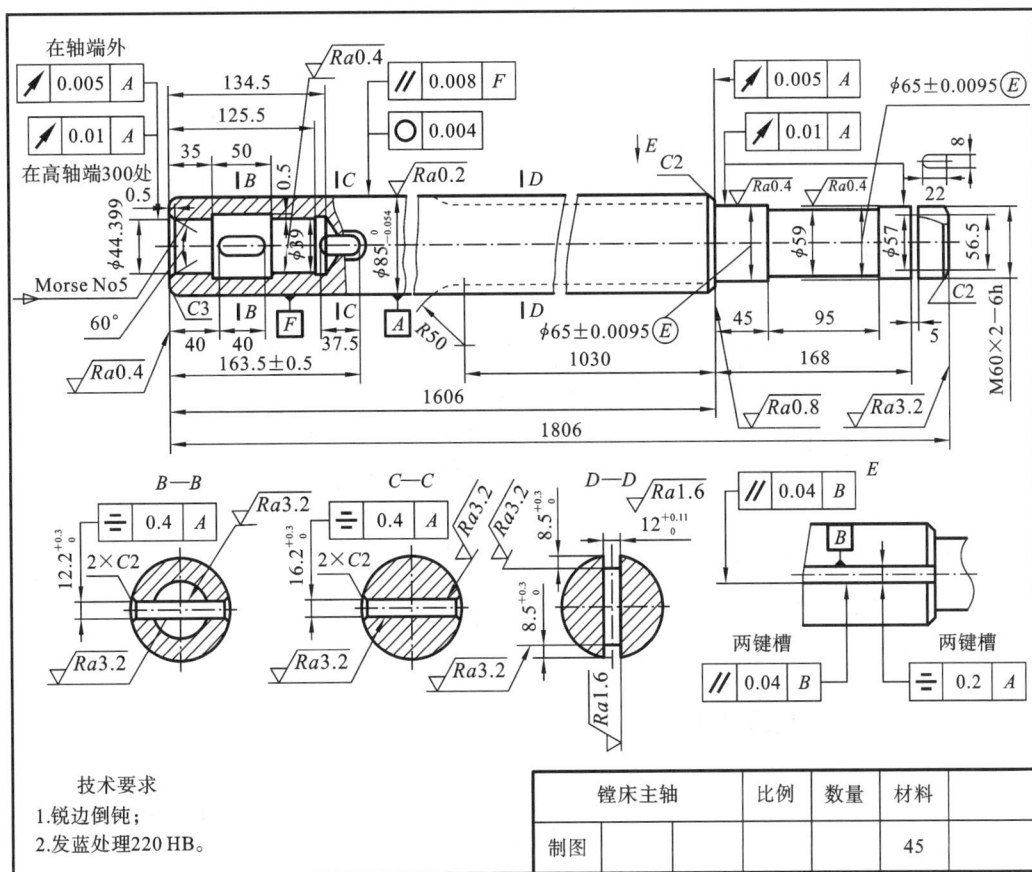

图 1-5-29

45 _____ ;

168 _____ 。

（7）说明图中两个形位公差的意义。

$\boxed{\nearrow\ |\ 0.005\ |\ A}$:

$\boxed{/\!/\ |\ 0.008\ |\ F}$:

（8）将图中所注粗糙度从高到低按次序排列：

_____ 。

16. 识读轴套零件图 1-5-30，并填空。

（1）视图：主视图用_____剖，显示外形尺寸为_____，中空尺寸为_____，
B—B 断面图显示上壁有_____孔和宽_____的键槽。A 局部放大_____的
比例，有内倒角和槽。

（2）技术要求：

①粗糙度要求外表面为_____，其他为_____。

②尺寸公差:外圆表面为_____,左端内孔为_____。

③左右断面径向跳动以 A 为基准,数值是_____;内孔径向跳动以 A 为基准,数值是_____。

④整体采用_____处理,硬度为_____。

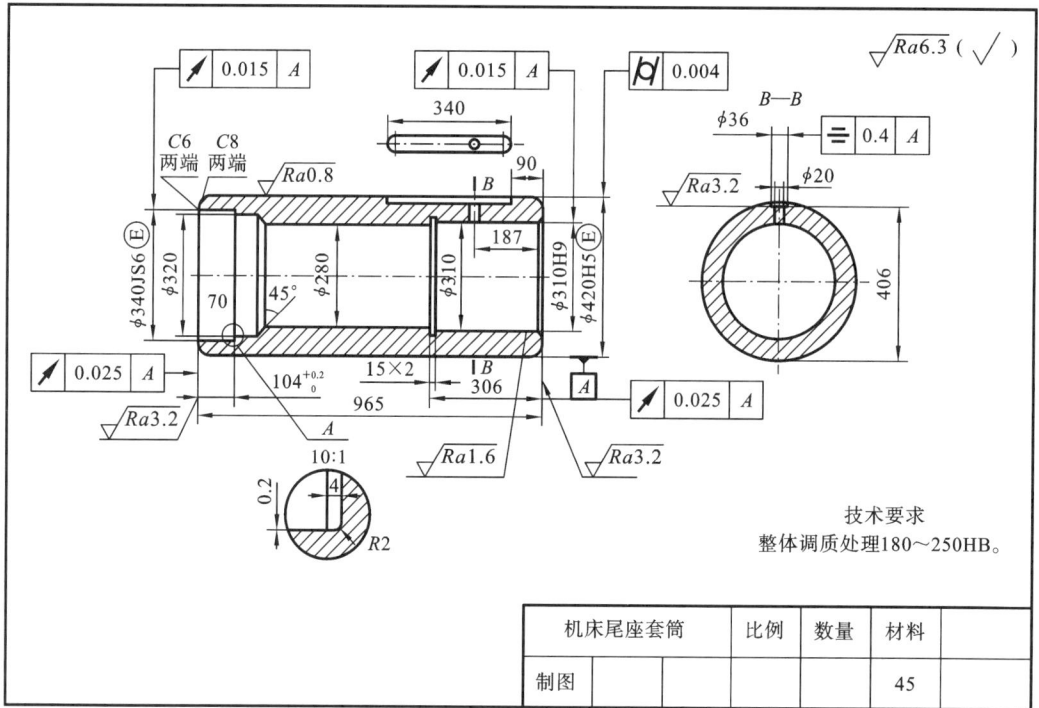

图 1-5-30

练习 1-6 装 配 图

一、单项选择题

1. 装配图是表示产品及其组成部分的( )。

A. 工艺、装配关系及其技术要求的图样　　B. 连接、装配关系及其技术要求的图样

C. 连接、装配关系及其工艺要求的图样　　D. 加工、装配关系及其技术要求的图样

2. 一张完整的装配图具备的内容是( )。

A. 视图、尺寸、技术要求、零件序号、明细栏和标题栏

B. 主视图、公差、技术要求、零件序号、明细栏和标题栏

C. 视图、尺寸、工艺要求、零件序号、明细栏和标题栏

D. 视图、尺寸、技术要求、零件序号和标题栏

3. 装配图视图用来表达机器的( )。

A. 工作原理、装配关系、传动路线,以及各零件的相对位置、连接方式和主要零件结构形状等

B. 工作过程、装配关系、工艺路线,以及各零件的相对位置、传动方式和主要零件结构形状等

C. 工作原理、连接关系、传动路线,以及各零件的相对位置、装配方式和主要零件尺寸形状等

D. 工作过程、连接关系、传动路线,以及各零件的相对位置、装配方式和主要零件尺寸形状等

4. 装配图中只需标注表达机器(或部件)( )。

A. 规格、性能、外形的尺寸以及装配和安装时所必需的尺寸

B. 规格、性能、外形的尺寸以及制造工艺和安装时所必需的尺寸

C. 规格、加工、外形的尺寸以及装配和安装时所必需的尺寸

D. 规格、性能、外形的公差尺寸以及装配和安装时所必需的尺寸

5. 装配图中的技术要求就是用文字说明机器(或部件)( )。

A. 在制造、装配、调试、安装和使用过程中的技术要求

B. 在装配、调试、安装和加工过程中的技术要求

C. 在装配、调试、安装和使用过程中的技术要求

D. 在装配、制造、调试、加工和安装过程中的技术要求

6. 装配图中的装配图标题栏包括机器(或部件)( )。

A. 尺寸、图号、比例以及图样责任者的签名等内容

B. 名称、图号、比例以及图样制作者的签名等内容

C. 名称、图号、比例以及图样责任者的签名等内容

D. 名称、图号、公差以及图样制作者的签名等内容

7. 在设计和绘制装配图的过程中,接触面的结构合理的是(　　　)。

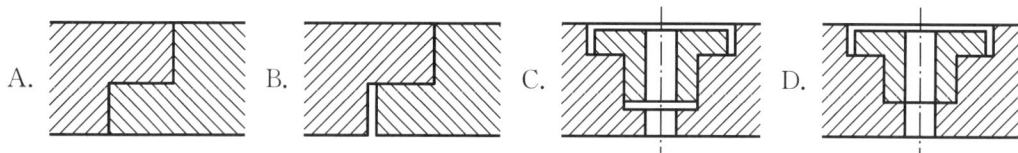

8. 在设计和绘制装配图的过程中,轴与孔的配合结构不合理的是(　　　)。

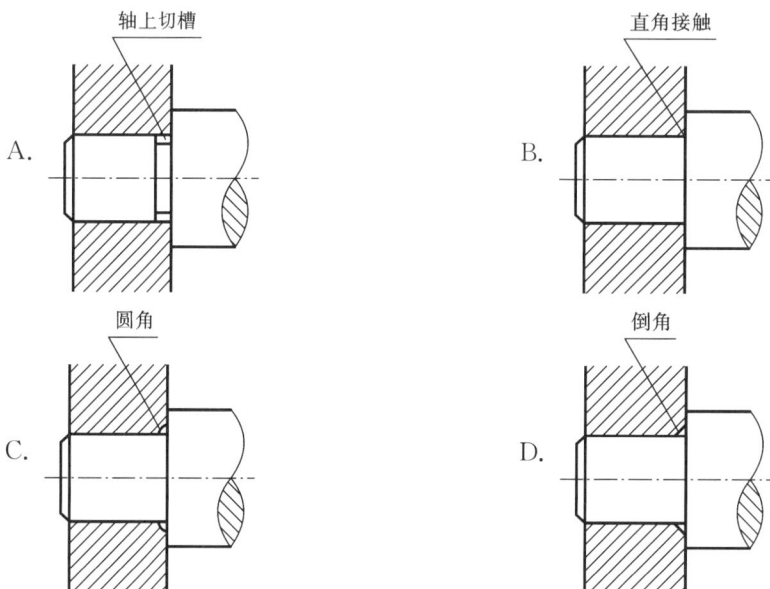

9. 在设计和绘制装配图的过程中,锥面的配合结构合理的是(　　　)。

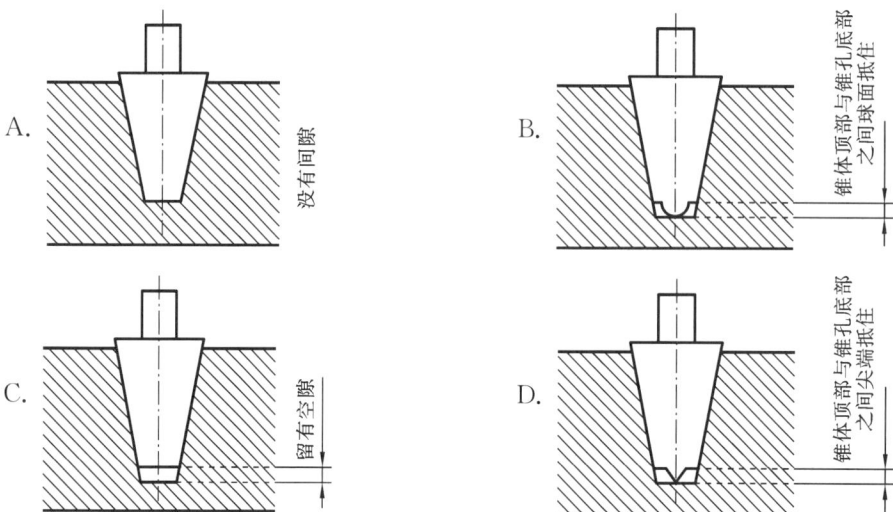

10. 在设计和绘制装配图的过程中,滚动轴承的轴向固定结构合理的是(　　　)。

A.　　　　B.　　　　C.　　　　D.

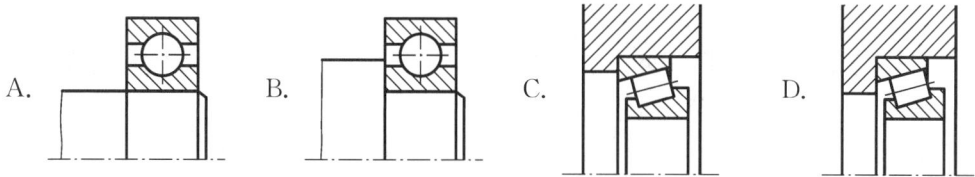

11. 下图中螺纹连接防松结构不合理的是(　　)。

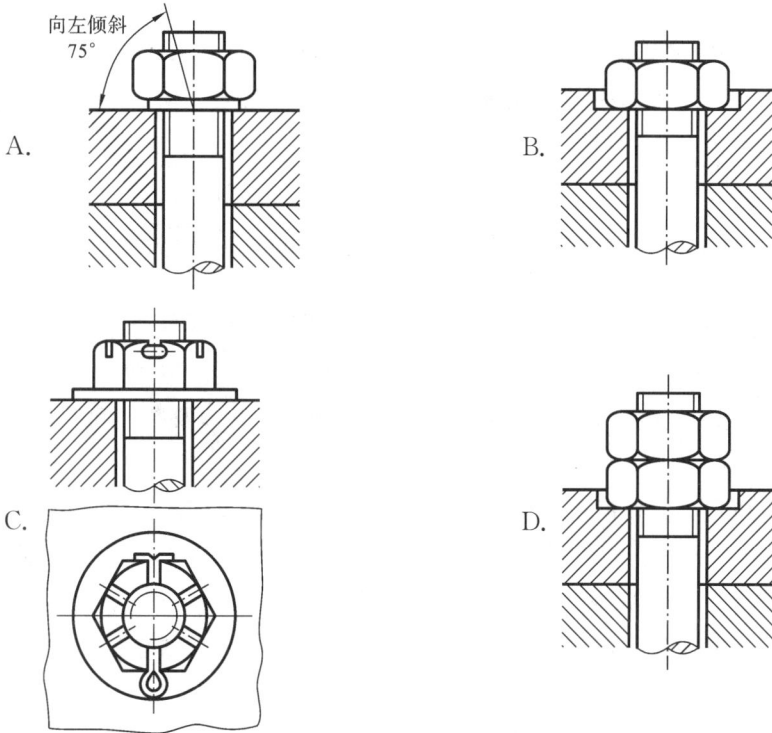

向左倾斜
75°

A.

B.

C.

D.

12. 基本尺寸相同,相互结合的孔和轴公差带之间的关系称为配合,下图中文字说明错误的是(　　)。

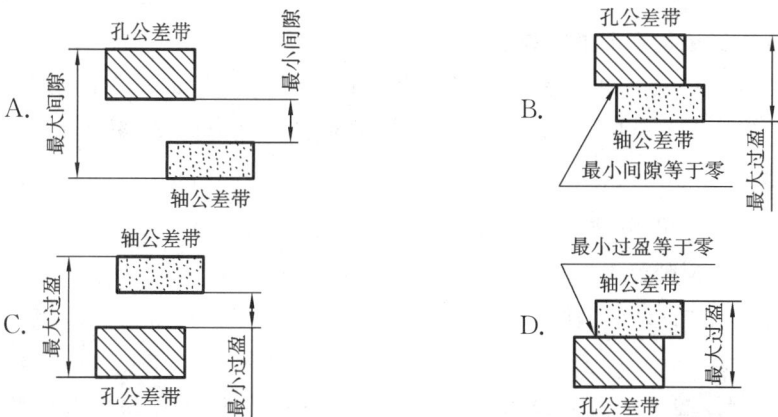

孔公差带
最小间隙

A.
最大间隙

轴公差带

孔公差带

B.
轴公差带
最小间隙等于零
最大过盈

轴公差带

C.
最大过盈
最小过盈

孔公差带

最小过盈等于零
轴公差带

D.
最大过盈

孔公差带

13. 国家标准根据机械工业产品生产使用的需要,考虑到定值刀具、量具的统一,规定了一般用途孔公差带_____种,轴公差带_____种以及优先选用的孔、轴公差带。(　　　)

　　A. 47　13　　　　　B. 105　13　　　　　C. 47　119　　　　　D. 105　119

　　14. 国家标准还规定轴、孔公差带中组合成基孔制常用配合＿＿＿＿种,优先配合＿＿＿＿
种;基轴制常用配合＿＿＿＿种,优先配合＿＿＿＿种。(　　)

　　A. 47　13　59　13　　　　　　　　　B. 59　13　47　13

　　C. 13　59　47　13　　　　　　　　　D. 13　59　13　47

二、判断题

　　1. 装配图是表示产品及其组成部分的连接、装配关系及其技术要求的图样。　　(　　)

　　2. 装配图主要反映机器(或部件)的工作原理、各零件之间的装配关系、传动路线和主要
零件的结构形状,是设计和绘制零件图的主要依据,也是装配生产过程中调试、安装、维修的
主要技术文件。　　　　　　　　　　　　　　　　　　　　　　　　　　　　　　(　　)

　　3. 一张完整的装配图具备一组视图、必要的尺寸、技术要求、零件序号及明细栏和标题
栏五方面内容。　　　　　　　　　　　　　　　　　　　　　　　　　　　　　　(　　)

　　4. 视图是用来表达机器的工作原理、装配关系、传动路线,以及各零件的相对位置、连接
方式和主要零件尺寸、结构形状等。　　　　　　　　　　　　　　　　　　　　　(　　)

　　5. 装配图中只需标注表达机器(或部件)规格、性能、外形的尺寸以及装配和安装时所必
需的尺寸。　　　　　　　　　　　　　　　　　　　　　　　　　　　　　　　　(　　)

　　6. 在装配图中,可以用文字说明机器(或部件)在制造、装配、调试、安装和使用过程中的
技术要求。　　　　　　　　　　　　　　　　　　　　　　　　　　　　　　　　(　　)

　　7. 在装配图中,零件序号和明细栏是为了便于生产管理和看图,装配图中必须对每种零
件进行编号,并在标题栏上方绘制明细栏,明细栏中要按编号填写零件的名称、材料、数量、
尺寸,以及标准的规格尺寸等。　　　　　　　　　　　　　　　　　　　　　　　(　　)

　　8. 装配图标题栏包括机器或部件的材料、名称、图号、比例,以及图样责任者的签名等内
容。　　　　　　　　　　　　　　　　　　　　　　　　　　　　　　　　　　　(　　)

　　9. 为了避免装配时不同的表面相互干涉,两零件在同一个方向上的接触面数量,一般不
得多于两个,否则会给加工和装配带来困难。　　　　　　　　　　　　　　　　　(　　)

　　10. 轴与孔配合且轴肩与端面相互接触时,在两接触面的交角处(孔端或轴的根部)应加
工出倒角、退刀槽或不同大小的倒圆,以保证两个方向的接触面均接触良好,确保装配精度。

　　　　　　　　　　　　　　　　　　　　　　　　　　　　　　　　　　　　　(　　)

　　11. 由于锥面配合能同时确定轴向和径向的位置,因此当锥孔不通时,锥体顶部与锥孔
底部之间没必要留有间隙,否则得不到稳定的配合。　　　　　　　　　　　　　　(　　)

　　12. 常用的轴向固定结构形式有轴肩、台肩、弹性挡圈、端盖凸缘、圆螺母、止退垫圈、轴
端挡圈和焊接等。　　　　　　　　　　　　　　　　　　　　　　　　　　　　　(　　)

　　13. 在滚动轴承的轴向固定结构中,若轴肩过高或座孔直径过小,会给滚动轴承的拆卸
带来困难。　　　　　　　　　　　　　　　　　　　　　　　　　　　　　　　　(　　)

　　14. 为了防止螺纹连接在工作中由于机器振动而松动,常采用螺纹防松装置,有双螺母

防松、弹簧垫圈防松、开口销防松等结构形式。　　　　　　　　　　　　（　　）

15. 当采用螺栓连接时,孔的位置与箱壁之间应有足够的空间,以保证装配的可能和方便。　　　　　　　　　　　　　　　　　　　　　　　　　　　　　　　　　（　　）

16. 基本尺寸相同,相互结合的孔和轴公差带之间的关系称为配合。　　　（　　）

17. 根据机器的设计要求和生产实际的需要,国家标准将配合分为间隙配合、过盈配合和过渡配合三类。　　　　　　　　　　　　　　　　　　　　　　　　　　　　（　　）

18. 轴的公差带完全在孔的公差带之上,任取其中一对轴和孔相配都成为具有间隙的配合(包括最小间隙为零),就称为间隙配合。　　　　　　　　　　　　　　　　　（　　）

19. 轴的公差带完全在孔的公差带之下,任取其中一对轴和孔相配都成为具有过盈的配合(包括最小过盈为零),就称为过盈配合。　　　　　　　　　　　　　　　　　（　　）

20. 孔和轴的公差带相互交叠,任取其中一对孔和轴相配合,可能具有间隙,也可能具有过盈的配合,就称为过渡配合。　　　　　　　　　　　　　　　　　　　　　　（　　）

21. 国家标准规定了配合的基准制有基孔制和基轴制两种。　　　　　　（　　）

22. 基本偏差一定的孔的公差带与不同基本偏差的轴的公差带构成各种配合的一种制度称为基孔制。这种制度在同一基本尺寸的配合中,是将轴的公差带位置固定,通过变动孔的公差带位置,得到各种不同的配合。　　　　　　　　　　　　　　　　　　　（　　）

23. 基孔制的孔称为基准孔。国家标准规定基准孔的下偏差为零,“ h”为基准孔的基本偏差。　　　　　　　　　　　　　　　　　　　　　　　　　　　　　　　　　（　　）

24. 基本偏差一定的轴的公差带与不同基本偏差的孔的公差带构成各种配合的一种制度称为基轴制。这种制度在同一基本尺寸的配合中,是将轴的公差带位置固定,通过变动孔的公差带位置,得到各种不同的配合。　　　　　　　　　　　　　　　　　　　（　　）

25. 基轴制的轴称为基准轴。国家标准规定基准轴的上偏差为零,“H”为基轴制的基本偏差。　　　　　　　　　　　　　　　　　　　　　　　　　　　　　　　　　（　　）

26. 国家标准根据机械工业产品生产使用的需要,考虑到定值刀具、量具的统一,规定了一般用途孔公差带 119 种,轴公差带 105 种以及优先选用的孔、轴公差带。　　（　　）

27. 国标标准还规定轴、孔公差带中组合成基孔制常用配合 47 种,优先配合 13 种;基轴制常用配合 59 种,优先配合 13 种。　　　　　　　　　　　　　　　　　　　（　　）

28. 在设计中,应根据配合特性和使用功能,尽量选用优先和常用配合。　（　　）

29. 配合的代号由两个相互结合的孔和轴的公差带的代号组成,用分数形式表示,分子为轴的公差带代号,分母为孔的公差带代号。　　　　　　　　　　　　　　　　　（　　）

30. 读装配图的目的是了解机器或部件的性能、用途和工作原理,了解各零件间的装配关系及拆卸顺序,了解各零件的主要结构形状和作用。　　　　　　　　　　　　（　　）

31. 当读装配图时,首先要看标题栏、明细栏,从中了解该机器或部件的名称、组成该机器或部件的零件名称、数量、材料以及标准件的规格等。根据视图的大小、画图的比例和装配体的外形尺寸等,对装配体有一个初步印象。　　　　　　　　　　　　　　　（　　）

32. 当识读简单装配图时,首先要找到剖视图,再根据投影关系识别出其他视图;找出主视图、断面图所对应的部切位置,识别出表达方法的名称,从而明确各视图表达的意图和重点,为下一步深入看图做准备。 （　　）

33. 当识读简单装配图时,借助序号指引的零件上的剖面线,利用同一零件在不同视图中的剖面线方向与间隔一致的规定,对照投影关系以及与相邻零件的装配情况,逐步想象出各零件的主要尺寸和结构形状。 （　　）

34. 当识读简单装配图时,可先从反映工作原理、装配关系较明显的视图入手,抓主要装配干线或传动路线,分析研究各相关零件间的连接方式和装配关系,判明固定件与运动件,搞清传动路线和工作原理。 （　　）

35. 当分析简单装配图时,一般先从主要零件着手,然后是次要零件。有些零件的具体形状可能表达得不够清楚,这时需要根据该零件的作用及其与相邻零件的装配关系进行推想,完整构思出零件的结构形状,为拆画零件图做准备。 （　　）

36. 当分析简单装配图时,还要对技术要求、材料、形状、尺寸等进行研究,并综合分析总体结构,从而对装配体有一个全面了解。 （　　）

三、作图题

1. 识读尾架端盖零件图 1-6-1,并回答下列问题。

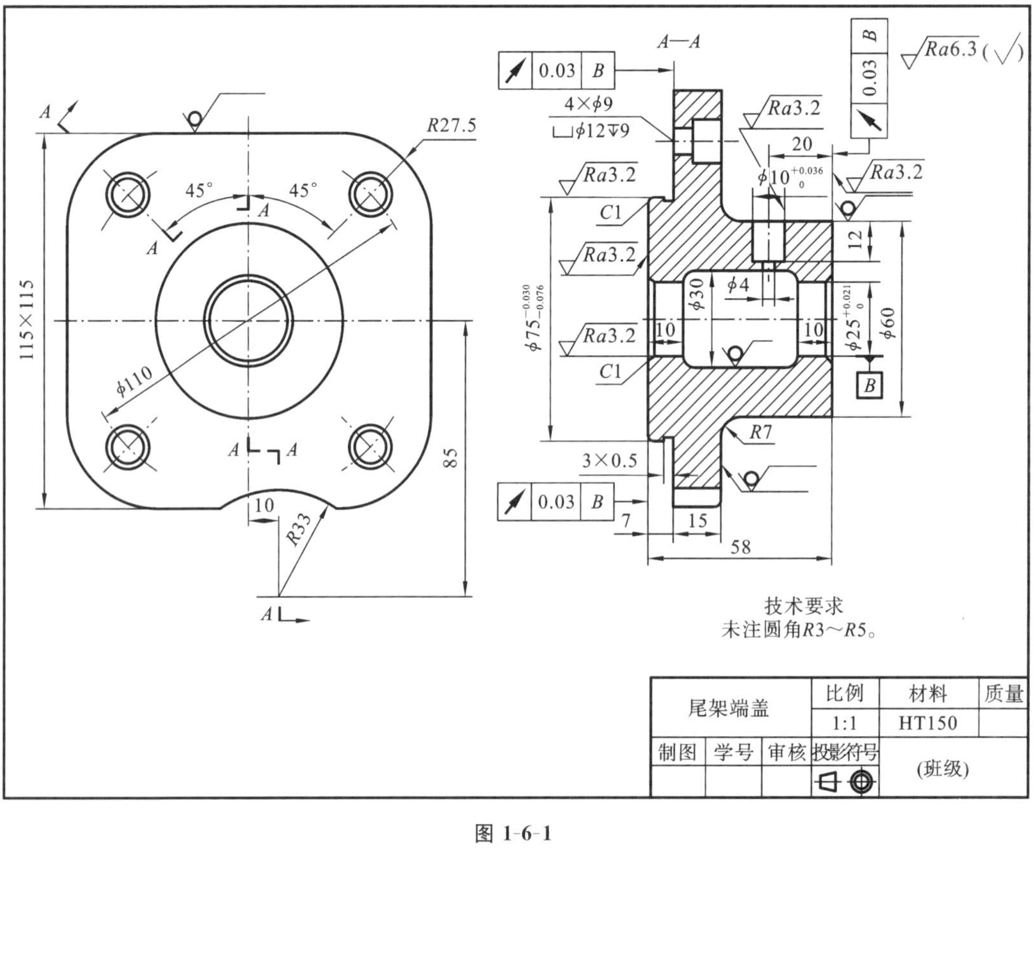

图 1-6-1

(1) 读标题栏:通过标题栏可知,零件名称为_____,材料为_____,说明毛坯是由_____而制造,有_____等结构,主要加工工序是_____加工。浏览零件的各视图及有关技术要求可知,该零件属于_____,绘图比例为_____。

(2) 分析视图表达方案:该零件图采用了_____和_____两个基本视图。主视图的轴线_____,符合零件的_____,右视图则主要表达零件的端面轮廓、四个圆柱沉孔的分布情况和下方圆弧的形状与位置。主视图采用_____视图,表达了零件轴向的内部结构。

(3) 读视图:根据主视图、右视图的各个特征形状线框和相互对应关系,可以想象出该零件的主要结构由圆筒和带圆角的方形凸缘组成。

由右视图可知,圆筒正上方开有小油孔,可装油杯用来润滑;圆筒内部有_____,孔两端与螺杆配合。右视图显示出端盖左端是带圆角的方形凸缘,凸缘上开有四个圆柱沉孔,用于安装螺纹紧固件,将端盖与尾架机座连接。综合想象该零件结构。

(4) 读尺寸标注:零件的径向基准是回转体轴线,以此为基准的径向尺寸有_____
_____等定形尺寸和_____
_____等定位尺寸;轴向主要基准是端盖的左侧台阶面,以此为基准的尺寸有_____
_____。_____表示
_____个圆柱形沉孔,小孔直径为_____,大孔直径为_____
_____,沉孔深为_____。115×115 表示宽和高都为_____
_____,极限偏差值为_____。

(5) 读技术要求:图中对 φ60、φ75 端面和左侧台阶面分别提出了_____
_____,表明这三个表面是重要安装面。被测表面对_____的圆跳动公差值为_____。此外,端盖 φ25、φ10 内孔和 φ75 外圆表面有配合要求,故表面粗糙度 *Ra* 的上限值为_____μm,其余表面粗糙度 *Ra* 值为_____μm。从而得知该零件的整体质量要求较高。

2. 识读减速器缸体零件图 1-6-2,并回答下列问题。

(1) 该零件主要采用了_____剖的表达方法;俯视图采用了_____剖;左视图采用了_____剖。

(2) 该零件共有 M6 的螺钉孔_____个,其定位尺寸分别是_____
_____、_____。

(3) 零件的外表面是_____面,其粗糙度代号为“ // | 0.05 | G ”,含义是_____
____。

(4) 主视图中 ∀ 的含义是_____。

(5) 左视图中右凸台“Ⅰ”的形体是_____。

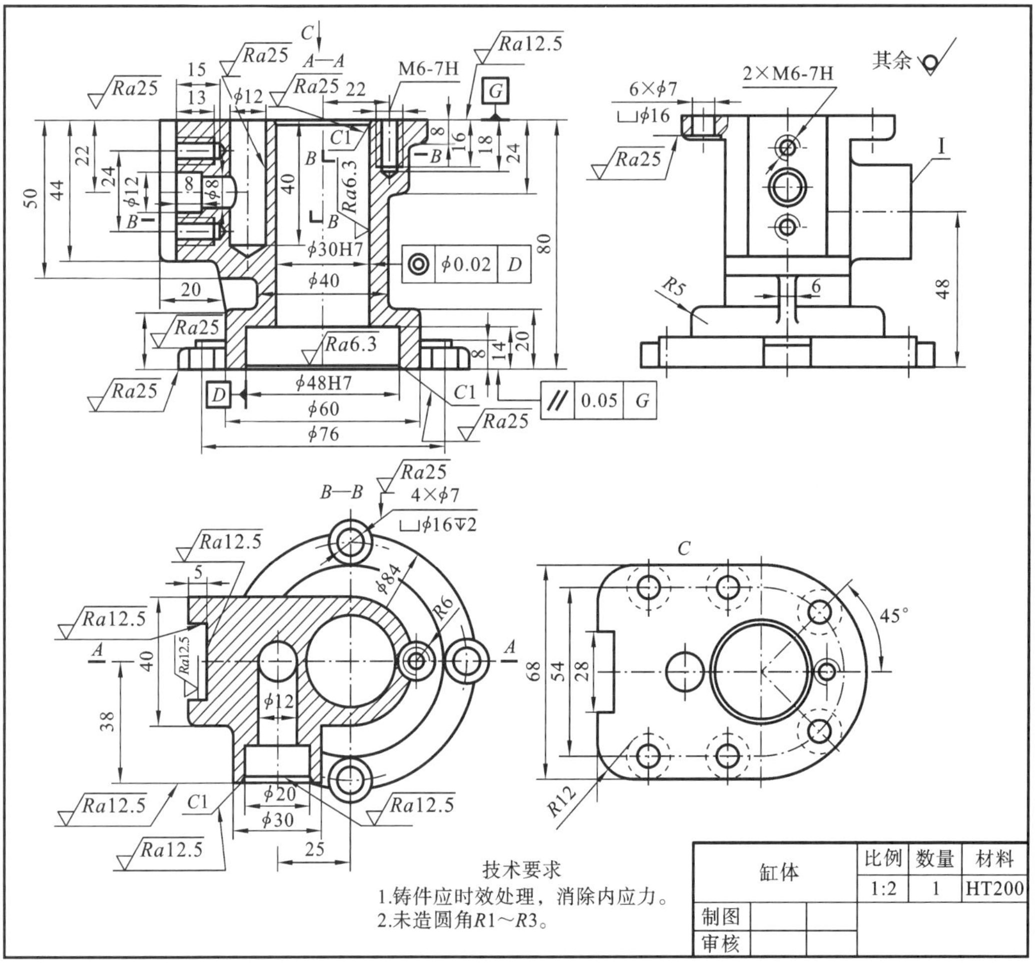

图 1-6-2

3. 识读扳手零件图 1-6-3,并回答下列问题。

(1) 该零件属于哪一种类型零件?

_____。

(2) 在图上标注长、宽、高三个方向的主要尺寸。

(3) 该零件共采用_____个基本视图,在表示方案中,主视图采用了_____

__处_____剖视;俯视图中三角形花键孔的画法是采用_____表示的;零件臂杆

部分的横断面形状为_____,采用_____表达;$\dfrac{A-A}{5:1}$ 图的名称是_____

_____,"5:1"指的是_____与_____之比。

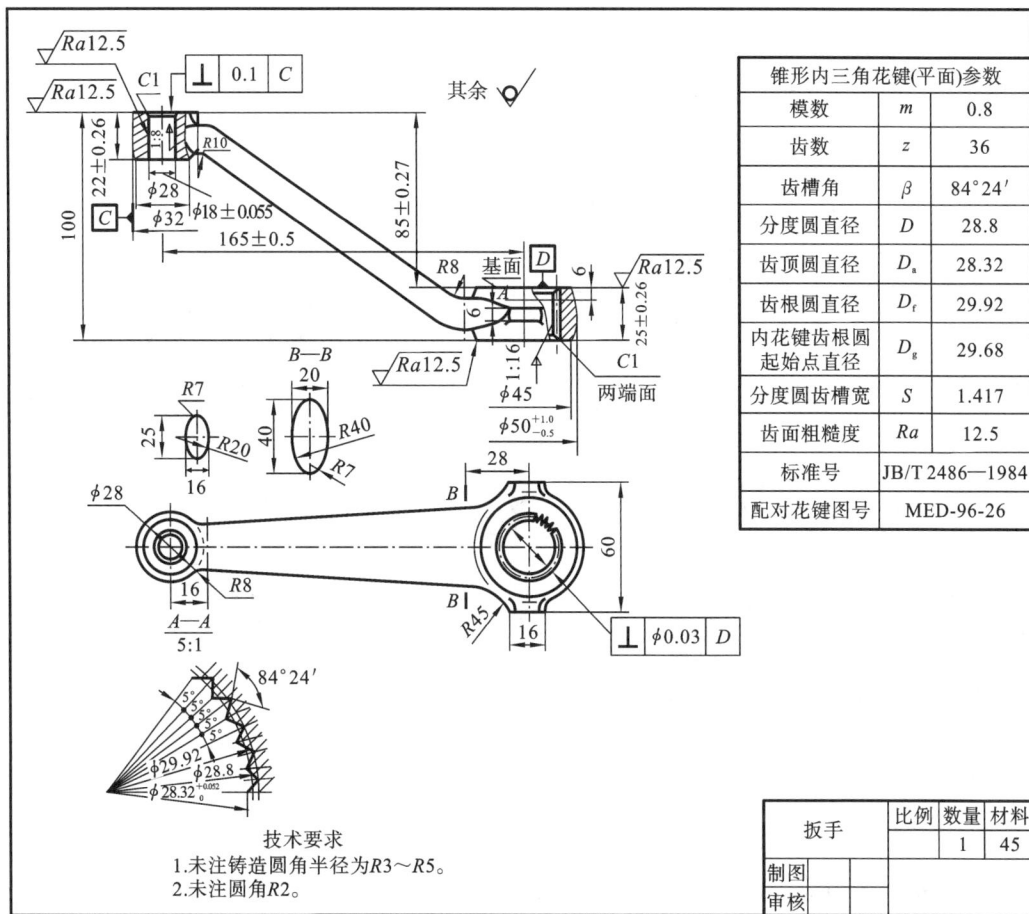

图 1-6-3

（4）该零件表面粗糙度等级最高代号是＿＿＿＿＿＿，最低代号是＿＿＿＿＿＿＿＿，臂杆的表面粗糙度代号为＿＿＿＿＿＿＿。

（5）框格 ⊥ φ0.03 D 含义：基准要素是＿＿＿＿＿＿，公差项目是＿＿＿＿＿＿，公差值是＿＿＿＿＿。

4．看懂滑动轴承的装配图 1-6-4，并填空。

（1）滑动轴承主视图采用的是＿＿＿＿＿＿视图，俯视图采用的是＿＿＿＿＿＿画法。

（2）滑动轴承的外形尺寸分别为＿＿＿＿＿＿、＿＿＿＿＿＿和＿＿＿＿＿＿。

（3）主视图中的 90H9/f9 的公称尺寸是＿＿＿＿＿＿，组成的配合为＿＿＿＿＿＿配合。

（4）螺栓连接采用双螺母的目的是＿＿＿＿＿＿。

（5）俯视图中标注为 φ50H8 的孔，其基本偏差代号为＿＿＿＿＿＿，基本偏差数值为＿＿＿＿＿＿。

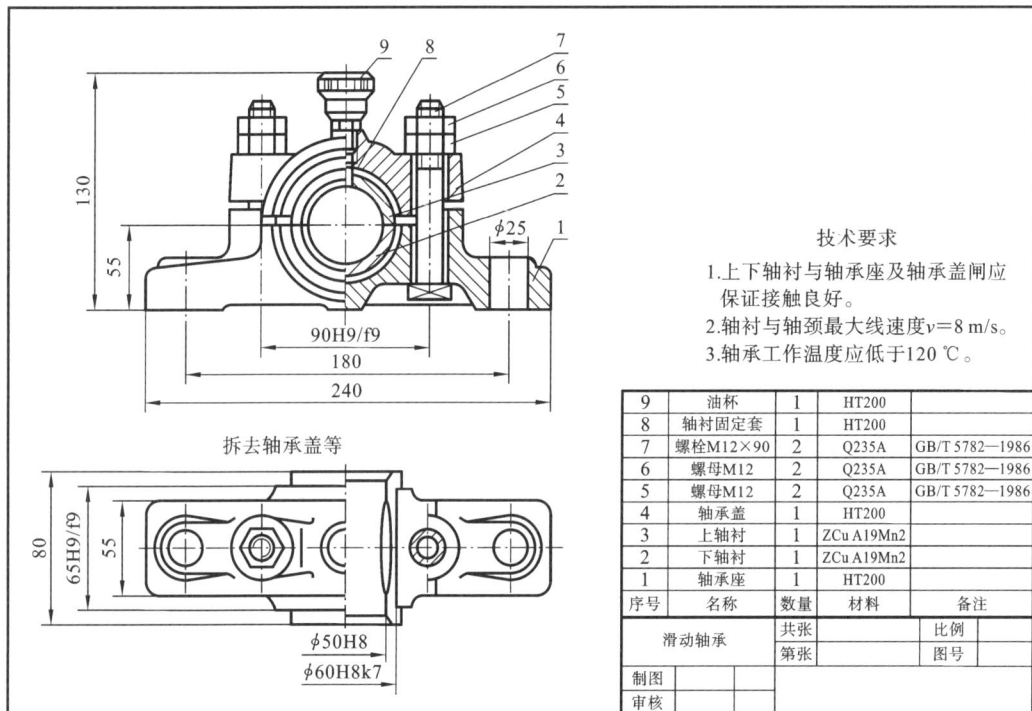

技术要求

1. 上下轴衬与轴承座及轴承盖间应保证接触良好。
2. 轴衬与轴颈最大线速度$v=8$ m/s。
3. 轴承工作温度应低于120 ℃。

9	油杯	1	HT200	
8	轴衬固定套	1	HT200	
7	螺栓M12×90	2	Q235A	GB/T 5782—1986
6	螺母M12	2	Q235A	GB/T 5782—1986
5	螺母M12	2	Q235A	GB/T 5782—1986
4	轴承盖	1	HT200	
3	上轴衬	1	ZCu A19Mn2	
2	下轴衬	1	ZCu A19Mn2	
1	轴承座	1	HT200	
序号	名称	数量	材料	备注
滑动轴承		共张		比例
		第张		图号
制图				
审核				

图 1-6-4

5. 识读油泵装配图 1-6-5(a),回答下列问题。

(1) 齿轮油泵有_____个视图、_____种零部件,主要零件有_____、齿轮轴、泵体、泵盖。

(2) 主视图符合_____特征原则,选_____剖视,表达齿轮油泵一对齿轮_____关系、_____关系和_____关系。俯视图选_____局部剖视,除表达外形外,还反映_____油路结构。左视图从接合部 $B—B$ 剖开,表达齿轮形状和螺栓位置。

(3) 与图 1-6-5(b)所示实体分解图对比,写出读后感受。

_____

_____

_____。

6. 参照轴测图 1-6-6(a),识读装配图,回答问题。

(1) 装配体的名称是_____,共由_____种零件组成。

(2) 装配图由_____个图形组成。基本视图分别采用了_____剖视、_____剖视 、_____剖视。

(3) 图中注有"16×16 "的断面表达了_____号零件的右端形状,其断面各对边之间的

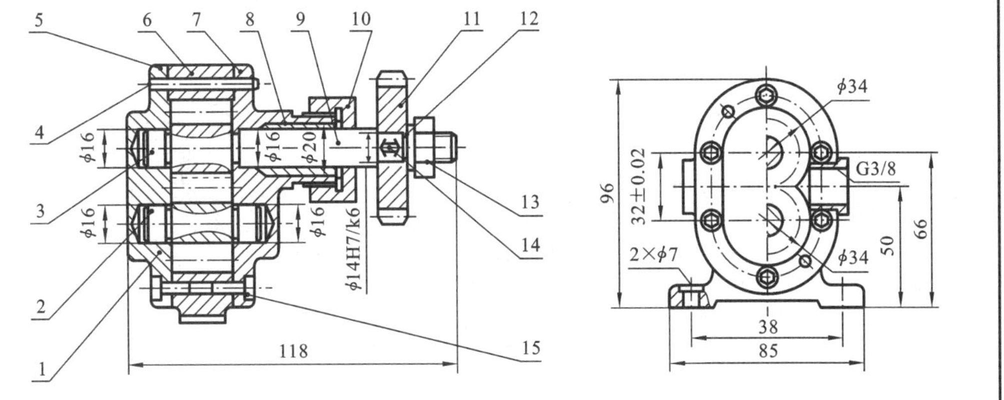

（a）

油泵分解图

15	GB/T 70—2000	螺钉6×16	12	56	
14	GB/T 1096—2003	键6×10	1	45	
13	GB/T 6172—2000	螺母M2×1.5	1	56	
12	GB/T 95—2002	垫圈12	1	66	
11	09.01.10	传动沟轮	1	45	
10	09.01.09	压紧螺母	1	56	
9	09.01.02	轴	1	45	
8	09.01.07	密封圈	1	螺纹	
7	09.01.06	右端盖	1	HT200	
6	09.01.06	泵体	1	HT200	

5	09.01.04	垫片	2		d＝2
4	GB/T 229—2016	键15×12	4	45	
3	09.01.05	传动花键	1		
2	09.01.02	花轴	1	45	
1	09.01.01		1	HT200	
序号	代号	名称	数量	材料	操作总计 备注
	齿轮油泵		比例	图号	
				共　张	第　张
				（单位）	

技术要求

1.齿轮安装后，用手转动传动齿轮时，应灵活旋转。

2.两齿轮轮齿的啮合面占齿长的3/4以上。

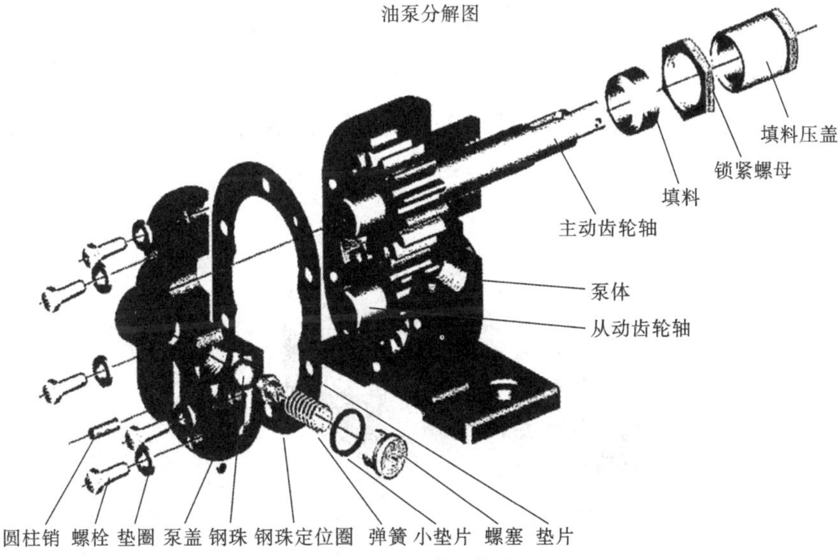

齿轮油泵零部件立体分解图

（b）

图 1-6-5

距离均为_____ mm。

（4）7 号件的螺纹牙型是_____形，大径为_____ mm，该零件的左端是_____配合。被该零件遮住的虚线是表示_____号件的轮廓线。

（5）图中 7 号件、10 号件与 9 号件是_____连接。

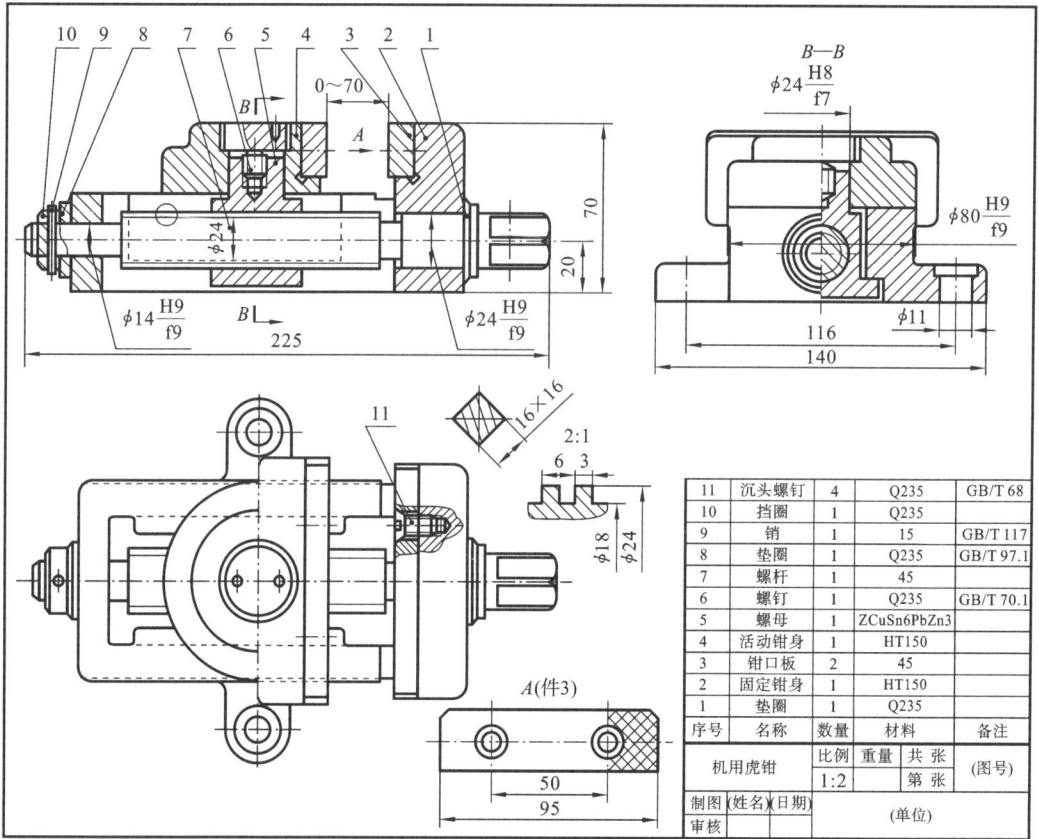

（a）

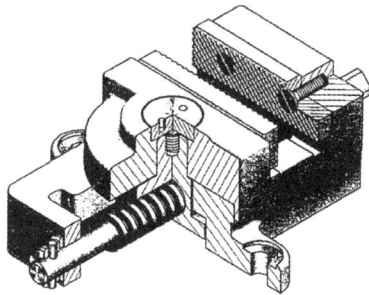

（b）

图 1-6-6

（6）4 号件活动钳身是依靠 _____ 号件带动它运动的，它与 5 号件是通过 _____ 号件来固定的。

（7）图中 $\phi 24 \dfrac{\text{H9}}{\text{f9}}$ 表示 _____ 号件与 _____ 号件的配合制为 _____ 制，配合性质为 _____ 配合。

（8）图中 6 号件上方两个小孔的作用是_____。

（9）参照实体图 1-6-6(b)，简述此装配体的装拆顺序。

_____

_____

_____。

7. 识读装配图 1-6-7(a)，回答下列问题。

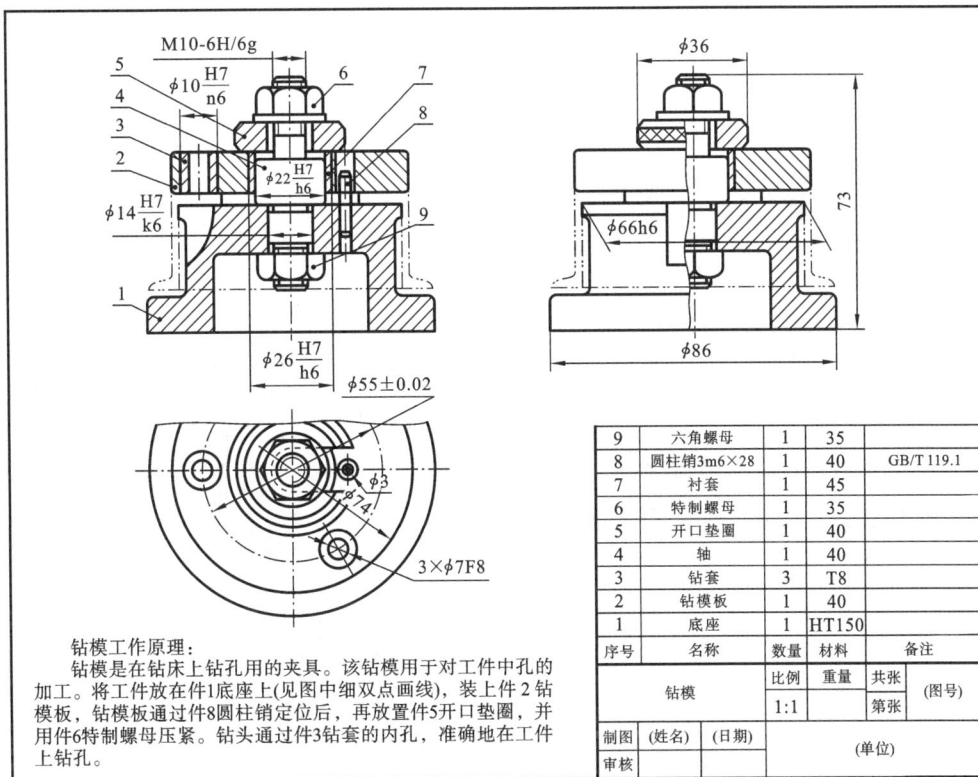

9	六角螺母	1	35	
8	圆柱销3m6×28	1	40	GB/T 119.1
7	衬套	1	45	
6	特制螺母	1	35	
5	开口垫圈	1	40	
4	轴	1	40	
3	钻套	3	T8	
2	钻模板	1	40	
1	底座	1	HT150	
序号	名称	数量	材料	备注

钻模	比例	重量	共张	（图号）
	1:1		第张	
制图	（姓名）	（日期）		（单位）
审核				

钻模工作原理：

钻模是在钻床上钻孔用的夹具。该钻模用于对工件中孔的加工。将工件放在件1底座上(见图中细双点画线)，装上件2钻模板，钻模板通过件8圆柱销定位后，再放置件5开口垫圈，并用件6特制螺母压紧。钻头通过件3钻套的内孔，准确地在工件上钻孔。

（a）

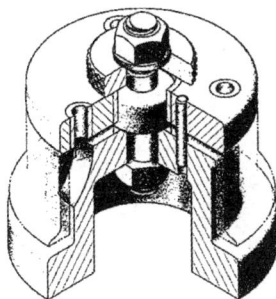

（b）

图 1-6-7

读图要求:

(1) 装配体的名称是_____,由_____种零件组成。

(2) 装配图由_____个视图组成。主视图采用了_____视图,俯视图采用了_____视图,左视图采用了_____图的表达方法。

(3) 2号件与3号件是_____配合,4号件与7号件是_____配合,7号件与2号件是_____配合。

(4) 取卸工件时应先旋松_____号件,再取下_____号件,然后拿下钻模板,取出被加工的工件;钻模上装夹的工件共钻_____个孔。

8. 识读装配图1-6-8,了解各零件的结构形状及装配关系,拆绘1号件。

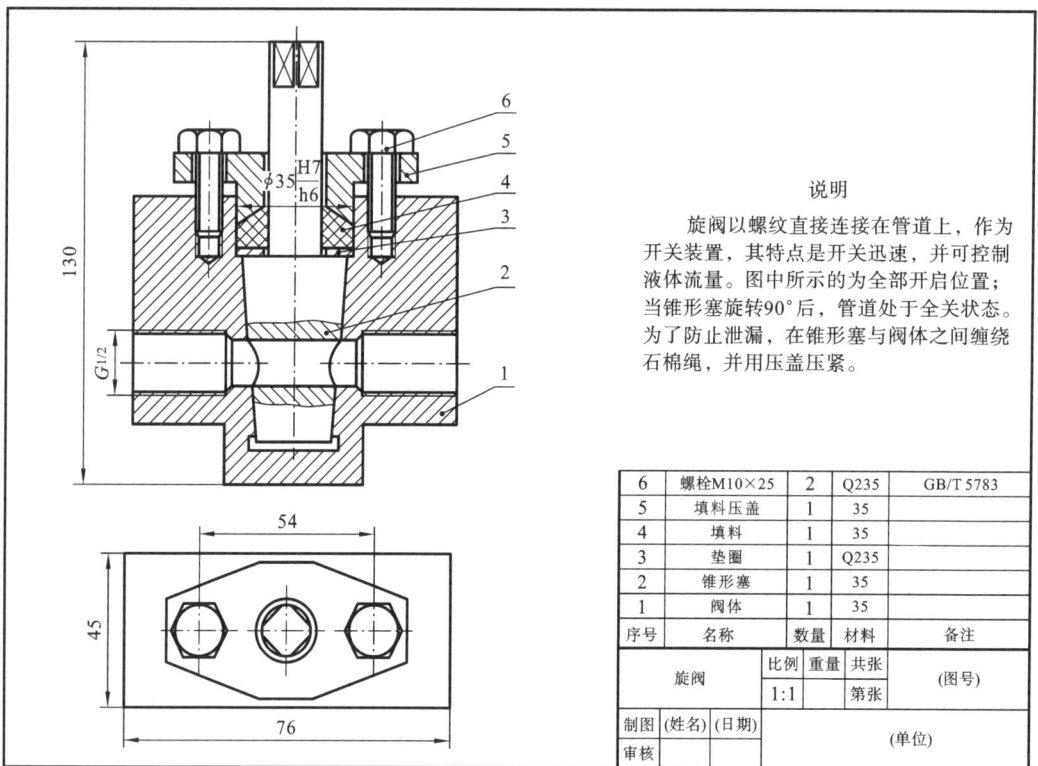

说明

旋阀以螺纹直接连接在管道上,作为开关装置,其特点是开关迅速,并可控制液体流量。图中所示的为全部开启位置;当锥形塞旋转90°后,管道处于全关状态。为了防止泄漏,在锥形塞与阀体之间缠绕石棉绳,并用压盖压紧。

6	螺栓M10×25	2	Q235	GB/T 5783
5	填料压盖	1	35	
4	填料	1	35	
3	垫圈	1	Q235	
2	锥形塞	1	35	
1	阀体	1	35	
序号	名称	数量	材料	备注

旋阀	比例	重量	共张	(图号)
	1:1		第张	
制图	(姓名)	(日期)		(单位)
审核				

图 1-6-8

1号件零件图:

9. 根据图 1-6-9 所示支撑顶的各零件图，参照装配示意图，绘制支顶的装配图（比例 1：1）。

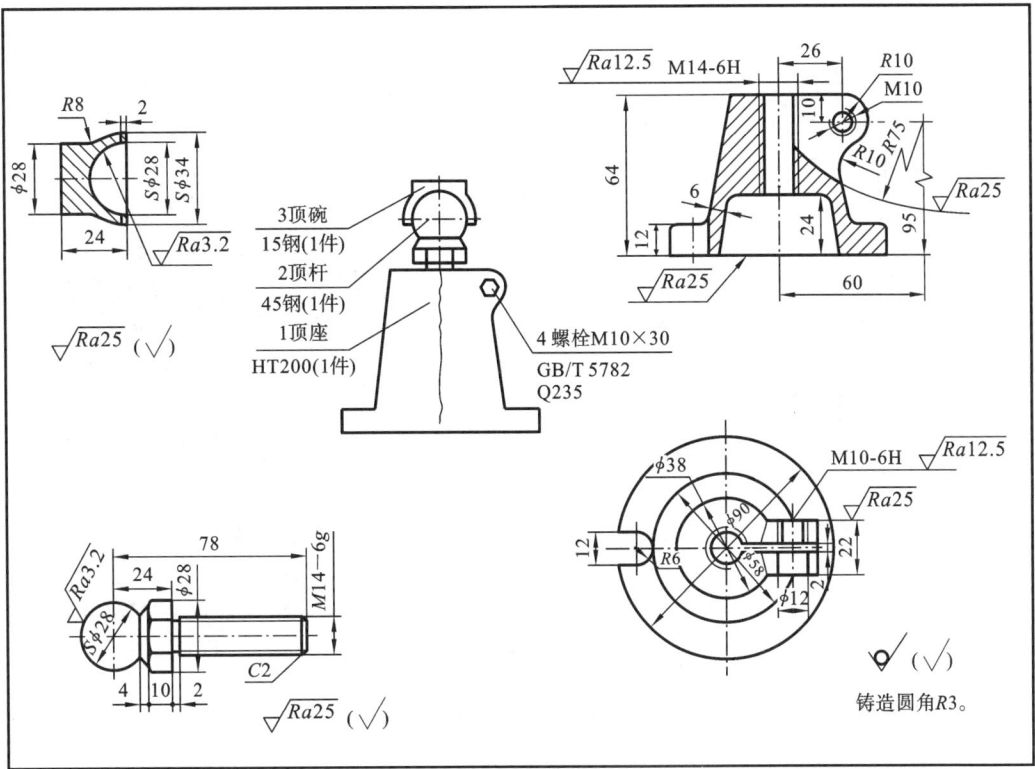

图 1-6-9

绘制支顶的装配图：

10. 识读装配图 1-6-10。

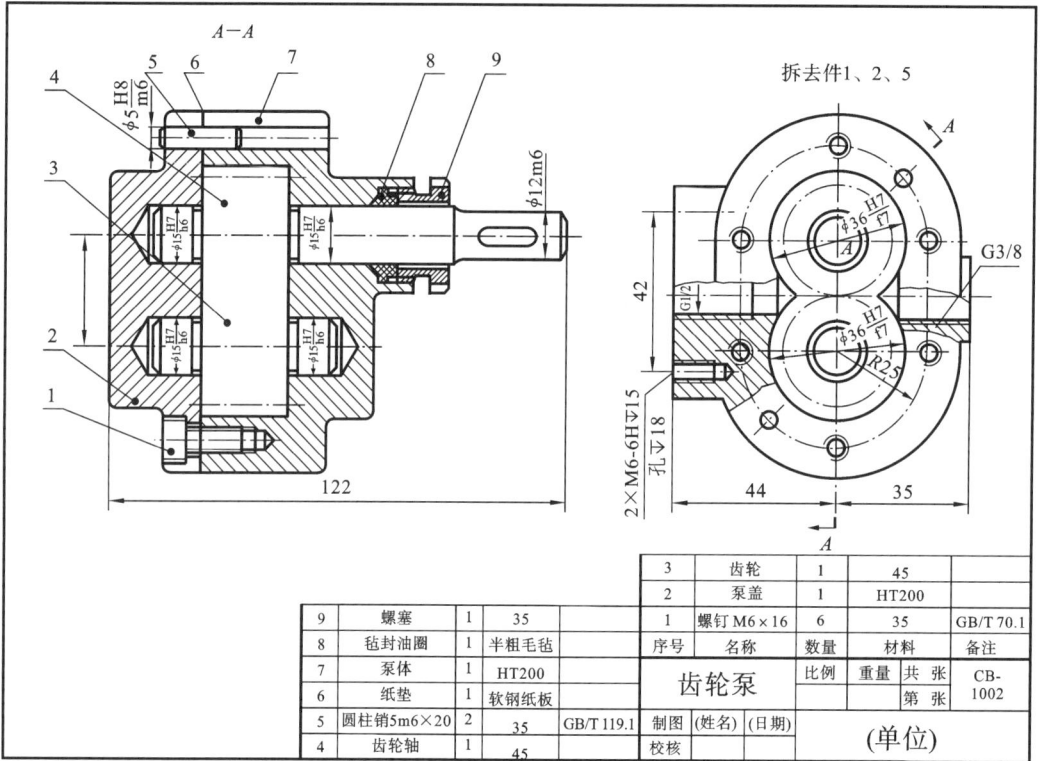

9	螺塞	1	35			3	齿轮	1		45	
8	毡封油圈	1	半粗毛毡			2	泵盖	1		HT200	
7	泵体	1	HT200			1	螺钉M6×16	6		35	GB/T 70.1
6	纸垫	1	软钢纸板			序号	名称	数量		材料	备注
5	圆柱销5m6×20	2	35	GB/T 119.1		齿轮泵		比例	重量	共　张	CB-
4	齿轮轴	1	45							第　张	1002
						制图	(姓名)	(日期)		(单位)	
						校核					

图 1-6-10